KB096802

최고를 목표로 하는 학생들의 필독서

(헤드투헤드)

고난도 수학

오명식 저

■ 참고서 + 문제집 ■

HEAD TO HEAD

◉ 이 책의 감수진

◀ 중 학 교 ▶

- 김 인 종 선생님 ························· 서울 동성 중학교 교사
- 신 건 성 선생님 ························· 서울 대청 중학교 교사
- 박 찬 면 선생님 ····················· 서울 도봉 여자 중학교 교사
- 이 함 재 선생님 ····················· 서울 사대 부속 중학교 교사
- 김 대 홍 선생님 ························· 서울 신동 중학교 교사
- 한 치 웅 선생님 ························· 서울 노원 중학교 교사
- 서 명 숙 선생님 ························· 서울 양평 중학교 교사
- 최 정 기 선생님 ························· 서울 방배 중학교 교사
- 문 선 희 선생님 ························· 서울 잠실 중학교 교사
- 이 미 선 선생님 ························· 서울 당곡 중학교 교사
- 김 동 구 선생님 ························· 서울 대치 중학교 교사
- 이 원 흥 선생님 ························· 서울 영동 중학교 교사
- 강 석 한 선생님 ························· 서울 세륜 중학교 교사
- 최 승 옥 선생님 ························· 서울 봉천 중학교 교사
- 오 규 택 선생님 ························· 서울 광진 중학교 교사
- 조 상 욱 선생님 ····················· 서울 중앙 여자 중학교 교사

◀ 고 등 학 교 ▶

- 강 중 현 선생님 ····················· 서울 휘경 여자 고등학교 교사
- 김 문 환 선생님 ························· 서울 구정 고등학교 교사
- 이 철 원 선생님 ························· 서울 반포 고등학교 교사
- 박 복 현 선생님 ··························· 서울 고등학교 교사
- 김 병 무 선생님 ························· 서울 경기 고등학교 교사
- 나 병 찬 선생님 ··············· 서울 이화 외국어 고등학교 교사
- 조 동 호 선생님 ················· 서울 명지 여자 고등학교 교사
- 임 학 빈 선생님 ··················· 서울 서라벌 고등학교 교사
- 오 복 현 선생님 ····················· 서울 경희 고등학교 교사
- 오 영 규 선생님 ····················· 일산 대진 고등학교 교사

수학은 국력입니다!

일찍이 나폴레옹은 「**수학은 국력!**」이라고 하였습니다. 이 말은 나라가 부강해지려면 수학이 발달해야 한다는 뜻입니다.

세계 역사를 살펴보아도, 세계를 지배했던 나라에서는 모두 수학이 발달했음을 알 수가 있습니다.

또한 2005년에 일어난 「중동 전쟁」에서 이라크의 100만 대군이 미군의 첨단 전자 무기 앞에서 초토화된 것도 따지고 보면 수학의 힘입니다.

왜냐하면, 이 무기들은 모두 수학적 사고와 계산을 토대로 해서 개발되었기 때문입니다.

그래서, 세계 각국에서는
수학 교육의 성패는 그 나라 교육의 성패
로 생각할 만큼 수학 공부에 열을 올리고 있습니다.

더구나 우리 나라처럼 자원이 빈약한 나라에서는 기술의 개발이 우리의 살 길이요, 기술의 개발은 수학이 근본이 되기 때문에 수학의 중요성은 더욱 절실한 것입니다.

이에 저자는 수학 교육에 바른 길을 제시하여
「우리 나라의 모든 중학생들을 수학의 천재로 기르자」
는 생각에서 이 책을 쓰게 되었습니다.

이 책과 만난 여러분에게 하느님의 은총이 항상 함께 하시기를 기도 드리겠습니다.

차례

머 리 말 ·· **3**

1. 경우의 수

1. 경우의 수(1) ····························· **7**
2. 경우의 수(2) ····························· **17**
  종합문제 ································· **24**

2. 확률

1. 확률의 뜻과 성질 ····················· **29**
2. 확률의 계산 ····························· **37**
  종합문제 ································· **43**

3. 삼각형의 성질

1. 명제 ······································· **48**
2. 용어의 정의와 증명 ················· **53**
3. 이등변삼각형과 직각삼각형 ········· **55**
  종합문제 ································· **65**

4. 삼각형의 외심과 내심

1. 삼각형의 외심 ························· **69**
2. 삼각형의 내심 ························· **74**
  종합문제 ································· **81**

5. 사각형의 성질

1. 평행사변형의 성질 ·························· 85
2. 여러 가지 사각형 ····················· 96
3. 평행선과 넓이 ······················· 106
   종합문제 ························· 110

6. 도형의 닮음

1. 닮은 도형 ························· 115
2. 삼각형의 닮음 조건 ················ 121
   종합문제 ····················· 129

7. 삼각형과 평행선

1. 삼각형과 선분의 길이의 비 ········· 134
2. 평행선 사이의 선분의 길이의 비 ····· 144
   종합문제 ····················· 151

8. 중점연결 정리와 무게중심 1. 삼각형의 중점연결 정리 ··········· 155
2. 삼각형의 무게중심 ············ 162
   종합문제 ····················· 169

9. 닮음의 활용

1. 닮은 도형의 넓이와 부피 ·········· 174
2. 닮음의 활용 ···················· 182
   종합문제 ····················· 185

이 책으로 강의하시는
수학 선생님들께

이 책에는 중학 수학의 기본 원리부터 최상위권 문제까지 수록하고 있으므로 그 내용이 매우 방대합니다.

따라서, 이 책을 단기간에 끝낸다는 것은 매우 부담스러운 일입니다. 그러므로, 선생님께서 지도하는 학급의 수준에 맞추어 다음과 같이 강의하시면 효과적일 것입니다.

학급 석차 5위 이내의 우수반

핵심 개념은 숙제로 부과하고, 나머지 부분만 중점적으로 강의하시면 됩니다.

보통 학생들로 구성된 실력 양성반

실력굳히기의 Step-2 를 제외한 모든 내용을 강의하시면 됩니다.

1년을 앞서서 공부하는 중 1·2·3 예비반

실력굳히기 문제는 다루지 않아도 됩니다. 그러나 예비반 학생들은 강의받은 내용을 복습할 기회가 별로 없으므로 같은 내용을 반복해서 암기시키고, 같은 문제를 여러번 (3회 이상)풀도록 해야 합니다.

1 경우의 수 (1)

핵심 개념	1. 경우의 수에 관한 용어

1. **시행** : 어떤 결과를 얻기 위해서 실험하거나 관찰하는 행동을 **시행**이라고 한다.
2. **사건** : 시행의 결과로 발생한 것을 **사건**이라고 한다.
3. **경우의 수** : 사건이 일어나는 가짓수를 **경우의 수**라고 한다.

Study **시행, 사건, 경우의 수**

▶ **하나의 동전을 던질 때** 그 결과는 동전의 앞면이 나오거나 뒷면이 나올 것이다. 이때

❶ 하나의 동전을 던지는 행동을 **시행**이라고 한다.

❷ 동전을 던지면 그 결과로 앞면이나 뒷면이 나오는데, 이와 같이 앞면이나 뒷면이 나오는 것을 **사건**이라고 한다.

❸ 앞면이 나오는 경우는 1가지, 뒷면이 나오는 경우도 1가지가 되는데, 이러한 가짓수를 **경우의 수**라고 한다.

보기 한 개의 주사위를 던질 때, 다음 사건이 일어날 경우의 수를 구하여라.
   (1) 소수의 눈이 나온다.
   (2) 3의 배수의 눈이 나온다.
연구 (1) 소수는 2, 3, 5이므로 경우의 수는 3이다.
   (2) 3의 배수는 3, 6이므로 경우의 수는 2이다.
Advice 위의 **보기** 에서 하나의 주사위를 던지는 행동이 **시행**이고, 소수의 눈, 3의 배수의 눈이 나오는 것이 **사건**이다. 또한, 소수의 눈, 3의 배수의 눈이 나오는 가짓수가 **경우의 수**이다.

핵심 개념 | **2. 경우의 수의 계산-합의 법칙**

▶ 한 사건 A가 m가지의 방법으로 일어나고, 다른 사건 B가 n가지의 방법으로 일어날 때 A와 B가 동시에 일어나지 않는다면, A 또는 B가 일어나는 경우의 수는

➡ $(m+n)$가지

Study **합의 법칙**

❶ 이를테면, 두 지점 P, Q 사이에
　버스길이 a, b, c의 세 가지
　기찻길이 x, y의 두 가지
　가 있다고 하자. 어떤 사람이 버스(a, b, c)
　나 기차(x, y)를 타고 P에서 Q로 간다고 하
　면, 그 경우의 수는 다음과 같다.
　　　(a, b, c, x, y) ➡ $3+2=5$

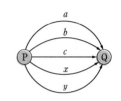

❷ 여기서 특히 주의할 사항은 일단 버스를 타면 동시에 기차를 탈 수
　가 없고, 기차를 타면 동시에 버스를 탈 수가 없다는 것이다.
　즉, 이 두 가지 사건은 동시에 일어날 수 없다.

❸ 이때 (버스로 가는 방법)+(기차로 가는 방법)=3+2=5와 같이 경
　우의 수를 구하는 것을 **합의 법칙**이라 한다.

보기 1에서 9까지의 숫자가 적혀 있는 구슬이 9개
　　　있다. 이 구슬을 임의로 한 개 꺼냈을 때, 3
　　　의 배수 또는 4의 배수가 나올 경우의 수를
　　　구하여라.

연구 1부터 9까지의 수 중에는 3의 배수가 4의 배
　　　수도 될 수는 없으므로 합의 법칙을 쓴다.
　　　(i) 3의 배수는　　　　3, 6, 9　　　……(3가지)
　　　(ii) 4의 배수는　　　　4, 8　　　……(2가지)
　　　따라서, 구하는 경우의 수는
　　　　　$3+2=5$

핵심 개념	3. 경우의 수의 계산−곱의 법칙

▶ 한 사건 A가 m가지의 방법으로 일어나고, 그 각각에 대하여
다른 사건 B가 n가지의 방법으로 일어날 때,
A와 B가 동시에 일어나는 경우의 수는 ➡ $(m×n)$가지

Study **곱의 법칙**

❶ 이를테면, 두 지점 P, Q 사이에
　버스길이 a, b, c의 세 가지
　기찻길이 x, y의 두 가지
가 있다고 하자. 어떤 사람이 갈 때는 버스
(a, b, c)를, 올 때는 기차(x, y)를 탄다
고 하면, 그 경우의 수는 다음과 같다.

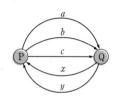

$$\left[a{<}{x \atop y} \qquad b{<}{x \atop y} \qquad c{<}{x \atop y} \right] \Rightarrow 3×2=6$$

❷ 버스길이 세 가지(a, b, c) 있고, 그 각각에 대하여 오는 길은 기
찻길이 두 가지(x, y) 있으므로
　(버스로 가는 방법)×(기차로 오는 방법)=3×2=6
이 된다. 이와 같은 방법으로 경우의 수를 구하는 것을
곱의 법칙이라고 한다.

보기 A에서 B를 거쳐서 C까지 가는 데 A에서 B로 가는 방법은 4가
지, B에서 C로 가는 방법은 3가지이다. A에서 B를 거쳐 C로 가
는 방법은 모두 몇 가지인가?

연구 A에서 B로 가는 방법을　　a, b, c, d
　　B에서 C로 가는 방법을　　x, y, z

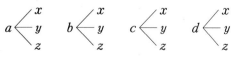

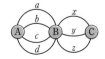

와 같이 생각할 수 있으므로 경우의 수는
　　　$4×3=12$

Advice 경우의 수를 구하기 위해서 위와 같이 나뭇가
　　　지 모양으로 그린 그림을 수형도(樹形圖)라고 한다.

필수예제 1

A에서 B로 가는 길은 2가지, B에서 C로 가는 길은 3가지, A에서 C로 직통하는 길은 4가지가 있다. A와 C 사이를 왕복하는 데 B를 반드시 그리고 오직 한 번만 거치는 경우의 수를 구하여라.

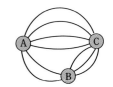

생각하기 갈 때 B를 거치면 올 때 B를 거치지 말아야 하고, 갈 때 B를 거치지 않으면 올 때는 B를 거쳐야 한다.

즉, 길잡이의 방법은

$$A \to B \to C \to A \ \text{또는} \ A \to C \to B \to A$$

의 두 가지로 나누어 생각할 수가 있다.

모범해답

❶ 갈 때 B를 거치는 경우

즉, 길잡이를 $A \to B \to C \to A$로 하는 경우이다. 이때

$\left.\begin{array}{l} A \longrightarrow B가\ 2가지 \\ B \longrightarrow C가\ 3가지 \\ C \longrightarrow A가\ 4가지 \end{array}\right\}$ 이므로, 구하는 경우의 수는 $2 \times 3 \times 4 = 24$

❷ 올 때 B를 거치는 경우

즉, 길잡이를 $A \to C \to B \to A$로 하는 경우이다. 이때

$\left.\begin{array}{l} A \longrightarrow C가\ 4가지 \\ C \longrightarrow B가\ 3가지 \\ B \longrightarrow A가\ 2가지 \end{array}\right\}$ 이므로, 구하는 경우의 수는 $4 \times 3 \times 2 = 24$

그러므로 위에서 구하는 모든 경우의 수는

$$24 + 24 = 48 \ \leftarrow \ \boxed{\text{답}}$$

유제 1 P, Q, R, S 네 지점 사이에 〈그림〉과 같은 도로망이 있다.

P에서 S까지 가는 방법은 모두 몇 가지인가? (단, 동일한 지점은 한 번만 지나는 것으로 한다.)

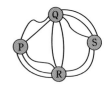

필수예제 2

한 개의 주사위를 연속해서 두 번 던질 때, 처음에 나온 눈의 수를 a, 나중에 나온 눈의 수를 b라고 하면 $a < 2b - 3$이 되는 경우의 수를 구하여라.

[생각하기] a, b의 값이 각각 1, 2, 3, 4, 5, 6이므로, 이 값을

$$a < 2b - 3 \qquad \cdots\cdots ㉠$$

에 대입해서, ㉠을 참이 되게 하는 순서쌍 (a, b)를 구한다.

[모범해답]

$2b - 3 > a$에 $a = 1$, 2, $\cdots$, 6을 대입하여 b의 값을 구해 보자.

❶ $a = 1$이면 $2b - 3 > 1$에서 $2b > 4$ $\quad \therefore \ b > 2$
따라서, $b = 3, 4, 5, 6$ $\quad \therefore \ (a, b) = (1, 3), (1, 4), (1, 5), (1, 6)$

❷ $a = 2$이면 $2b - 3 > 2$에서 $2b > 5$ $\quad \therefore \ b > 2.5$
따라서, $b = 3, 4, 5, 6$ $\quad \therefore \ (a, b) = (2, 3), (2, 4), (2, 5), (2, 6)$

❸ $a = 3$이면 $2b - 3 > 3$에서 $2b > 6$ $\quad \therefore \ b > 3$
따라서, $b = 4, 5, 6$ $\quad \therefore \ (a, b) = (3, 4), (3, 5), (3, 6)$

❹ $a = 4$이면 $2b - 3 > 4$에서 $2b > 7$ $\quad \therefore \ b > 3.5$
따라서, $b = 4, 5, 6$ $\quad \therefore \ (a, b) = (4, 4), (4, 5), (4, 6)$

❺ $a = 5$이면 $2b - 3 > 5$에서 $2b > 8$ $\quad \therefore \ b > 4$
따라서, $b = 5, 6$ $\quad \therefore \ (a, b) = (5, 5), (5, 6)$

❻ $a = 6$이면 $2b - 3 > 6$에서 $2b > 9$ $\quad \therefore \ b > 4.5$
따라서, $b = 5, 6$ $\quad \therefore \ (a, b) = (6, 5), (6, 6)$

위의 ❶~❻에서 순서쌍 (a, b)의 개수는 18개이다.

따라서, 구하는 경우의 수는 **18** ← 답

[유제] 2 x에 관한 일차방정식 $ax - b = 0$이 있다. 두 개의 주사위 A, B를 던질 때 나온 눈을 각각 a, b라고 하면, 방정식 $ax - b = 0$의 해는 몇 개인가?

필수예제 3

두 개의 주사위를 던져서 나오는 눈의 수를 각각 a, b라 한다. 두 직선
$$y=2x-a와 \quad y=-x+b$$
의 교점의 x좌표가 2가 되는 경우의 수를 구하여라.

[생각하기] 이 문제는 연립방정식과 경우의 수가 융합된 문제이다. 따라서, 이 문제의 해결을 위해서는 두 고개를 넘어야 한다.

첫째 고개 ➡ $y=2x-a$와 $y=-x+b$에서 $2x-a=-x+b$이므로 교점의 x좌표를 구할 수 있다.

즉, $3x=a+b$에서 $x=\dfrac{a+b}{3}$이고 $\dfrac{a+b}{3}=2$가 된다.

둘째 고개 ➡ 위에서 $a+b=6$이 되므로 두 눈의 합이 6이 되는 경우의 수를 구하면 된다.

[모범해답]

$y=2x-a$와 $y=-x+b$에서 $2x-a=-x+b$

$2x+x=a+b$, $3x=a+b$ $\quad \therefore \quad x=\dfrac{a+b}{3}$

그런데 두 직선의 교점의 x좌표가 2이므로

$\dfrac{a+b}{3}=2$ $\quad \therefore \quad a+b=6$

따라서, 두 눈의 합이 6이 되는 경우를 구하면

$(1, 5)$, $(5, 1)$, $(2, 4)$, $(4, 2)$, $(3, 3)$

즉, 구하는 경우의 수는 **5** ← 답

Advice 주사위 두 개를 던질 때 나오는 두 눈의 합과 그 때의 경우의 수를 표로 만들면 다음과 같다(앞으로는 이 표를 이용하라).

두 눈의 합	2	3	4	5	6	7	8	9	10	11	12
경우의 수	1	2	3	4	5	6	5	4	3	2	1

[유제] 3 A, B 두 개의 주사위를 던질 때, 두 눈의 합이 4의 배수가 되는 경우의 수를 구하여라.

필수예제 4

100원, 50원, 10원의 세 종류의 동전이 있다. 이들을 각각 1개 이상씩 써서 420원을 지불하려면, 각 동전을 몇 개씩 지불해야 하는가?
(단, 사용하는 동전은 12개 이하이다.)

[생각하기] 우리가 공부할 때 사용하는 영어 사전과 같이
A가 끝나면 B가 나오고, B가 끝나면 C가 나오고, C가 끝나면 D가 나오고, … 하는 **영어 사전식 배열 방법**
을 머리에 두고 이 문제를 해결하자!
먼저, 100원짜리 동전을 1개, 2개, 3개인 경우로 분류하고, 다음에 50원짜리, 10원짜리의 개수를 생각한다.

[모범해답]

100원짜리 동전이 1개인 경우

❶ 50원짜리가 1개이면 420원을 만들려면 10원짜리가 27개가 필요한데, 이것은 동전이 12개 이하인 조건에 모순!
(50원짜리가 2개~5개인 경우도 모순이 된다.)

❷ 50원짜리가 6개이면 10원짜리는 2개가 필요하다. 이때, 동전은 모두 9개이므로 조건을 만족한다.

❸ 50원짜리가 7개이면 총액이 420원을 초과하므로 모순!
100원짜리가 2개인 경우, 3개인 경우도 위와 같이 생각하면 다음과 같이 정리할 수 있다.

100원짜리	1개	2개	2개	3개	3개
50원짜리	6개	3개	4개	1개	2개
10원짜리	2개	7개	2개	7개	2개

[유제] 4 10원, 50원, 100원짜리 동전을 모두 1개 이상씩 사용해서 280원을 지불하려면 동전을 각각 몇 개씩 써야 하는가?
(단, 동전의 개수는 10개 이하이다.)

필수예제 5

4명의 학생이 가방을 운동장에 모아 놓고 농구를 했다. 운동이 끝난 후, 무심코 가방을 들었을 때, 자기 가방을 든 학생이 한 명도 없는 경우의 수를 구하여라.

[생각하기] 4명의 학생을 A, B, C, D라 하고, 각 학생의 가방을 차례로 a, b, c, d라 하여 다음과 같이 수형도를 그려본다.

학생 ········ A   B   C   D

가방 ········ $b \Big\langle \begin{matrix} a — d — c \\ c — d — a \\ d — a — c \end{matrix}$

[모범해답]

4명의 학생 모두가 남의 가방을 드는 경우를 수형도로 나타내면 다음과 같다.

학생 ··· A   B   C   D ┊ A   B   C   D ┊ A   B   C   D

$b \Big\langle \begin{matrix} a — d — c \\ c — d — a \\ d — a — c \end{matrix}$ ┊ $c \Big\langle \begin{matrix} a — d — b \\ d — a — b \\ d — b — a \end{matrix}$ ┊ $d \Big\langle \begin{matrix} a — b — c \\ c — a — b \\ c — b — a \end{matrix}$

위에서 구하는 경우의 수는

$$3+3+3=9 \;←\; 답$$

[유제] 5   5개의 의자가 있는 고사실에 5명의 수험생이 무심히 앉되 2명만이 자기 수험 번호가 적힌 의자에 앉고, 나머지 3명은 남의 의자에 앉게 되는 경우의 수를 구하여라.

연습 문제

● 학교 시험과 수준·경향을 일치시킨 기본적인 문제입니다.
● 한 문제 한 문제를 정복하여 이 단원의 내용을 총정리합시다.

1. A에서 B로 가는 길은 3갈래이고, B에서 C로 가는 길은 4갈래이다. 철수와 순이 두 사람이 같은 시각에 서로 다른 길로 A를 출발하여 B를 거쳐 C로 간다면, 그들이 갈 수 있는 경우의 수를 모두 구하여라.

2. 세 개의 동전 A, B, C를 동시에 던질 때, 두 개는 앞면, 한 개는 뒷면이 나오는 경우의 수를 구하여라.

3. 동전 2개와 주사위 한 개를 동시에 던질 때, 일어날 수 있는 모든 경우의 수를 구하여라.

4. 두 개의 주사위를 동시에 던질 때, 두 눈의 차가 3의 배수가 되는 경우의 수를 구하여라.

5. 크고 작은 2개의 주사위를 던질 때, 두 눈의 곱이 18 이상이 되는 경우의 수를 구하여라.

6. 5개의 계단을 오를 때 한 계단씩 또는 한 계단과 두 계단씩 올라가는 방법은 몇 가지가 되는가?

7. 50원짜리 동전과 100원짜리 동전으로 800원을 지불하는 방법은 몇 가지인가? (단, 두 가지 동전은 항상 모두 사용한다.)

8. 〈그림〉과 같이 반 원의 호 위에 3개의 점이 있고, 지름 위에 4개의 점이 있을 때, 어느 세 점을 꼭짓점으로 하는 삼각형은 모두 몇 개인가?

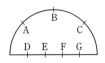

9. 원에 내접하는 정육각형의 꼭짓점 중에서 세 점을 꼭 짓점으로 하는 삼각형을 만들 때, 지름을 한 변으로 하는 삼각형은 모두 몇 개인가 ?

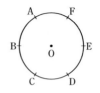

10. 세 변의 길이가 모두 자연수이고 둘레의 길이의 합이 25인 삼각형 중 이등변삼각형의 개수를 구하여라.

11. 〈그림〉과 같은 도로에서, 도로를 따라 A에서 B 로 가려한다. 가장 가까운 길은 모두 몇 가지인 가 ?

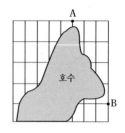

12. 흰색, 검정색, 빨강색, 파랑색 네 가지 색의 양말들이 각각 20켤레씩 나무상자 안에 어지럽게 섞여 있다. 색깔을 구별할 수 없는 어두운 다락방에서 양말을 꺼낼 때, 적어도 5켤레의 짝을 확실하게 맞추려면, 최소한 몇 개의 양말을 꺼내야 하는가 ?
(단, 색깔이 같으면 짝이 맞는 것으로 한다.)

13. x, y, z가 자연수일 때, 방정식 $x+y+z=5$의 해는 전부 몇 쌍이 되겠는가 ?

14. 자연수 a, b, c는 $a \geq b \geq c$, $a+b+c=18$을 만족하면서 a, b, c가 삼각형의 세 변의 길이가 되는 경우의 수를 구하여라.

15. 모양과 크기가 같은 연필 10자루를 세 묶음으로 나누는 경우의 수를 구하여라. (단, 각 묶음 속에는 적어도 한 자루의 연필이 들어 있어야 한다.)

2 경우의 수 (2)

핵심 개념 **1. 순서와 경우의 수**

▶ 서로 다른 n개의 사물 중에서 r개를 택해서 늘어 놓을 때는 다음의 두 경우를 구분해서 경우의 수를 구해야 한다.
1. 순서를 생각하며 늘어 놓는 경우
2. 순서를 생각하지 않고 늘어 놓는 경우

Study 1°순서를 생각하며 늘어 놓는 경우

보기 1. A, B, C 3명 중에서 회장, 부회장을 1명씩 뽑는 경우의 수를 구하여라.

연구 회장, 부회장을 수형도로 나타내면 다음과 같다.

$$A \begin{cases} B \cdots A, B \\ C \cdots A, C \end{cases} \qquad B \begin{cases} A \cdots B, A \\ C \cdots B, C \end{cases} \qquad C \begin{cases} A \cdots C, A \\ B \cdots C, B \end{cases}$$

여기서, A, B 두 명을 생각할 때,
(i) A → 회장, B → 부회장　　(ii) B → 회장, A → 부회장
일 때는 서로 다른 방법이 된다.
따라서, 구하는 경우의 수는　　$3 \times 2 = 6$(가지)

Advice 회장, 부회장을 차례로 쓰면 AB, AC, BA, BC, CA, CB가 된다.

보기 2. 1, 2, 3, 4의 숫자가 각각 적힌 4장의 카드에서 2장을 뽑아 만 들 수 있는 두 자리의 정수의 개수를 구하여라.

연구 10의 자리, 1의 자리의 수를 수형도로 나타내면 다음과 같다.

$$1 \begin{cases} 2 \cdots 12 \\ 3 \cdots 13 \\ 4 \cdots 14 \end{cases} \quad 2 \begin{cases} 1 \cdots 21 \\ 3 \cdots 23 \\ 4 \cdots 24 \end{cases} \quad 3 \begin{cases} 1 \cdots 31 \\ 2 \cdots 32 \\ 4 \cdots 34 \end{cases} \quad 4 \begin{cases} 1 \cdots 41 \\ 2 \cdots 42 \\ 3 \cdots 43 \end{cases}$$

따라서, 구하는 경우의 수는　　$4 \times 3 = 12$(가지)

Advice 두 자리의 정수는 12, 13, 14, 21, 23, 24, 31, 32, 34, 41, 42, 43이 된다.

Study **2°순서를 생각하지 않고 늘어 놓는 경우**

보기 1. A, B, C 3명 중에서 대표 2명을 뽑는 경우의 수를 구하여라.

연구 A, B, C 3명 중에서 회장, 부회장 1명씩을 뽑는 경우의 수는
(A, B), (B, A), (B, C), (C, B), (A, C), (C, A)의 6가지였다. 그러나
대표 2명을 뽑는 경우에는 대표 A, B와 대표 B, A는 같은 경우가
된다.
즉, A, B이든 B, A이든 순서에는 상관이 없다.
B와 C, A와 C의 경우도 마찬가지이다.
따라서, 구하는 경우의 수는   **3가지**

Advice A, B와 B, A는 같은 경우이므로 6÷2=3으로 생각할 수도 있다.

보기 2. A, B, C, D 4명 중에서 대표 3명을 뽑는 경우의 수를 구하여
라.

연구 대표 세 명을 뽑을 때 다음 여섯 가지 경우는 모두 같다.
　　(A, B, C), (A, C, B), (B, A, C)
　　(B, C, A), (C, A, B), (C, B, A)
즉, 순서와는 아무 관계가 없다. 따라서, 구하는 경우의 수는
(A, B, C), (A, B, D), (A, C, D), (B, C, D)의 **4가지**

Advice 어느 세 점도 한 직선 위에 있지 않는 서로 다른 네 점 A, B, C, D를 써
서 삼각형을 만드는 경우의 수를 구하는 방법도 4가지가 된다.

보기 3. **A, B, C, D 4명이 있을 때, 다음 경우의 수를 구하여라.**
(1) 회장, 부회장을 각 1명씩 뽑는 경우
(2) 청소 당번 2명을 뽑는 경우

연구 (1)은 순서를 생각하고, (2)는 순서와는 상관이 없다.
(1) 회장, 부회장의 차례로 수형도를 그리면,

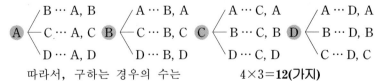

　　　따라서, 구하는 경우의 수는　　　4×3=**12(가지)**
(2) 청소 당번 A, B와 B, A는 같으므로　12÷2=**6(가지)**

필수예제 1

0, 1, 2, 3, 5에서 서로 다른 세 숫자를 사용하여 세 자리의 정수를 만들 때, 다음에 답하여라.
(1) 세 자리의 수는 모두 몇 개인가?
(2) 짝수는 모두 몇 개인가?

[생각하기] (1) 세 자리의 수를 만들 때 0 1 2, 0 1 3, 0 1 5, ⋯ 등은 세 자리의 수가 아닌 것에 주의한다.
(2) 역시 맨 앞자리의 숫자가 0인 것은 제외하면서 ××0, ××2인 경우의 수를 생각한다.

(바이블) 정수를 만드는 문제 ➡ 맨 앞자리의 0에 주의!

[모범해답]
(1) 각 자리에 올 수 있는 숫자를 생각하면,
  100의 자리 — 0이 올 수 없으므로 100의 자리에 올 수 있는 숫자는 1, 2, 3, 5의 4가지이다.
  10의 자리 — 0, 1, 2, 3, 5 중 100의 자리에 온 숫자를 제외한 4가지가 올 수 있다.
  1의 자리 — 0, 1, 2, 3, 5 중 100, 10의 자리에 온 숫자를 제외한 3가지가 올 수 있다.
  따라서, 구하는 경우의 수는 $4 \times 4 \times 3 = 48$(개) ← 답
(2) 1의 자리에 0, 2가 오면 짝수가 되므로
  ××0인 경우 — 100의 자리에 4가지, 10의 자리에 3가지가 올 수 있으므로 $4 \times 3 = 12$(가지)
  ××2인 경우 — 100의 자리에 0이 올 수 없으므로 100의 자리에 올 수 있는 숫자는 3가지, 10의 자리에 3가지가 올 수 있으므로 $3 \times 3 = 9$(가지)
  따라서, 구하는 경우의 수는 $12 + 9 = 21$(개) ← 답

[유제] 1 0, 1, 2, 3, 4에서 서로 다른 숫자를 사용하여 정수를 만들 때, 다음 경우의 수를 구하여라.
(1) 5자리 수   (2) 4자리 수 중 짝수

필수예제 2

한 개의 원 위에 5개의 점 A, B, C, D, E가
있다.

(1) 두 점을 연결해서 만들 수 있는 선분
의 개수를 구하여라.

(2) 세 점을 연결해서 만들 수 있는 삼각
형의 개수를 구하여라.

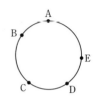

생각하기 (1) 이를테면, $\overline{AB}$와 $\overline{BA}$는 같은 선분이므로 순서와는 관계가 없
다.

(2) △ABC, △ACB, △BAC, △BCA, △CAB, △CBA는 같은 삼각형이므
로 순서와는 관계가 없다.

모범해답

(1) 오른쪽과 같은 요령으로 수형도를 만들어 선분의
개수를 모두 구하면   5×4=20(개)
그런데 $\overline{AB}=\overline{BA}$, $\overline{AC}=\overline{CA}$, … 이므로
구하는 선분의 개수는   20÷2=**10(개)** ← 답

(2) 오른쪽과 같은 요령으로 수형도를 만들어 삼각형
의 개수를 모두 구하면 5×4×3=60(개)
그런데 세 점 A, B, C로 이루어지는 삼각형은
　△ABC, △ACB, △BAC,
　△BCA, △CAB, △CBA
이고, 이들은 모두 같은 삼각형이다.
또한, (B, C, D), (C, D, E), … 등으로 이루어진
삼각형도 모두 6개씩의 같은 삼각형이 생긴다.
따라서, 구하는 삼각형의 개수는
　　60÷6=**10(개)** ← 답

유제 2 1에서 100까지의 정수 중 서로 다른 두 정수를 뽑을 때, 이
두 수의 합이 짝수인 경우의 수를 구하여라.

필수예제 3

〈그림〉과 같은 모양의 도로가 있다.
이 도로는 오른쪽 또는 위로만 갈 수
있을 때 A에서 B로 갈 수 있는 방법
은 몇 가지인가?

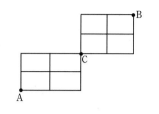

생각하기 A에서 C로 가는 경우의 수와 C에서 B로 가는 경우의 수를 구하
여 이들을 곱한다. 한편, A에서 C로 가는 경우의 수는 다음 세 경우로
나누어 구한다.

· A→D→C인 경우
· A→E→C인 경우
· A→F→C인 경우

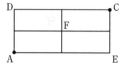

모범해답

(i) A에서 C로 가는 경우 :
　　　· A→D→C일 때 … 1가지
　　　· A→E→C일 때 … 1가지
　　　· A→F→C일 때
　　　　$\begin{cases} A→F \cdots 2가지 \\ F→C \cdots 2가지 \end{cases}$ ∴ $2×2=4$(가지)
　　따라서　$1+1+4=6$(가지)

(ii) C에서 B로 가는 경우
　　위의 (i)과 같이 생각하면 경우의 수는 6가지이다.
그러므로 (i), (ii)에서 구하는 경우의 수는
$6×6=$**36(가지)** ← **답**

유제 3 〈그림〉과 같은 모양의 도로가 있다.
이 도로는 오른쪽 또는 아래로만 갈 수 있을
때, A에서 B로 가는 경우의 수를 구하여라.

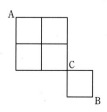

1. 0에서 4까지의 숫자가 각각 적힌 5장의 카드가 있다. 같은 카드를 두 번 사용해도 좋다고 하면 두 자리의 정수는 몇 가지나 만들 수 있겠는가?

2. a, b, c, d의 4문자를 한 줄로 배열할 때, c와 d가 인접할 경우의 수를 구하여라.

3. 0, 1, 2, 3의 네 개의 숫자 중에서 서로 다른 세 개의 숫자를 사용하여 세 자리의 자연수를 만들 때, 3의 배수의 개수를 구하여라.

4. a, b, c, d, e, f의 6문자 중에서 4문자를 뽑아서 일렬로 배열할 때, a가 맨 처음에 오는 것은 몇 가지인가?

5. 두 집합 X$=\{1, 2, 3\}$, Y$=\{a, b, c, d, e\}$에 대하여 $x \in$X, $y \in$Y 이다. $y = f(x)$일 때, $f(1) = a$인 경우는 모두 몇 가지인가?

6. 7개의 프로 야구팀이 있다. 7개의 팀이 모두 각 팀과 한 번씩 시합을 한다면 모두 몇 번의 시합을 하여야 하는가?

7. 남자 5명, 여자 3명 중에서 남자 2명, 여자 1명을 뽑는 경우의 수를 구하여라.

8. 세 자연수의 합이 8이 되는 경우의 수를 구하여라.
(단, 5+2+1, 1+5+2, 1+2+5 등은 1가지로 생각한다.)

9. x, y, z가 자연수일 때, $x+y+z=6$을 만족하는 순서쌍 (x, y, z)의 개수를 구하여라.

10. A, B, C, D, E 다섯 개의 역이 있는 지하철에서 기차표는 모두 몇 가지 종류를 만들어야 하는가? (단, 두 역 사이에 왕복 기차표는 없는 것으로 한다.)

11. 가로, 세로로 인접한 두 점 사이의 거리가 모두 같은 9개의 점이 있다. 이들 점 중에서 3개를 선택하여 만들 수 있는 삼각형은 모두 몇 개인가?

12. 빨강, 파랑, 노랑, 초록, 보라의 색종이가 각각 1장씩 있다. 이 색종이를 A, B, C 세 사람이 나누어 가지는 방법은 모두 몇 가지인가? (단, 한 사람이 몇 장을 가져도 관계 없다.)

13. 1, 2, 3, 4, 5 다섯 개의 수를 모두 써서 다섯 자리 정수를 만들어서 작은 수부터 차례로 나열하고자 한다. 12345, 12354, 12435, ⋯, 54321의 순서에서 75번째 나오는 수를 구하여라.

14. 0, 1, 2, 3, 4의 숫자가 각각 적힌 5장의 카드에서 3장을 뽑아 세 자리의 정수를 만들 때, 3의 배수의 개수를 구하여라.

● 약간의 사고력을 필요로 하는 문제
입니다.

종합 문제

표준

● 이 문제를 정복하면 여러분은 수학에
자신감을 가질 것입니다.

1. 크기가 다른 4개의 동전을 동시에 던질 때,

　(1) 모든 경우의 수를 구하여라.

　(2) 세 개가 앞면이 나오는 경우의 수를 구하여라.

2. A, B 두 개의 주사위를 던질 때, 나오는 눈의 수를 각각 a, b라고 한다. x에 관한 일차방정식 $ax - b = 0$의 해가 자연수가 되는 경우의 수를 구하여라.

3. 〈그림〉의 A, B, C, D에 빨강, 파랑, 노랑, 초록 중의 어느 색을 칠하려고 한다. 같은 색은 얼마든지 사용해도 좋으나 서로 인접한 부분은 서로 다른 색을 칠하려고 한다. 칠하는 경우의 수를 구하여라.

4. 10원, 5원, 1원짜리의 동전을 사용하여 50원을 지불하는 방법은 모두 몇 가지인가? (단, 10원짜리는 4개 이상 사용한다.)

5. 1에서 5까지의 숫자가 하나씩 적힌 카드가 5장 있다. 여기서 3장을 뽑아 세 자리 정수를 만들 때, 일의 자리에 4가 오는 경우는 모두 몇 가지인가?

6. 0, 1, 2, 3, 4, 5의 숫자가 각각 적힌 6장의 카드가 있다. 여기에서 4장의 카드로 네 자리의 정수를 만들 때, 짝수가 되는 경우의 수를 구하여라.

7. A, B, C, D, E의 5개의 책을 일렬로 배열할 때, A가 한 중앙에 오는 경우의 수를 구하여라.

8. 〈그림〉과 같은 바람개비의 A와 날개부분에 빨강, 노랑, 파랑, 녹색, 흰색을 1번씩 사용해서 칠할 때, 경우의 수를 구하여라.

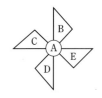

9. △ABC의 세 변 BC, CA, AB 위에 꼭짓점을 제외하고, 각각 6개, 4개, 3개의 점이 있다. 세 점 A, B, C를 제외한 이들 각 점을 두 개씩 이으면 몇 개의 직선이 되는가?

10. 바퀴 던지기를 하는 데 빨강, 파랑, 노랑, 녹색, 흰색의 5가지 바퀴를 이 순서로 던지면 막대기에 걸리는 경우의 수를 구하여라. (단, 이 중에 하나도 걸리지 않는 경우는 없다.)

11. 〈그림〉과 같은 도로가 있다. 도중에 지난 곳은 다시 지나지 않을 때, A에서 B까지 가는 길잡이의 경우의 수를 구하여라.

12. 1에서 6까지의 6개의 숫자 중에서 2개를 뽑아 2자리의 정수를 만들 때, 45보다 큰 수의 개수를 구하여라.

13. 1부터 8까지의 숫자가 써 있는 카드 8장이 있다. 이 중에서 3장을 뽑아서 3자리의 정수를 만들 때, 4의 배수는 몇 개가 되는가?

14. 4장의 카드 [1], [2], [3], [4]가 있다. 이 중에서 한 장씩 뽑아 차례로 상자에 넣는다고 하자. 이때 상자 안에 놓인 홀수의 개수가 짝수의 개수보다 많거나 같게 하려 한다. 경우의 수를 구하여라.

15. A, B, C, D, E의 5명을 일렬로 세울 때, A, B는 이웃하고 C는 맨 앞쪽에 오는 경우의 수를 구하여라.

● 한 문제에 여러 가지 내용이 복합
된 높은 수준의 문제입니다.

종합 문제 발전

● 이 문제를 정복하면 모든 시험에서
우등의 성적을 거둘 것입니다.

1. 연립방정식 $\begin{cases} y=ax+b \\ y=2ax+3b \end{cases}$ 에서 $ab=6$이다. 이때 해 x, y의 값이 정수가 되는 경우의 수를 구하여라. (단, a, b는 자연수)

2. 빨강, 파랑, 노랑색의 주사위를 동시에 던질 때,
   (1) 눈의 합이 짝수가 되는 경우의 수를 구하여라.
   (2) 눈의 곱이 짝수가 되는 경우의 수를 구하여라.

3. 두 집합 X$=\{a, b, c\}$, Y$=\{-1, 0, 1\}$에 대하여
   $f(a)+f(b)+f(c)=0$인 f의 개수를 구하여라.

4. 두 집합 X$=\{a, b, c, d\}$, Y$=\{1, 2, 3, 4\}$에 대하여 $x \in$ X, $y \in$ Y
   이다. $y=f(x)$일 때, $f(a)+f(b)+f(c)+f(d)=6$인 함수 f의 개수
   를 구하여라.

5. 직선 $y=ax+b$가 있다. a, b는 두 주사위 A, B를 던질 때 나온 수를
   나타낼 때, 이 직선의 x절편이 -1인 것은 몇 개가 되는가?

6. 다음 물음에 답하여라.
   (1) 5, 6, 7을 써서 자연수를 만들 때, 네 자리를 넘지 않는 자연수의
       개수를 구하여라.
   (2) 0이 끼어 있는 5자리의 정수의 개수를 구하여라.

7. 0부터 9까지의 숫자가 각각 적힌 10장의 카드가 있다. 이 중에서 2장을 뽑아서 두 자리의 정수를 만들 때, 각 자리의 수의 합이 6의 배수가 되는 경우의 수를 구하여라.

8. $\boxed{1}$, $\boxed{1}$, $\boxed{2}$, $\boxed{3}$, $\boxed{4}$, $\boxed{5}$가 각각 적힌 카드 6장이 있다. 이 중에서 3장을 뽑아서 세 자리의 정수를 만들 때, 서로 다른 정수의 개수를 구하여라.

9. 1에서 100까지의 자연수를 다음과 같이 연속한 세 개의 수씩 묶어 차례로 늘어 놓았다.
  (1, 2, 3), (2, 3, 4), (3, 4, 5), …, (98, 99, 100)
이때 세 수의 합이 15의 배수인 것은 모두 몇 묶음인가?

10. 〈그림〉에서 사각형은 모두 직사각형이다. 직사각형의 개수를 구하여라.

11. 〈그림〉의 사각형은 모두 정사각형이다.
  (1) A에서 I까지 최단 거리로 가는 경우의 수를 구하여라.
  (2) P군은 A에서 I까지, Q군은 I에서 A까지 같은 시각에 같은 속도로 출발하였다. P, Q가 최단 코스로 갈 때, 중간에 만나는 경우의 수를 구하여라.

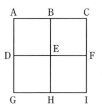

12. A={1, 2, 3}, B={4, 5, 6, 7}일 때, $x \in A$, $y \in B$이다. $y = f(x)$일 때, 다음 조건을 만족하는 f의 개수를 구하여라.
  (1) $i \neq j$이면 $f(i) \neq f(j)$
  (2) $i < j$이면 $f(i) < f(j)$

13. 모양과 크기가 같은 8개의 벽돌을 인부 한 사람이 A에서 B까지 운반한다고 한다. 4회 이내에 모든 벽돌을 나른다고 할 때, 경우의 수를 구하여라. (단, 1회에 3장까지 나를 수 있다고 한다.)

1. 세 개의 주사위를 던져서 나온 눈으로 세 자리의 정수를 만든다. 이 세 자리의 수 중 두 숫자만 같은 것은 몇 개인가?

2. 세 숫자 1, 2, 3을 사용해서 4자리의 정수를 만들려고 한다. 1000, 100, 10, 1의 자리의 수를 각각 a, b, c, d라고 할 때, 다음 물음에 답하여라.
  (1) $a+b+c+d=8$을 만족하는 경우의 수를 구하여라.
  (2) $a \leq b \leq c \leq d$를 만족하는 경우의 수를 구하여라.

3. 똑같은 책 7권을 A, B, C, D 네 사람의 학생들에게 전부 나누어 줄 때, 경우의 수를 구하여라. (단, 4명은 모두 적어도 한 권은 받는다고 한다.)

4. 서로 다른 두 개의 주사위를 차례로 던질 때, 처음의 눈을 10의 자리, 나중의 눈을 1의 자리로 하는 두 자리의 정수의 총합을 구하여라.

5. 원주 위에 서로 다른 8개의 점이 있다. 이 중에서 5개의 점을 연결해서 만들 수 있는 오각형은 모두 몇 개인가?

6. 5개의 숫자 0, 1, 2, 3, 4를 써서 만든 세 자리의 정수를 A, 두 자리의 정수를 B라고 한다. 순서쌍 (A, B)에 대하여
  (1) A의 100의 자리의 수가 3인 경우의 순서쌍은 몇 개인가?
  (2) A 또는 B의 10의 자리의 수가 3인 경우의 순서쌍은 몇 개인가?

1 확률의 뜻과 그 성질

핵심 개념 | **1. 확률의 뜻**

1. **확률** : 어떤 사건이 일어날 가능성을 수로 나타낸 것
2. **사건 A가 일어날 확률**

$$P = \frac{\text{사건 A가 일어날 경우의 수}(a)}{\text{일어날 수 있는 모든 경우의 수}(n)} \Rightarrow \frac{a}{n}$$

Study **확 률**

❶ 한 개의 주사위를 던질 때, 각각의 눈이 나올 가능성은 같다고 볼 수 있다. 즉, 1, 2, 3, 4, 5, 6의 눈이 나올 가능성은 모두 $\frac{1}{6}$이다.

❷ 또한, 주사위의 눈 중에서 짝수의 눈은 2, 4, 6의 3가지이므로, 짝수의 눈이 나올 가능성은 $\frac{3}{6} = \frac{1}{2}$이다.

❸ 이와 같이, 어떤 사건이 일어날 가능성을 수로 나타낸 것을 **확률**이라고 한다.

보기 한 개의 주사위를 한 번 던질 때, 다음 확률을 구하여라.
  (1) 6의 약수의 눈이 나올 확률
  (2) 홀수의 눈이 나올 확률

연구 한 개의 주사위를 던질 때 일어날 수 있는 모든 경우의 수는 1, 2, 3, 4, 5, 6의 6이다.

  (1) 6의 약수는 1, 2, 3, 6의 4개이므로, 확률은 $\frac{4}{6} = \frac{2}{3}$

  (2) 홀수의 눈은 1, 3, 5의 3개이므로, 확률은 $\frac{3}{6} = \frac{1}{2}$

핵심 개념　　**2. 확률의 성질**

1. 어떤 사건이 일어날 확률을 p라고 하면 ➡ $0 \leq p \leq 1$
2. 반드시 일어날 사건의 확률은 ➡ 1
3. 절대로 일어날 수 없는 사건의 확률은 ➡ 0

Study　　**확률의 성질**

▶ 어떤 상자 안에 $n(n \neq 0)$개의 제비가 들어 있고, 이 중에 당첨 제비가 a개 들어 있다고 하자.

이때 제비뽑기에서 당첨될 확률을 p라고 하면,

$$p = \frac{(당첨 \ 제비 \ 수)}{(모든 \ 제비 \ 수)} = \frac{a}{n} \quad \cdots\cdots \ \textcircled{\small 가}$$

가 된다.

❶ 또한, 당첨 제비의 수는 $0 \leq a \leq n$이고, 이 식의 각 변을 n으로 나누면, $0 \leq \dfrac{a}{n} \leq 1$ 즉, $0 \leq p \leq 1$이다.

❷ n개의 제비가 모두 당첨 제비라면 제비를 뽑을 때마다 당첨된다.
또한, 위의 ㉠에서 $a = n$이므로 $p = 1$이 된다.

❸ n개의 제비 중 당첨 제비가 하나도 없으면 당첨될 가능성은 전혀 없으며, 위의 ㉠에서 $a = 0$이므로 $p = 0$이 된다.

보기 한 개의 주사위를 던질 때, 다음 확률을 구하여라.
　　(1) 4의 약수가 나올 확률
　　(2) 6 이하의 자연수가 나올 확률
　　(3) 7보다 큰 수가 나올 확률

연구 모든 경우의 수는 6이다.
　　(1) 4의 약수는 1, 2, 4의 3개이므로

　　　　구하는 확률은 $\dfrac{3}{6} = \dfrac{1}{2}$

　　(2) 6 이하의 자연수는 1, 2, 3, 4, 5, 6의 6개이므로
　　　　구하는 확률은 $\mathbf{1}$

　　(3) 7보다 큰 수는 나올 수가 없으므로
　　　　구하는 확률은 $\mathbf{0}$

핵심 개념   **3. 여사건의 확률**

▶어떤 사건 A가 일어날 확률을 p라고 하면,
사건 A가 일어나지 않을 확률은 ➡ $1-p$

Study   여사건의 확률

❶ 사건 A가 일어날 경우의 수와 사건 B가 일어날 경우의 수를 합하면
모든 경우의 수가 될 때, 사건 A, B를 각각 서로의 여사건이라고 한
다.

❷ 1에서 10까지의 숫자가 각각 적힌 카드 중에서 1장의 카드를 뽑을
때, 소수가 아닌 숫자가 나올 확률을 구해 보자.
1에서 10까지의 자연수 중 소수는 2, 3, 5, 7이므로 소수가 아닌 수
는 1, 4, 6, 8, 9, 10이다.

따라서, 구하는 확률은 $\dfrac{6}{10}=\dfrac{3}{5}$

❸ 위에서 (소수가 나올 확률)＋(소수가 나오지 않을 확률)을 계산하면
$\dfrac{4}{10}+\dfrac{6}{10}=1$이다.

따라서, 사건 A가 일어날 확률이 p이면, 사건 A가 일어나지 않을
확률은 $1-p$임을 알 수 있다.

보기 1에서 20까지의 수가 각각 적힌 구슬 20개가 있다. 이 중에서 구
슬 한 개를 집을 때, 3의 배수가 아닌 수가 나올 확률을 구하여
라.

연구 '아니다'란 말이 나오면 여사건의 확률을 이용한다.
1에서 20까지의 자연수 중에서 3의 배수는 3, 6, 9, 12, 15, 18의

6개이므로 3의 배수가 될 확률은 $\dfrac{6}{20}=\dfrac{3}{10}$

따라서, 3의 배수가 아닐 확률은 $1-\dfrac{3}{10}=\dfrac{7}{10}$

Advice 확률에서 여사건에 대한 성질은 집합에서 여집합에 대한 성질과 비슷하
다. 또한, 사건 A의 여사건을 A^c로 나타낸다.

필수예제 1

서로 다른 두 주사위 **A**, **B**를 던질 때, 다음 확률을 구하여라.

(1) 나오는 눈의 곱이 어떤 수의 제곱이 될 확률

(2) 나오는 눈의 곱이 짝수가 될 확률

생각하기 (1) 두 수의 곱이 1, 4, 9, 16, 25, 36일 확률을 구하는 문제이다.

(2) 나오는 눈의 곱이 짝수가 되는 경우는

(짝수)×(짝수), (짝수)×(홀수), (홀수)×(짝수)이다.

모범해답

(1) 눈의 곱이 어떤 수의 제곱이 되는 경우는 1, 4, 9, 16, 25, 36이므로 이들이 나올 수 있는 경우의 수는

A	1	2	3	4	5	6	1	4
B	1	2	3	4	5	6	4	1

위의 표와 같이 8가지가 있으므로

구하는 확률은 $\dfrac{8}{36} = \dfrac{2}{9}$ ← 답

(2) 나오는 눈의 곱이 짝수가 되는 경우는

$$(짝수)\times(짝수)=(짝수) \longrightarrow 3\times3=9(가지)$$
$$(짝수)\times(홀수)=(짝수) \longrightarrow 3\times3=9(가지) \Bigg\} \; 27가지$$
$$(홀수)\times(짝수)=(짝수) \longrightarrow 3\times3=9(가지)$$

와 같이 모두 27가지가 있으므로

구하는 확률은 $\dfrac{27}{36} = \dfrac{3}{4}$ ← 답

유제 1 한 개의 주사위를 두 번 던질 때, 다음 확률을 구하여라.

(1) 눈의 합이 3 이하이다.

(2) 눈의 차가 3 이상이다.

(3) 눈의 합이 짝수이다.

(4) 두 번째 눈이 첫 번째 눈보다 크다.

필수예제 2

10개의 제비 중에서 5개의 당첨 제비가 들어 있는 제비뽑기에서 2개를 뽑을 때, 적어도 하나의 당첨 제비가 들어 있을 확률을 구하여라.

[생각하기] 적어도 하나의 당첨 제비가 들어 있다는 것은
(i) 두 개 모두 당첨 제비인 것   (ii) 한 개만 당첨 제비인 것
을 통틀어서 하는 말이다. 따라서, 구하는 확률은 (i), (ii)의 확률의 합과 같다. 그러나 이 문제를 풀 때는
1−(두 개 모두 당첨되지 않을 확률)
을 계산하면 편리하다.

(바이블)「적어도 하나…」➡ 여사건의 확률

[모범해답]

10개의 제비 중에서 2개의 제비를 뽑는 경우의 수는
$$(10 \times 9) \div 2 = 45 \qquad \text{<⋯⋯ 모든 경우의 수}$$
두 개 모두 당첨되지 않으려면, 당첨 제비가 아닌 5개의 제비 중에서 2개의 제비를 뽑으면 되므로, 경우의 수는
$$(5 \times 4) \div 2 = 10$$
따라서, 당첨 제비가 나오지 않을 확률은 $\dfrac{10}{45}$

그러므로 적어도 하나의 당첨 제비가 들어 있을 확률은
$$1 - \frac{10}{45} = \frac{35}{45} = \frac{7}{9} \leftarrow \text{답}$$

Advice n개의 물건 중에서 서로 다른 2개의 물건을 뽑아서 늘어 놓을 때,
❶ 순서를 생각하면서 늘어 놓으면, 경우의 수는 $n(n-1)$가지
❷ 순서를 생각하지 않고 늘어 놓으면, 경우의 수는 $n(n-1) \div 2$가지

[유제] 2 흰 공 2개와 검은 공 4개가 들어 있는 주머니에서 임의로 2개의 공을 꺼낼 때, 흰 공이 적어도 1개 나올 확률을 구하여라.

필수예제 3

〈그림〉과 같이 넓이의 비가 $1:4:6$인 세 동
심원으로 이루어진 과녁이 있다.

어떤 사람이 화살을 쏘아 이 과녁을 맞힐

확률은 $\dfrac{3}{4}$이고 A, B, C 각 부분에 맞힐 확률

은 각 부분의 넓이에 비례한다고 한다.

A부분을 맞히면 3점, B부분을 맞히면 2점, C부분을 맞히
면 1점을 득점할 때 화살을 두 번 쏘아 2점을 득점할 확률은
얼마인가 ?

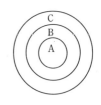

[생각하기] 세 동심원의 넓이의 비가 $1:4:6$이므로 A의 넓이를 a라고 하면

$$\text{(B의 넓이)}=4a-a=3a, \quad \text{(C의 넓이)}=6a-4a=2a$$

이다. 따라서 A, B, C를 맞힐 확률은 다음과 같다.

$$\text{A}:\frac{3}{4}\times\frac{a}{6a}=\frac{1}{8}, \quad \text{B}:\frac{3}{4}\times\frac{3a}{6a}=\frac{3}{8}, \quad \text{C}:\frac{3}{4}\times\frac{2a}{6a}=\frac{1}{4}$$

[모범해답]

2번 쏘아서 2점을 득점할 경우는

(2점, 0점), (1점, 1점), (0점, 2점)이다. 그런데 한 번 쏠 때

2점(B)을 득점할 확률은 $\dfrac{3}{8}$,

1점(C)을 득점할 확률은 $\dfrac{1}{4}$,

0점을 득점할 확률은 $1-\dfrac{3}{4}=\dfrac{1}{4}$

따라서, (2점, 0점)일 확률은 $\dfrac{3}{8}\times\dfrac{1}{4}=\dfrac{3}{32}$ … ㉠

(1점, 1점)일 확률은 $\dfrac{1}{4}\times\dfrac{1}{4}=\dfrac{1}{16}$ … ㉡

(0점, 2점)일 확률은 $\dfrac{1}{4}\times\dfrac{3}{8}=\dfrac{3}{32}$ … ㉢

㉠, ㉡, ㉢에서 $\dfrac{3}{32}+\dfrac{1}{16}+\dfrac{3}{32}=\dfrac{1}{4}$ ← 답

연습 문제

● 학교 시험과 수준·경향을 일치시킨 기본적인 문제입니다.
● 한 문제 한 문제를 정복하여 이 단원의 내용을 총정리합시다.

1. 한 원판을 5등분하여 오른쪽 그림과 같이 숫자를 써 넣었다. 이제, 이 원판을 회전시킨 다음 활을 2번 쏠 때, 두 눈의 합이 7 이상이 될 확률을 구하여라.

2. 두 개의 주사위를 던질 때, 두 눈의 합이 k일 확률이 $\dfrac{1}{6}$이라고 할 때, k의 값을 구하여라.

3. 주사위를 2회 던졌을 때, 첫 번째 나온 눈을 a, 두 번째 나온 눈을 b 라고 하자. 이때 $10a+b$가 3의 배수가 될 확률을 구하여라.

4. 크고 작은 두 개의 주사위를 던져 나온 눈을 차례로 a, b라 할 때, x 에 대한 방정식 $(a+1)x-b=0$의 해가 정수가 될 확률을 구하여라.

5. 주사위를 세 번 던졌을 때, 나온 눈의 수가 첫 번째는 2의 배수, 두 번째는 3의 배수, 세 번째는 5의 배수가 될 확률을 구하여라.

6. 서로 다른 두 개의 주사위를 던졌을 때, 두 눈의 합이 5이거나 곱이 6 이 될 확률을 구하여라.

7. 한 개의 동전을 던져서 앞면이 나오면 10원, 뒷면이 나오면 20원을 받 기로 했다. 이 동전을 세 번 던졌을 때, 40원을 받을 확률을 구하여라.

8. 동전 2개와 주사위 1개를 동시에 한 번 던질 때, 동전 2개는 모두 앞면 이, 주사위는 3 이상의 눈이 나올 확률을 구하여라.

9. 3개의 주사위 **A, B, C**를 동시에 던질 때, 다음 확률을 구하여라.

    (1) 모두 같은 눈이 나올 확률   (2) 모두 다른 눈이 나올 확률

    (3) 눈의 합이 4 이하일 확률   (4) 두 개만 같은 눈이 나올 확률

10. 오른쪽 그림처럼 -1, 0, 1, 2의 숫자를 써넣은 카드가 있다. 이 중에서 2장을 꺼낼 때, 두 카드에 있는 수의 곱이 음수일 확률을 구하여라.

11. 길이가 1 cm, 2 cm, 3 cm, 4 cm, 5 cm인 끈 A, B, C, D, E가 있다. 5개의 끈 중 3개의 끈을 가지고 삼각형을 만들 때, 삼각형이 만들어질 확률을 구하여라.

12. 여섯 사람이 한 줄로 설 때, 특정한 3사람이 이웃할 확률을 구하여라.

13. 남자 3명, 여자 2명 중에서 대표 2명을 뽑을 때 남녀가 1명씩 뽑힐 확률을 구하여라.

14. $A=\{a_1,\ a_2,\ a_3,\ \cdots,\ a_{10}\}$의 부분집합 중에서 하나의 부분집합을 택할 때, 그 부분집합이 원소 a_1, a_2, a_3을 포함할 확률을 구하여라.

15. 5개의 동전을 던질 때, 적어도 한 개는 앞면이 나올 확률을 구하여라.

16. 〈그림〉과 같은 정사각형 모양의 과녁이 있다. 화살을 한 번 쏘아서 적당히 이 정사각형의 어느 부분을 맞출때, 어두운 부분을 맞출 확률은 얼마인가?

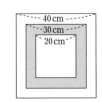

2 확률의 계산

1. 확률의 덧셈

▶ 사건 A, B가 동시에 일어나지 않을 경우에
사건 A가 일어날 확률을 p, 사건 B가 일어날 확률을 q라 하면, A 또는 B가 일어날 확률은 ➡ $p+q$

보기 **1.** 주사위 한 개를 던질 때, 짝수의 눈이 나오거나 5의 배수의 눈이 나올 확률을 구하여라.

연구 일어날 수 있는 모든 경우의 수는 6이다.

짝수의 눈이 나오는 경우는 2, 4, 6의 3가지이므로

짝수의 눈이 나올 확률은 $\dfrac{3}{6}$ ⋯⋯ ㉠

5의 배수의 눈이 나오는 경우는 5의 1가지이므로

5의 배수의 눈이 나올 확률은 $\dfrac{1}{6}$ ⋯⋯ ㉡

그런데 두 사건은 동시에는 일어나지 않으므로
구하는 확률은 ㉠, ㉡에서

$$\dfrac{3}{6}+\dfrac{1}{6}=\dfrac{4}{6}=\dfrac{2}{3}$$

보기 **2.** 서로 다른 두 개의 주사위를 동시에 던질 때, 나오는 눈의 합이 4 또는 5가 될 확률을 구하여라.

연구 모든 경우의 수는 36이다.

눈의 합이 4가 될 경우는 (1, 3), (2, 2), (3, 1)의 3가지이므로

눈의 합이 4일 확률은 $\dfrac{3}{36}$

또, 눈의 합이 5가 될 경우는 (1, 4), (4, 1), (2, 3), (3, 2)의

4가지이므로 눈의 합이 5일 확률은 $\dfrac{4}{36}$

따라서, 구하는 확률은 $\dfrac{3}{36}+\dfrac{4}{36}=\dfrac{7}{36}$

핵심 개념   **2. 확률의 곱셈**

▶ 사건 A, B가 서로 영향을 끼치지 않는 경우에,
사건 A가 일어날 확률을 p, 사건 B가 일어날 확률을 q라고
하면 사건 A, B가 동시에 일어날 확률은 ➡ $p \times q$

보기 1. 동전 한 개와 주사위 한 개를 동시에 던질 때, 동전의 앞면과 주사위의 짝수의 눈이 나올 확률을 구하여라.

연구 동전의 앞면이 나올 확률은 $\dfrac{1}{2}$

주사위의 짝수의 눈이 나올 확률은 $\dfrac{3}{6} = \dfrac{1}{2}$

그런데 이 두 사건은 서로 영향을 끼치지 않으므로

구하는 확률은 $\dfrac{1}{2} \times \dfrac{1}{2} = \dfrac{1}{4}$

Advice 동전 한 개와 주사위 한 개를 동시에 던질 때 나올 수 있는 모든 경우의 수는 $2 \times 6 = 12$

동전의 앞면과 주사위의 짝수의 눈이 나올 경우는
(H, 2), (H, 4), (H, 6)의 3가지이므로, 동전의 앞면과 주사위의 짝수의 눈이 나올 확률은 $\dfrac{3}{12} = \dfrac{1}{4}$이 된다.

보기 2. 서로 다른 주사위 A, B를 동시에 던질 때, A주사위에서는 짝수, B주사위에서는 6의 약수의 눈이 나올 확률을 구하여라.

연구 짝수는 2, 4, 6이므로 A주사위에서 짝수가 나올

확률은 $\dfrac{3}{6} = \dfrac{1}{2}$

6의 약수는 1, 2, 3, 6이므로 B주사위에서 6의 약수가 나올

확률은 $\dfrac{4}{6} = \dfrac{2}{3}$

그런데 이들 두 사건은 서로 영향을 끼치지 않으므로 구하는

확률은 $\dfrac{1}{2} \times \dfrac{2}{3} = \dfrac{1}{3}$

필수예제 1

한 변의 길이가 1인 정사각형 ABCD가
있다. 한 개의 주사위를 던져서 나온 눈
의 수만큼 화살표 방향으로 꼭짓점 A에
서 출발하여 정사각형의 둘레를 움직이는
점을 P라고 할 때, 주사위를 두 번 던져
서 점 P가 꼭짓점 D에 올 확률을 구하여
라. (단, 두 번째 던질 때는 첫 번째 던져 점 P가 도달한 꼭
짓점을 출발점으로 한다.)

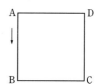

[생각하기] 주사위를 두 번 던질 때, 점 P가 꼭짓점 D에 오는 경우는 주사위
의 두 눈의 합이 3, 7, 11일 때이다. 따라서, 이 문제는
「주사위를 두 번 던질 때, 두 눈의 합이 3 또는 7 또는 11이 될 확률」
을 구하는 문제이다.

[모범해답]

주사위를 두 번 던질 때 나오는 모든 경우의 수는 36
두 눈의 합이 3 또는 7 또는 11인 경우는
❶ 두 눈의 합이 3인 경우 : $(1, 2)$, $(2, 1)$의 2가지
❷ 두 눈의 합이 7인 경우 : $(1, 6)$, $(2, 5)$, $(3, 4)$, $(4, 3)$, $(5, 2)$,
$\qquad\qquad\qquad\qquad\qquad (6, 1)$의 6가지
❸ 두 눈의 합이 11인 경우 : $(5, 6)$, $(6, 5)$의 2가지
따라서, ❶, ❷, ❸이 일어날 확률은 각각

$$\frac{2}{36}, \ \frac{6}{36}, \ \frac{2}{36}$$

그런데 ❶, ❷, ❸의 사건은 동시에 일어나지 않으므로
구하는 확률은 $\dfrac{2}{36} + \dfrac{6}{36} + \dfrac{2}{36} = \dfrac{10}{36} = \dfrac{5}{18}$ ← 답

[유제] 1 1에서 30까지의 번호가 붙은 30개의 구슬이 주머니 속에 있
다. 이 주머니 속에서 무심히 구슬 한 개를 꺼낼 때, 2의 배수나
짝수가 아닌 소수가 나올 확률을 구하여라.

필수예제 2

두 사람 A, B가 1회에 A, 2회에 B, 3회에 A, 4회에 B의 순으로 주사위 던지는 놀이를 한다. 3의 배수의 눈이 먼저 나오는 사람이 이기는 것으로 할 때, 4회 이내에 B가 이길 확률을 구하여라.

[생각하기] B가 이기는 경우는 2회 또는 4회이다. 그런데 B가 2회에 이기려면 1회 때는 3의 배수가 나오지 않고 2회에 3의 배수가 나와야 한다. 또한, B가 4회에 이기려면 1, 2, 3회 때는 3의 배수가 나오지 않고 4회에 3의 배수가 나와야 한다.

[모범해답]

3의 배수의 눈이 나올 확률은 $\dfrac{2}{6} = \dfrac{1}{3}$이므로

3의 배수의 눈이 나오지 않을 확률은 $1 - \dfrac{1}{3} = \dfrac{2}{3}$이다.

❶ B가 2회에 이기는 경우 : 1회에는 3의 배수가 나오지 않고 2회에 3의 배수가 나와야 하므로, 구하는 확률은

$$\dfrac{2}{3} \times \dfrac{1}{3} = \dfrac{2}{9} \quad \Longleftarrow \text{ (1회의 확률)} \times \text{(2회의 확률)}$$

❷ B가 4회에 이기는 경우 : 1, 2, 3회에는 3의 배수가 나오지 않고 4회에 3의 배수가 나와야 하므로, 구하는 확률은

$$\left(\dfrac{2}{3} \times \dfrac{2}{3} \times \dfrac{2}{3} \right) \times \dfrac{1}{3} = \dfrac{8}{81} \quad \Longleftarrow \text{ (1, 2, 3회의 확률)} \times \text{(4회의 확률)}$$

따라서, 구하는 확률은

$$\dfrac{2}{9} + \dfrac{8}{81} = \dfrac{26}{81} \leftarrow \boxed{\text{답}}$$

[유제] 2 10개의 제비 중에 2개의 당첨 제비가 들어있다. A, B가 차례로 제비를 1개씩 뽑을 때, B가 당첨 제비를 뽑을 확률을 구하여라. (단, 꺼낸 제비는 다시 넣지 않는다.)

● 학교 시험과 수준·경향을 일치시킨 기본적인 문제입니다.
● 한 문제 한 문제를 정복하여 이 단원의 내용을 총정리합시다.

1. 주머니 속에 크기와 모양이 같은 빨간 공, 파란 공, 노란 공이 각각 3, 4, 5개씩 있다. 주머니에서 한 개의 공을 꺼낼 때, 파란 공 또는 노란 공이 나올 확률을 구하여라.

2. 두 개의 주머니 A, B가 있다. A에는 흰 공 1개와 검은 공 2개, B에는 흰 공 2개와 검은 공 2개가 들어 있다.
A, B에서 각각 1개씩 꺼낼 때, 두 공이 모두 흰 공일 확률을 구하여라.

3. 붉은 공 2개, 흰 공 3개가 들어 있는 주머니에서 3개의 공을 꺼낼 때, 1개는 붉은 공, 2개는 흰 공일 확률을 구하여라.

4. 빨간 공이 2개, 파란 공이 1개, 흰 공이 1개씩 들어 있는 주머니에서 A, B, C 세 사람이 차례로 1개씩 공을 꺼낼 때, 같은 색의 공이 뽑히지 않을 확률을 구하여라. (단, 한 번 꺼낸 공은 다시 집어 넣지 않는다.)

5. 두 개의 주사위 A, B를 동시에 던져 A에서 나온 눈의 수를 x, B에서 나온 눈의 수를 y라 할 때, 부등식 $y > 18 - 3x$가 성립될 확률을 구하여라.

6. 서로 다른 2개의 주사위를 던질 때, 나오는 눈의 수를 각각 a, b라고 한다. $\dfrac{a+b}{a-b}$의 값이 자연수가 될 확률을 구하여라.

7. 한 개의 주사위를 두 번 던질 때, 처음에는 짝수의 눈, 나중에는 소수의 눈이 나올 확률을 구하여라.

8. 1개의 주사위를 3번 던질 때, 3의 배수가 적어도 한 번 나올 확률을 구하여라.

9. 두 사람 A, B가 1회에 A, 2회에 B, 3회에 A, 4회에 B의 순으로 주사
위 던지는 놀이를 한다. 짝수의 눈이 먼저 나오는 사람이 이기는 것으
로 할 때, 4회 이내에 B가 이길 확률을 구하여 분수로 나타내어라.

10. 갑, 을 두 사람이 가위바위보를 할 때, 다음 확률을 구하여라.
(1) 갑이 이길 확률
(2) 비길 확률

11. A, B 두 사람이 가위바위보를 하여 같은 것을 내면 A가, 서로 다른 것
을 내면 B가 이기는 것으로 하고, 이 게임을 3번 할 때 A가 2번 이길
확률을 구하여라.

12. 1에서 6까지의 숫자가 각각 적힌 6장의 카드가 주머니 속에 들어 있다.
이 중에서 2장을 꺼내어 두 자리의 정수를 만들 때, 그 수가 36 이상일
확률을 구하여라.

13. 1에서 9까지의 숫자가 각각 적힌 9장의 카드 중에서 임의로 2장을 꺼낼
때, 나온 눈의 합이 홀수일 확률을 구하여라.

14. 두 자연수 a, b가 짝수일 확률이 각각 $\dfrac{1}{2}$, $\dfrac{2}{3}$일 때 $a+b$가 짝수일 확
률은 얼마인가?

15. 명중률이 각각 0.6, 0.7인 두 사람이 같은 과녁을 향하여 총을 쏘았을
때, 이 과녁에 하나도 맞히지 않을 확률을 구하여라.

1. 1부터 9까지의 숫자가 각각 적힌 카드가 9장 있다.
   이 중에서 2장을 꺼낼 때, 두 수의 곱이 12 이하일 확률을 구하여라.

2. 서로 다른 주사위 A, B, C를 던질 때, 나오는 눈의 수를 차례로 a, b, c라고 한다. 다음 확률을 구하여라.

   (1) $\dfrac{c}{a+b}=1$일 확률　　　　　(2) $\dfrac{c}{a+b}$가 정수일 확률

3. 남자 A, B, C, D, E와 여자 F, G, H가 있다. 이 중에서 2명의 대표를 뽑을 때, 남녀가 섞일 확률을 구하여라.

4. 세 개의 주머니마다 빨강, 파랑, 노랑 구슬이 1개씩 모두 3개가 들어 있다. 각 주머니에서 1개씩 구슬을 꺼낼 때, 3개의 구슬이 서로 다른 색일 확률을 구하여라.

5. 정육면체의 여섯 면에 −1, −1, 1, 1, 1, 1의 숫자가 차례로 적혀 있다. 이 정육면체를 2번 던져서 나온 수의 합이 0일 확률을 구하여라.

6. 두 개의 주사위를 던져 나오는 눈의 수를 a, b라 한다. 두 직선 $y=2x-a$와 $y=-x+b$의 교점의 x좌표가 2가 될 확률을 구하여라.

7. 흰 구슬 2개와 푸른 구슬 3개가 들어 있는 주머니 A와 붉은 구슬과 흰 구슬이 합하여 10개 들어 있는 주머니 B가 있다. B주머니에서 1개의 구슬을 꺼낼 때 그것이 붉은 구슬일 확률은 A주머니와 B주머니의 구슬을 모두 섞은 다음 이 중에서 1개를 꺼낼 때 그것이 붉은 구슬이 아닐 확률보다 $\dfrac{1}{6}$만큼 클 때, B주머니에는 붉은 구슬이 몇 개 들어 있는가 ?

8. 흰 공 2개와 검은 공이 1개씩 들어 있는 A, B 두 주머니에서 각각 1개 씩의 공을 꺼낼 때, 같은 색의 공이 나올 확률을 구하여라.

9. 주머니 속에 붉은 구슬 3개와 푸른 구슬 2개가 있다. 이 중에서 동시에 2개를 꺼낼 때, 두 개 모두 붉은 구슬일 확률을 구하여라.

10. 서로 다른 2개의 주사위를 던질 때 두 눈을 a, b라 한다. 두 직선

$$y = \frac{x}{a} \qquad \cdots\cdots\text{㉠} \qquad\qquad y = x - b \qquad \cdots\cdots\text{㉡}$$

의 교점의 x좌표가 4일 확률을 구하여라.

11. 세 개의 주사위를 동시에 던졌을 때, 나온 눈의 최댓값을 M, 최솟값을 m이라고 할 때, M − m > 1일 확률을 구하여라.

12. 〈그림〉과 같이 좌표평면 위에 A(1, 2), B(10, 5), C(6, 9)와 직선 $y = \frac{b}{a}x$가 있다.

주사위 1개를 두 번 던져 처음 나온 눈의 수 를 a, 나중에 나온 눈의 수를 b라 할 때, 이 직 선이 △ABC와 만나지 않을 확률을 구하여라.

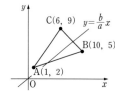

13. 네 사람이 가위바위보를 할 때, 다음을 구하여라.
  (1) 1회에 한 사람만 이길 확률
  (2) 1회에 두 사람만 이길 확률
  (3) 1회에 이긴 사람이 정해지지 않을 확률

14. ①에서 ④까지의 번호가 적힌 카드를 각각 2장씩 만든 다음 A, B, C, D, E, F, G, H 8개의 팀이 이 카드를 추첨하여 같은 번호 를 추첨한 팀끼리 〈표〉와 같이 대진표를 작 성하였다.

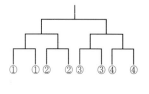

A팀이 추첨한 카드의 번호가 ②일 때 A, B 두 팀이 2회전에서 만날 확 률은 얼마인가? (단, 각 팀이 이길 확률은 같다고 한다.)

1. A, B, C, D 4명과 1부터 5까지의 번호가 붙은 의자 5개가 있다.

(1) A, B, C, D 4사람이 5개의 의자에 1명씩 앉을 때, 경우의 수를 구하여라.

(2) A가 1번 의자에 앉을 확률을 구하여라.

2. 직선 $y=ax+b$가 있다. 〈그림〉과 같은 6장의 카드 중에서 한 장을 뽑아 나온 수를 a, 나머지 5장 중에서 또 한 장을 뽑아 나온 수를 b라 할 때, 이 직선이 점 $(1, 1)$을 지날 확률을 구하여라.

$$\boxed{-1}\ \boxed{0}\ \boxed{0}\ \boxed{1}\ \boxed{1}\ \boxed{2}$$

3. 1부터 9까지의 숫자가 각각 적힌 카드 9장이 있다.

(1) 3장을 뽑을 때 카드의 수의 합이 짝수일 경우의 수를 구하여라.

(2) 1장씩 3장을 뽑아 세 자리의 정수를 만들 때, 45의 배수가 나올 확률을 구하여라. (단, 뽑은 순서대로 100, 10, 1의 자리의 수로 한다.)

4. 1에서 10까지의 번호가 각각 적힌 10개의 구슬이 있다. 이 중 홀수인 번호가 적힌 구슬을 A주머니에, 짝수인 번호가 적힌 구슬을 B주머니에 넣고, A주머니에서 뽑힌 구슬의 번호를 a, B주머니에서 뽑힌 구슬의 번호를 b라 할 때, 방정식 $-x+2=ax+b$가 정수인 해를 가질 확률을 구하여라.

5. A, B, C, D 네 명이 각각 서로 다른 4개의 방에서 생활하고 있다. 이 네 명이 방을 다시 배정 받을 때, 다음 물음에 답하여라.

(1) 네 사람이 모두 전과 같은 방에 배정 받을 확률

(2) 네 사람이 모두 전과는 다른 방에 배정 받을 확률

6. 한 변이 3 cm인 정사각형 모양의 타일이 빈틈없이 깔려있는 마루가 있다. 여기에 반지름이 1 cm인 동전을 적당히 던질 때 동전이 한 장의 타일 위에 얹힐 확률을 구하여라.

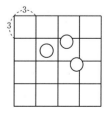

7. 주사위를 한 번 던질 때, 1 또는 2의 눈이 나오면 우측으로 1만큼, 3 또는 4
의 눈이 나오면 위쪽으로 1만큼 움직이고, 5 또는 6의 눈이 나오면 움직이지
않는 점 P가 있다.
주사위를 4번 던질 때, 원점 위의 점 P가 다음 위치에 올 확률을 구하여라.
(1) 점 $(4, 0)$에 올 확률　　　　　(2) 점 $(2, 2)$에 올 확률
(3) 직선 $y = -x + 4$ 위에 올 확률

8. x, y는 1부터 9까지의 정수이다. $a = \dfrac{x}{y}$ ...... ㉠, $y \leq -\dfrac{3}{2}x + 6$ ...... ㉡에 대
하여 다음에 답하여라.
(1) ㉠에서 a가 1일 확률을 구하여라.
(2) a가 정수일 확률을 구하여라.
(3) ㉡의 부등식이 성립할 확률을 구하여라.

9. 서로 다른 두 주사위를 던질 때, 나온 눈의 수를 각각
a, b라고 한다.
다음을 구하여라.
(1) 직선 AB가 원점을 지날 확률
(2) 직선 AB가 x축에 평행하지 않을 확률

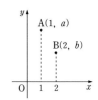

10. 어느 시험에서 A, B, C가 합격할 확률은 각각 $\dfrac{3}{5}$, $\dfrac{1}{3}$, $\dfrac{1}{4}$이다.
(1) A는 합격하고, B, C는 불합격할 확률을 구하여라.
(2) 2명만 합격할 확률을 구하여라.

11. 5장의 제비 중에 3장의 당첨 제비가 들어 있다. A, B, C가 차례로 1장
씩 제비를 뽑을 때, 2명만 당첨되고, 1명은 당첨되지 않을 확률

12. 정육각형의 각 꼭짓점을 연결해서 삼각형을 만들 때, 이등변삼각형이
될 확률을 구하여라.

● 국내외의 문제 중 가장 어려운 문제
입니다.

종합 문제   **심화**

● 이 문제를 정복하면 수학 박사라는
별명을 얻을 것입니다.

1. A, B, C가 가위바위보를 한 번 했다. A가 바위를 냈을 때, 다음 확률을 구하여라.
  (1) A가 이길 확률   (2) 무승부일 확률
  (3) 2명이 이길 확률

2. 한 개의 주사위를 던져서 홀수의 눈이 나오면 3점, 짝수의 눈이 나오면 −1점을 얻는 게임을 하였다.
  (1) 3회 던질 때, 득점의 합계는 몇 가지가 되는가?
  (2) A군은 3회 던져 득점의 합계가 음수가 되었다. B군의 득점의 합계가 A보다 많을 확률을 구하여라.

3. 7개의 제품 중에 2개의 불량품이 있다. 이 중에서 한 개씩을 꺼내서 제품을 검사한 다음, 불량품을 2개 발견하면 검사를 중지한다고 한다.
  (1) 2회에 검사를 마칠 확률을 구하여라.
  (2) 정확하게 4회째에 검사가 끝날 확률을 구하여라.

4. 6쌍의 부부가 있다. 이 중에서 2명을 선발할 때, 다음 확률을 구하여라.
  (1) 부부일 확률   (2) 남녀일 확률

5. 〈그림〉과 같이 9개의 점이 있다.
  4개 이상의 점을 이어서 직사각형을 만들 때, 무심히 만든 직사각형이 정사각형이 될 확률을 구하여라. (단, 가로 또는 세로로 인접된 두 점 사이의 거리는 모두 같다.)

6. 정사각형 ABCD의 꼭짓점을 ABCDABC…의 순서로 돌아가는 점 P가 있다. 처음에는 A를 출발점으로 하여 주사위를 던져서 나오는 눈의 수만큼 P를 이동한다.
  두 번째 시행 후 P가 A에 있을 확률을 구하여라.

1 명제

핵심 개념 **1. 명제의 뜻**

1. **명제** : 내용이 참인지 거짓인지를 판별할 수 있는 문장이나 식
2. **명제의 표현** : 명제는 「p이면 q이다.」의 꼴로 나타내고, 기호 「$p \rightarrow q$」로 표시한다.

Study 　명 제

① 사람은 동물이다. 　　　　② 돼지는 식물이다.

③ $5+6=11$ 　　　　　　　④ $10-4=3$

과 같이 어떤 주장이나 판단을 나타내는 문장이나 식 중에서 그것이 참인지 거짓인지를 구별할 수 있는 것을 **명제**라고 한다.

위에서 ①, ③은 참인 명제이고, ②, ④는 거짓인 명제이다.

보기 1. 다음 중 명제인 것은?

① 걸어 다녀라. 　　　　　② $x+5=12$

③ 철수는 키가 크다. 　　　④ 참으로 아름답구나 !

⑤ 2는 4의 배수이다.

연구 ①~④는 참, 거짓을 판별할 수 없으므로 명제가 아니다.

⑤는 거짓인 명제이다. 　　　　　　　　　　　　　　　**답** ⑤

보기 2. 다음 명제에서 p, q를 말하여라.

⑴ a, b가 짝수이면 $a+b$도 짝수이다.

⑵ $x+2=8$이면 $x=6$이다.

연구 ⑴ p : a, b가 짝수이다. 　q : $a+b$도 짝수이다.

⑵ p : $x+2=8$이다. 　　　q : $x=6$이다.

핵심 개념 | **2. 명제의 역**

1. **가정과 결론** : 명제 $p \to q$에서 p를 **가정**, q를 **결론**이라 한다.
2. **명제의 역** : 명제 $p \to q$에서 가정과 결론을 바꾸어 놓은 명제 「$q \to p$」를 처음 명제의 **역**이라 한다.

보기 1. 다음 명제의 가정과 결론을 말하여라.
(1) 정삼각형은 이등변삼각형이다.
(2) $a > b$이면 $a + c > b + c$이다.
(3) a가 6의 배수이면, a는 3의 배수이다.

연구 명제는 「 **가정** 이면 **결론** 이다. 」의 꼴로 구성되어 있다.
(1) 〔가정〕 정삼각형이다.
　　〔결론〕 이등변삼각형이다.
(2) 〔가정〕 $a > b$이다.
　　〔결론〕 $a + c > b + c$이다.
(3) 〔가정〕 a가 6의 배수이다.
　　〔결론〕 a는 3의 배수이다.

보기 2. 다음 명제의 역을 쓰고, 역의 참, 거짓을 말하여라.
(1) $x = 4$, $y = 5$이면 $x + y = 9$이다.
(2) 정삼각형의 세 내각의 크기는 같다.
(3) 정오각형의 한 내각의 크기는 $108°$이다.

연구 명제 $p \to q$의 역은 $q \to p$이다.
(1) **역** : $x + y = 9$이면 $x = 4$, $y = 5$이다.
　　➡ (거짓)
　　$[x + y = 9$일 때, $x = 2$, $y = 7$일 수도 있으므로 거짓이다. $]$
(2) **역** : 세 내각의 크기가 같은 삼각형은 정삼각형이다.
　　➡ (참)
　　$[$정삼각형의 한 내각의 크기는 $60°$이므로 참이다. $]$
(3) **역** : 한 내각의 크기가 $108°$인 다각형은 정오각형이다.
　　➡ (거짓)
　　$\left[\begin{array}{l} \text{한 내각의 크기가 } 108°\text{라고 해서} \\ \text{반드시 정오각형은 아니다.} \end{array}\right]$

필수예제 1

다음 각 명제에서 역이 참인 것은 몇 개인가?
(1) $2x-4>0$이면 $x>1$이다.
(2) 이등변삼각형은 정삼각형이다.
(3) 직사각형은 평행사변형이다.
(4) a, b가 홀수이면 $a+b$는 짝수이다.

〔생각하기〕 먼저, 주어진 명제의 역을 만든 다음에 그것의 참, 거짓을 판별한다.

〔바이블〕 명제 $p \to q$의 역 ➡ $q \to p$

〔모범해답〕

각 명제의 역을 만들면
(1) $x>1$이면 $2x-4>0$이다.
(2) 정삼각형은 이등변삼각형이다.
(3) 평행사변형은 직사각형이다.
(4) $a+b$가 짝수이면 a, b는 홀수이다.
이제 위의 명제들의 참, 거짓을 알아보자.
(1) 1보다 큰 수 $x=1.5$를 부등식 $2x-4>0$에 대입하면 거짓이다.
    따라서, 이 명제는 **거짓**이다.
(2) 정삼각형은 이등변삼각형이므로 **참**이다.
(3) 평행사변형에는 직사각형 외에 마름모도 있으므로 이 명제는 **거짓**이다.
(4) $a+b$가 짝수이면 a, b 모두가 짝수인 경우도 있다.
    따라서, 이 명제는 **거짓**이다. 　　　　　　　　　　　〔답〕 **1 개 (2)**

〔유제〕 1 다음 명제의 역의 참, 거짓을 말하여라.
(1) 소수는 홀수이다.
(2) a, b가 홀수이면 ab는 홀수이다.
(3) 4의 약수는 8의 약수이다.

필수예제 2

다음 중 명제가 참이고, 그 역도 참인 것은 모두 몇 개인가?
(1) 두 삼각형이 합동이면 세 대응변의 길이는 같다.
(2) $ab=0$이면 $a=0$이다.
(3) $a=b$이면 $ac=bc$이다.
(4) $\triangle ABC$에서 $\overline{AB}=\overline{BC}=\overline{CA}$이면 $\angle A=60°$이다.

생각하기 먼저, 주어진 명제의 참, 거짓을 밝힌 다음에 그 역의 참 거짓을 알아본다.

모범해답

각 명제의 참, 거짓을 조사하면,
(1) 합동인 삼각형에서 대응변 및 대응각의 크기는 같으므로 **참**이다.
(2) $ab=0$이면 $b=0$일 수도 있으므로 **거짓**이다.
(3) $a=b$의 양변에 c를 곱하면 $ac=bc$이므로 **참**이다.
(4) $\triangle ABC$는 정삼각형으로 $\angle A=60°$는 **참**이다.
각 명제는 역의 참, 거짓을 조사하면,
(1) 세 대응변의 길이가 같은 두 삼각형은 합동이다. (**참**)
(2) $a=0$이면 $ab=0$이다. (**참**)
(3) $ac=bc$이면 $a=b$이다. (**거짓**)
　　[$ac=bc$일 때 $c=0$이면, $a\neq b$일 수도 있다.]
(4) $\triangle ABC$에서 $\angle A=60°$이면 $\overline{AB}=\overline{BC}=\overline{CA}$이다. (**거짓**)
　　[$\angle A=60°$라고 해서 반드시 정삼각형이 되는 것은 아니다.]

답 1개 (1)

유제 2 다음 중 명제와 그 역이 모두 참인 것은?
(1) $2x+3>-3$이면 $x>0$이다.
(2) 정사각형은 직사각형이다.
(3) 이등변삼각형의 두 밑각의 크기는 같다.
(4) 넓이가 같은 두 삼각형은 합동이다.

1. 다음 식 중에서 명제인 것은 몇 개인가?

(1) $x+5>10$ (2) $x+3=6$

(3) $x+3=x-5$ (4) $a+5a=6a$

2. 다음 명제 중 참인 것을 모두 찾아라.

(1) $a>b$이면 $a-c>b-c$이다.

(2) 이등변삼각형은 예각삼각형이다.

(3) 삼각형의 세 외각의 크기의 합은 $180°$이다.

(4) 평행사변형은 사다리꼴이다.

3. 다음 명제 중 거짓인 것을 모두 찾아라.

(1) 2의 배수의 집합은 6의 배수의 집합의 부분집합이다.

(2) 20의 약수는 10의 약수이다.

(3) 모든 정삼각형은 서로 합동이다.

(4) 정육각형은 선대칭인 도형이다.

4. 다음 명제 중 역이 참인 것은?

① a, b가 자연수이면 $a+b$도 자연수이다.

② 자연수 n이 짝수이면 $n(n+1)$도 짝수이다.

③ $x+5=2x-1$이면 $x>0$이다.

④ 정수는 유리수이다.

⑤ 정삼각형에서 두 내각의 크기는 같다.

5. 다음 명제 중 명제와 역이 모두 참인 것은?

① $x=5$이면 $x^2=25$이다.

② $a>b$이면 $a^2>b^2$이다.

③ $x+y<0$이면 $x<0$ 또는 $y<0$이다.

④ $a>0$, $b>0$이면 $a+b>0$, $ab>0$이다.

⑤ $a^2+b^2\neq0$이면 $a\neq0$ 또는 $b\neq0$이다.

2 용어의 정의와 증명

1. 정의

▶ 수학에서 용어나 기호의 뜻을 분명하게 밝히는 문장을 **정의**라고 한다.
즉, 정의는 용어나 기호의 뜻에 대한 약속이다.

Study 정 의

▶ 수학은 정의로부터 시작되는 학문이다.
따라서, 수학에서 어떤 내용을 전개할 때는 반드시 용어나 기호에 대한 정의를 분명히 한 다음에 내용을 서술한다.
다음은 자주 사용되는 용어와 그 정의이다.

직각삼각형 : 한 내각의 크기가 직각인 삼각형
빗변 : 직각삼각형에서 직각에 대한 대변
정삼각형 : 세 변의 길이가 같은 삼각형
이등변삼각형 : 두 변의 길이가 같은 삼각형
사다리꼴 : 한 쌍의 대변이 평행한 사각형
평행사변형 : 두 쌍의 대변이 평행한 사각형
직사각형 : 네 내각의 크기가 모두 같은 사각형
마름모 : 네 변의 길이가 모두 같은 사각형
정사각형 : 네 내각의 크기가 모두 같고, 네 변의 길이가 모두 같은 사각형
각 : 한 점에서 그은 두 반직선으로 이루어진 도형
선분의 중점 : 선분 위에 있고, 양 끝점에서 같은 거리에 있는 점
꼬인 위치 : 만나지도 않고 평행하지도 않은 공간의 두 직선의 위치 관계

Advice 용어는 낱말이고, 정의는 낱말의 뜻에 해당된다고 볼 수 있다.

핵심 개념	2. 증명과 정리

1. **증명** : 어떤 명제가 참임을 밝히는 것
2. **정리** : 증명된 명제 중에서 많이 사용되는 기본적인 것

Study 1° 증명

▶ 명제 「삼각형의 세 내각의 크기의 합은 180°이다」가 참인지 알아보자.

● △ABC의 꼭짓점 A를 지나서 변 BC에 평행한 직선 DE를 그으면,
$\overleftrightarrow{BC} /\!/ \overleftrightarrow{DE}$에서

∠B와 ∠DAB는 서로 엇각이므로

$\qquad$ ∠B=∠DAB

∠C와 ∠EAC도 서로 엇각이므로

$\qquad$ ∠C=∠EAC

∴ ∠A+∠B+∠C=∠A+∠DAB+∠EAC

$\qquad\qquad\qquad$ =∠DAE=180°

따라서, 위의 명제는 참이다.

● 위와 같이, 이미 알려져 있는 성질을 이용하여 어떤 명제가 참인 이유를 이론적으로 설명하는 것을 **증명**이라고 한다.

Study 2° 정리

▶ 다음은 정리에 대한 예를 든 것이다.

① 두 직선이 만날 때, 맞꼭지각의 크기는 같다.

② 삼각형의 세 내각의 크기의 합은 180°이다.

③ 한 직선에 평행한 두 직선은 평행하다.

④ 다각형에서 외각의 크기의 합은 360°이다.

⑤ 이등변삼각형의 두 밑각의 크기는 같다.

⑥ 정삼각형에서 세 내각의 크기는 모두 같다.

⑦ 삼각형의 한 외각의 크기는 이와 이웃하지 않는 두 내각의 크기의 합과 같다.

Advice 정리는 모두 증명된 명제들이므로 증명이 가능하다. 그러나 정의는 증명할 수가 없다.

3 이등변삼각형과 직각삼각형

핵심 개념 **1. 이등변삼각형의 성질**

1. 이등변삼각형의 두 밑각의 크기는 같다.
2. 이등변삼각형의 꼭지각의 이등분선은 밑변을 수직이등분한다.
3. 두 내각의 크기가 같은 삼각형은 이등변삼각형이다.

Study 위의 정리를 증명하여 보자.

❶ [가정] △ABC에서 $\overline{AB}=\overline{AC}$

　[결론] ∠B=∠C

　[증명] ∠A의 이등분선이 밑변 BC와 만나는 점을 D라고 하자.

　　△ABD와 △ACD에서

　　$\overline{AB}=\overline{AC}$(가정)　　　　　……㉠

　　$\overline{AD}$는 공통　　　　　　　……㉡

　　∠BAD=∠CAD　　　　　……㉢

　　㉠, ㉡, ㉢에서

　　△ABD≡△ACD(SAS합동)

　　　∴ ∠B=∠C

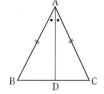

❷ [가정] △ABC에서 $\overline{AB}=\overline{AC}$, ∠BAD=∠CAD

　[결론] $\overline{BD}=\overline{CD}$, $\overline{AD}\perp\overline{BC}$

　[증명] △ABD와 △ACD에서

　　$\overline{AB}=\overline{AC}$(가정)　　　　　……㉠

　　$\overline{AD}$는 공통　　　　　　　……㉡

　　∠BAD=∠CAD(가정)　　　……㉢

　　㉠, ㉡, ㉢에서

　　△ABD≡△ACD(SAS합동)

　　　∴ $\overline{BD}=\overline{CD}$ 또한, ∠ADB=∠ADC

　　그런데 ∠ADB+∠ADC=180°이므로

　　　　∠ADB=∠ADC=90°　∴ $\overline{AD}\perp\overline{BC}$

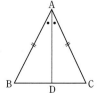

❸ [가정] △ABC에서 ∠B=∠C

[결론] $\overline{AB}=\overline{AC}$

[증명] ∠A의 이등분선과 변 BC와의 교점을 D라고 하자.

△ABD와 △ACD에서

∠BAD=∠CAD ······㉠

$\overline{AD}$는 공통 ······㉡

삼각형의 세 내각의 크기의 합은 180°이고

∠B=∠C, ∠BAD=∠CAD이므로

∠ADB=∠ADC ······㉢

㉠, ㉡, ㉢에서

△ABD≡△ACD(ASA합동)

∴ $\overline{AB}=\overline{AC}$

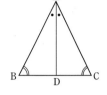

보기 1. 이등변삼각형 ABC에서 등변의 중점을 각각 M, N이라 하고, $\overline{BN}$, $\overline{CM}$의 교점을 P라고 하자.

△PBC는 이등변삼각형임을 증명하여라.

[가정] △ABC에서 $\overline{AB}=\overline{AC}$, $\overline{AM}=\overline{BM}$, $\overline{AN}=\overline{CN}$

[결론] $\overline{PB}=\overline{PC}$

[증명] △MBC와 △NCB에서

$\overline{MB}=\overline{NC}$, $\overline{BC}$는 공통, ∠MBC=∠NCB

∴ △MBC≡△NCB(SAS합동)

∴ ∠MCB=∠NBC ∴ $\overline{PB}=\overline{PC}$

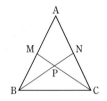

보기 2. 정삼각형의 세 내각의 크기가 같음을 증명하여라.

[가정] △ABC에서 $\overline{AB}=\overline{BC}=\overline{CA}$

[결론] ∠A=∠B=∠C

[증명] $\overline{AB}=\overline{AC}$이므로 ∠B=∠C ······㉠

$\overline{BA}=\overline{BC}$이므로 ∠A=∠C ······㉡

㉠, ㉡에서 ∠A=∠B=∠C

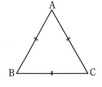

핵심 개념 | **2. 직각삼각형의 합동조건**

1. 빗변의 길이와 한 예각의 크기가 각각 같은 두 직각삼각형은 합동이다. (RHA합동)
2. 빗변의 길이와 다른 한 변의 길이가 각각 같은 두 직각삼각형은 합동이다. (RHS합동)

Study 위의 합동조건을 증명하여 보자.

❶ △ABC와 △DEF에서

∠A=∠D (가정) ······㉠

$\overline{AB}=\overline{DE}$ (가정) ······㉡

또, ∠C=∠F=90°이므로

∠B=∠E ······㉢

㉠, ㉡, ㉢에서

△ABC≡△DEF (ASA합동)

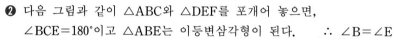

❷ 다음 그림과 같이 △ABC와 △DEF를 포개어 놓으면,
∠BCE=180°이고 △ABE는 이등변삼각형이 된다. ∴ ∠B=∠E
또한 ∠ACB=∠DFE=90°이므로

∠BAC=∠EDF ······㉠

$\overline{AB}=\overline{DE}$ (가정) ······㉡

$\overline{AC}=\overline{DF}$ (가정) ······㉢

㉠, ㉡, ㉢에서 △ABC≡△DEF (SAS합동)

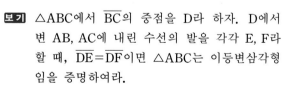

보기 △ABC에서 $\overline{BC}$의 중점을 D라 하자. D에서
변 AB, AC에 내린 수선의 발을 각각 E, F라
할 때, $\overline{DE}=\overline{DF}$이면 △ABC는 이등변삼각형
임을 증명하여라.

[가정] $\overline{BD}=\overline{CD}$, $\overline{DE}=\overline{DF}$,

∠BED=∠CFD=90°

[결론] ∠B=∠C

[증명] △DBE와 △DCF에서

$\overline{BD}=\overline{CD}$, ∠BED=∠CFD=90°, $\overline{DE}=\overline{DF}$이므로

△DBE≡△DCF (RHS합동) ∴ ∠B=∠C

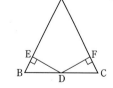

필수예제 1

〈그림〉과 같이 $\overline{AB}$ 위에 한 점 C를 잡고 $\overline{AB}$의 같은 쪽에 두 정삼각형 △ACD, △BCE를 만들었다. $\overline{AE}=\overline{DB}$임을 증명하여라.

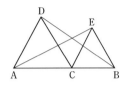

생각하기 도형의 증명에서 선분의 길이나 각의 크기가 같음을 증명할 때는 삼각형의 합동을 이용한다.

이 문제는 $\overline{AE}=\overline{DB}$임을 증명하는 문제이므로 두 선분을 각각 포함하는 두 삼각형 △ACE와 △DCB가 합동임을 밝히면 된다.

모범해답

[가정] 〈그림〉에서 △DAC, △ECB는 정삼각형

[결론] $\overline{AE}=\overline{DB}$

[증명] △ACE와 △DCB에서

△DAC가 정삼각형이므로 $\overline{AC}=\overline{DC}$ ······㉠

△ECB가 정삼각형이므로 $\overline{CE}=\overline{CB}$ ······㉡

또한, △DAC, △ECB가 각각 정삼각형이므로

$\angle ACD = \angle ECB = 60°$

따라서, $\angle ACE = \angle ACD + \angle DCE = 60° + \angle DCE$

$\angle DCB = \angle ECB + \angle DCE = 60° + \angle DCE$

∴ $\angle ACE = \angle DCB$ ······㉢

㉠, ㉡, ㉢에서 △ACE≡△DCB(SAS합동)

∴ $\overline{AE}=\overline{DB}$

유제 1 〈그림〉과 같이 △ABC의 변 AB, AC 를 각각 한 변으로 하는 정삼각형을 그려서 나머지 한 꼭짓점을 각각 P, Q라고 할 때,

$\overline{PC}=\overline{BQ}$

임을 증명하여라.

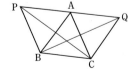

필수예제 2

△ABC의 꼭지각 A의 이등분선이 그
대변 $\overline{BC}$의 중점 M을 지나면, △ABC
는 이등변삼각형이 됨을 증명하여라.

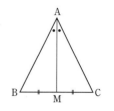

[생각하기] 꼭지각 A의 이등분선이 밑변 BC의 중점을 지나므로 이등변삼각
형의 성질에서 $\overline{AB}=\overline{AC}$임을 추리할 수 있다.
그러나 △ABM과 △ACM이 합동임을 바로 증명할 수는 없다.
따라서, $\overline{AM}$을 연장해서 $\overline{AM}=\overline{A'M}$되게 A′을 잡고, △A′BM과
△ACM에서 살펴 보아라.

[모범해답]

[가정] ∠BAM=∠CAM, $\overline{BM}=\overline{CM}$
[결론] $\overline{AB}=\overline{AC}$
[증명] 오른쪽 그림과 같이 $\overline{AM}=\overline{A'M}$
  이 되게 점 A′을 잡으면,
  △A′BM과 △ACM에서
  $\overline{A'M}=\overline{AM}$, ∠BMA′=∠CMA, $\overline{BM}=\overline{CM}$
  ∴ △A′BM≡△ACM (SAS합동)
  ∴ $\overline{A'B}=\overline{AC}$ ······㉠   ∠BA′M=∠CAM   ······㉡
  또한 ㉡과 ∠BAM=∠CAM에서 △A′BA는 이등변삼각형이다.
    ∴ $\overline{AB}=\overline{A'B}$ ······㉢
  ㉠, ㉢에서 $\overline{AB}=\overline{AC}$, 즉 △ABC는 이등변삼각형이다.

[유제] 2 〈그림〉은 정사각형 ABCD에서 변
CD 위에 한 점 E를 잡고, 변 BC의 연장선
위에 $\overline{CE}=\overline{CF}$인 점 F를 잡은 것이다. 이
때, $\overline{BE}=\overline{DF}$임을 증명하여라.

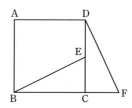

필수예제 3

직각삼각형 ABC에서 빗변 BC의
중점을 M이라고 하면,
$$\overline{MA}=\overline{MB}=\overline{MC}$$
임을 증명하여라.

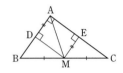

[생각하기] △MAB나 △MAC가 이등변삼각형임을 이끌어낸다.
즉, M에서 $\overline{AB}$, $\overline{AC}$에 수선을 긋고 생각하라.

[모범해답]

[가정] △ABC에서 ∠BAC=90°, $\overline{BM}=\overline{CM}$
[결론] $\overline{AM}=\overline{BM}=\overline{CM}$
[증명] M에서 $\overline{AB}$, $\overline{AC}$에 수선을 긋고 교
점을 각각 D, E라고 하면 □ADME는 직
사각형이다.
$$\therefore \overline{AD}=\overline{EM} \qquad \cdots\cdots\text{㉠}$$
△BDM과 △MEC에서 $\overline{BM}=\overline{MC}$ (가정)
∠BDM=∠MEC=90°이므로 $\overline{AB} /\!/ \overline{EM}$
즉, ∠DBM=∠EMC
직각삼각형에서 빗변과 한 예각의 크기가 같으므로
△BDM≡△MEC(RHA합동)
$$\therefore \overline{DB}=\overline{EM} \qquad \cdots\cdots\text{㉡}$$
㉠, ㉡에서 $\overline{AD}=\overline{DB}$
한편, △MAB에서 $\overline{DM}$은 밑변 AB의 수직이등분선이므로
$$\overline{MA}=\overline{MB}$$
따라서, $\overline{MA}=\overline{MB}=\overline{MC}$

[유제] 3 ∠C=90°인 직각삼각형 ABC에서
$\overline{AB}\perp\overline{DE}$이고 $\overline{BC}=\overline{BE}$일 때,
∠DBE=∠DBC임을 증명하여라.

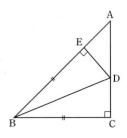

연습 문제

● 학교 시험과 수준·경향을 일치시킨 기본적인 문제입니다.
● 한 문제 한 문제를 정복하여 이 단원의 내용을 총정리합시다.

1. 〈그림〉에서 △ABC는 $\overline{AB}=\overline{AC}$인 이등변삼각형이고 점 D는 변 BC 위의 점이다. ∠ABC=50°이고 $\overline{BA}=\overline{BD}$일 때, ∠CAD의 크기를 구하여라.

2. 〈그림〉에서 $\overline{AB}=\overline{AC}$, $\overline{AD}=\overline{AE}$이고 ∠CDE=11°일 때 ∠BAD의 크기를 구하여라.

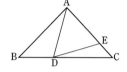

3. 〈그림〉에서 △DEF는 정삼각형이고, $\overline{DE}/\!/\overline{BC}$이다. x, y의 값을 구하여라.

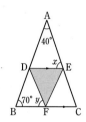

4. 〈그림〉의 △ABC에서
$$\overline{AB}=\overline{AC}, \ \overline{AD}=\overline{BD}=\overline{BC}$$
일 때, ∠A의 크기를 구하여라.

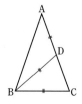

5. 〈그림〉의 △ABC에서 점 E는 ∠B의 이등분선과 ∠C의 외각의 이등분선의 교점이다. ∠A의 크기가 a일 때 ∠E의 크기를 a를 사용하여 나타내어라.

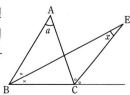

6. 정삼각형 ABC에서 〈그림〉과 같이 $\overline{BD}=\overline{AE}$가 되게 점 D, E를 잡을 때 ∠CPE의 크기를 구하여라.

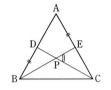

7. 〈그림〉에서 △ABC는 정삼각형이다. △ABC의 내부에 점 P를 잡고 A를 중심으로 60°만큼 회전해서 점 Q를 얻었다.

(1) △AQB≡△APC임을 증명하여라.

(2) 점 P가 $\overline{AB}$의 수직이등분선 위에 있을 때, ∠ABQ의 크기를 구하여라.

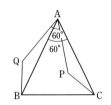

8. 〈그림〉에서 점 O는 원의 중심이다. $\overline{OC}/\!/\overline{AB}$이고 ∠BOC=50°일 때 x, y의 값을 구하여라.

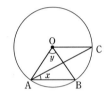

9. 어떤 삼각형을 밑변의 길이를 10% 줄이고 높이를 10% 늘이면 삼각형의 넓이는 어떻게 변하는가?

10. ∠B=50°인 △ABC에서 변 AC의 중점을 M, M에서 $\overline{AB}$, $\overline{BC}$에 내린 수선의 발을 각각 D, E라 하면 $\overline{MD}=\overline{ME}$일 때, ∠C의 크기를 구하여라.

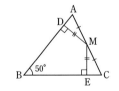

11. ∠A=90°, $\overline{AB}=\overline{AC}$인 △ABC에서 ∠C의 이등분선이 $\overline{AB}$와 만나는 점을 D라 하고, D에서 $\overline{BC}$에 내린 수선의 발을 E라 한다. △DEC=2△DBE일 때 △ADC : △ABC를 구하여라.

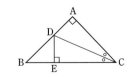

● 중 2 도형의 증명 문제는 대입수능
  문제로 매년 출제되고 있습니다.

증명 문제

● 한 문제, 한 문제를 소중히 다루어 대학
  시험에 미리미리 대비합시다.

1. 이등변삼각형 ABC에서 꼭지각 A의 이등분선을 그어 밑변 BC와 만난 점을 D, 선분 AD 위의 한 점을 E라고 할 때, $\overline{BE}=\overline{CE}$임을 증명하여라.

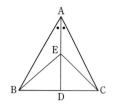

2. 이등변삼각형 ABC의 밑변 BC에 평행한 직선과 $\overline{AB}$, $\overline{AC}$와의 교점을 각각 D, E라고 하면, $\overline{BE}=\overline{CD}$임을 증명하여라.

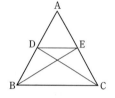

3. $\overline{AB}=\overline{AC}$인 이등변삼각형 ABC가 있다. 꼭짓점 C에서 $\overline{AB}$에 평행선을 〈그림〉과 같이 긋고, $\overline{CA}$, $\overline{CD}$ 위에 $\overline{CP}=\overline{CQ}$ 되게 각각 점 P, Q를 잡았다. $\overline{BP}=\overline{BQ}$임을 증명하여라.

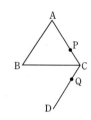

4. 이등변삼각형 ABC의 밑변의 양 끝점인 꼭짓점 B, C에서 대변에 내린 수선의 발을 각각 D, E라고 한다. $\overline{AE}=\overline{AD}$임을 증명하여라.

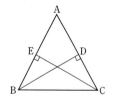

5. 〈그림〉과 같이 정사각형 ABCD와 정사각형 CEFG가 꼭짓점 C를 공유하면서 일부가 겹쳐 있다. 이때, $\overline{BG}=\overline{DE}$임을 증명하여라.

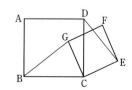

6. 〈그림〉에서 △ABC는 정삼각형이다. $\overline{AB}$ 위에 점 D를 잡고, 정삼각형 △BDE를 〈그림〉과 같이 그린다. $\overline{AE} = \overline{CD}$임을 증명하여라.

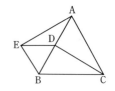

7. 〈그림〉에서 정삼각형 △ABC의 변 BC 위에 점 D를, 변 AC 위에 점 E를 $\overline{BD} = \overline{CE}$되게 잡았다. 이때, $\overline{AD} = \overline{BE}$임을 증명하여라.

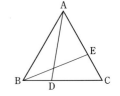

8. 〈그림〉과 같이 직각이등변삼각형 **ABC**의 직각인 꼭짓점 **A**를 지나는 직선 l에 점 **B, C**에서 각각 수선 **BD, CE**를 내릴 때, 다음을 증명하여라.

(1) △ABD≡△CAE

(2) $\overline{BD} + \overline{CE} = \overline{DE}$

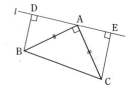

9. 〈그림〉에서 △ABC는 $\overline{AB} = \overline{AC}$인 이등변삼각형이다. 점 A를 지나 $\overline{BC}$에 평행한 직선이 ∠ACD의 이등분선과 만나는 점을 E라고 할 때, $\overline{AB} = \overline{AE}$임을 증명하여라.

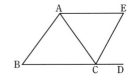

10. 〈그림〉과 같이 한 변의 길이가 a, 높이가 h인 정삼각형 ABC가 있다. △ABC의 내부의 한 점에서 각 변에 내린 수선의 길이를 〈그림〉과 같이 각각 x, y, z라고 한다. $x + y + z = h$임을 증명하여라.

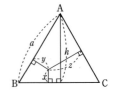

● 약간의 사고력을 필요로 하는 문제입니다.

종합 문제   표준

● 이 문제를 정복하면 여러분은 수학에 자신감을 가질 것입니다.

1. 다음 명제 중 참인 것은?

① $a > b$이면 $ac > bc$

② $a > b$이면 $c - a > c - b$

③ $a - b > 0$이면 $ab > 0$

④ 이등변삼각형의 밑변의 수직이등분선은 꼭지각을 이등분한다.

⑤ 사다리꼴은 한 쌍의 대변만 평행하다.

2. 〈그림〉에서 △ABC와 △DBE는 정삼각형이다. 또, $\overline{DE}$, $\overline{BC}$의 교점을 F라 하고, ∠ABD$=a°$ 라고 한다. ∠DFC의 크기를 구하여라.

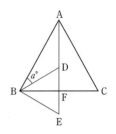

3. △ABC에서 ∠A$=80°$이고 $\overline{BE}=\overline{BD}$, $\overline{CD}=\overline{CF}$ 를 만족할 때 ∠EDF의 크기를 구하여라.

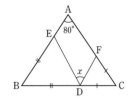

4. 〈그림〉에서 △ABC는 $\overline{AB}=\overline{AC}$인 이등변삼각형 이다. 점 D는 ∠ACB의 외각의 이등분선 위의 점이고 ∠DBC$=\dfrac{1}{3}$∠ABC이다. ∠A$=36°$일 때, ∠BDC의 크기를 구하여라.

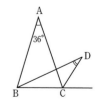

5. 〈그림〉에서 사각형 ABCD는 정사각형이고 △EBC는 정삼각형이다. 이때, ∠EDB의 크기를 구하여라.

6. 〈그림〉에서 △ABC는 $\overline{CA}=\overline{CB}$인 이등변삼각형
   이다. 〈그림〉과 같이 ∠C=30°이고, 반원 O의
   지름의 길이가 12cm일 때, 부채꼴 DOE의 넓이
   를 구하여라.

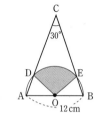

7. 〈그림〉에서 사각형 ABCD는 정사각형이고,
   삼각형 EBC는 정삼각형이다. ∠AED의 크기를
   구하여라.

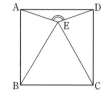

8. 〈그림〉에서 △ABC는 $\overline{AB}=\overline{AC}$인 이등변삼각형
   이다. △DEF는 정삼각형이고,
   　　∠DEB=a, ∠EFC=b, ∠FDA=c
   일 때, a, b, c의 관계식을 구하여라.

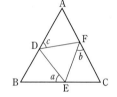

9. 〈그림〉과 같이 점 P가 직선 l 위를 움직인다.
   $\overline{AP}+\overline{PC}$의 값이 최소가 되는 ∠APB의 크기
   를 구하여라.

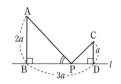

10. 오른쪽과 같은 □ABCD에서 ∠A의 외각
    과 ∠D의 외각의 합을 a, ∠B와 ∠C의 합
    을 b라 할 때, a, b 사이의 관계식을 구하
    여라.

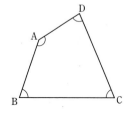

● 한 문제에 여러 가지 내용이 복합
된 높은 수준의 문제입니다.

종합 문제 **발전**

● 이 문제를 정복하면 모든 시험에서
우등의 성적을 거둘 것입니다.

1. 〈그림〉에서 △ABC는 $\overline{AB}=\overline{AC}$인 이등변삼각형
이다.
　　∠BAC=3∠BAD이고,
　　∠AEC=90°, ∠DCE=13°
일 때, ∠BAC의 크기를 구하여라.

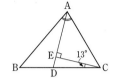

2. 정사각형 ABCD가 있다. 대각선 BD 위에 점 E를
잡고 $\overline{AE}$의 연장선과 변 CD와의 교점을 F라고 할
때,
　(1) ∠BCE=∠AFD임을 증명하여라.
　(2) ∠DAF=22°일 때, ∠BEC는 몇 도인가?

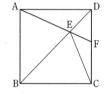

3. $\overline{AB}=\overline{AC}$인 이등변삼각형의 변 BC 위에 점
D, E를 $\overline{CD}=\overline{CA}$, $\overline{BE}=\overline{BA}$되게 잡으면
∠DAE=36°일 때, ∠ABC와 ∠BAC의 크기를
구하여라.

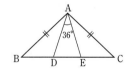

4. 〈그림〉에서 △ABC와 △DBE는 정삼각형이다.
또, $\overline{DE}$와 $\overline{BC}$의 교점을 F라고 한다.
$\overline{AD}$와 길이가 같은 선분을 구하여라.

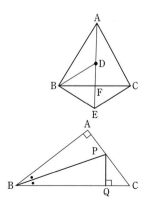

5. 〈그림〉과 같이 직각이등변삼각형 ABC의 밑
각 B의 이등분선이 $\overline{AC}$와 만나는 점을 P라
하고, P에서 빗변 BC에 그은 수선을 $\overline{PQ}$라
할 때, $\overline{AP}$의 길이와 같은 선분을 모두 써라.

● 국내외의 문제 중 가장 어려운 문제 **종합 문제** **심화** ● 이 문제를 정복하면 수학 박사라는 별명을 얻을 것입니다.
입니다.

1. 〈그림〉의 △ABC에서
　　$\overline{AP} \perp \overline{BC}$, $\overline{BQ} \perp \overline{AC}$,
　　$\angle QBC = \angle BAP = 28°$
　일 때, $\angle CHP$의 크기를 구하여라.

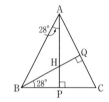

2. 〈그림〉의 직사각형 ABCD에서
　　$\overline{AB} : \overline{BC} = 2 : 3$, 점 P는 $\overline{AB}$의 중점이고,
　　$\overline{BQ} : \overline{QC} = 2 : 1$일 때, $\angle ADP + \angle BQP$의 크기
　를 구하여라.

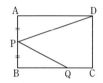

3. 〈그림〉의 △ABC에서
　　$\angle B = 2 \angle C$, $\overline{BC} = 2\overline{AB}$
　이다. $\angle A$의 크기를 구하여라.

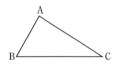

4. 〈그림〉과 같은 정사각형 ABCD의 변 $\overline{BC}$, $\overline{CD}$
　위에 $\angle PAQ = 45°$, $\angle APQ = 60°$가 되도록 P, Q
　를 잡을 때, $\angle AQD$의 크기를 구하여라.

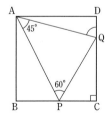

5. 〈그림〉에서 △ABC는 $\overline{AB} = \overline{AC}$인 이등변삼각형이
　고 $\angle C = 54°$이다. $\angle BAC = 3\angle DAB$이고 점 C는 점
　E와 선분 AD에 대하여 대칭이다.
　(1) $\angle EAB$의 크기를 구하여라.
　(2) 두 점 E, C를 연결할 때, $\angle ECB$의 크기를 구하여라.

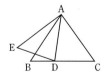

1 삼각형의 외심

핵심 개념 | **1. 외접원과 내접다각형**

1. **다각형의 외접원** : 다각형의 모든 꼭짓점을 지나는 원을 그 다각형의 **외접원**이라고 한다.
2. **원의 내접다각형** : 모든 꼭짓점이 그 원 위에 있는 다각형을 **내접다각형**이라고 한다.

Study   1°외접원, 내접다각형

❶ 한 다각형의 모든 꼭짓점이 한 원 위에 있을 때, 이 다각형은 그 원에 **내접한다**고 하고, 그 원은 이 다각형에 **외접한다**고 한다.

❷ 이때, 그 원을 이 다각형의 **외접원**이라 하고, 이 다각형을 그 원의 **내접다각형**이라고 한다.

❸ 〈그림〉에서 원 O는 오각형 ABCDE의 외접원이고 오각형 ABCDE는 원 O의 내접오각형이다.

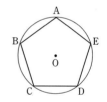

Study   2°선분의 수직이등분선의 성질

보기 선분의 수직이등분선 위의 점은 그 선분의 양 끝에서 같은 거리에 있음을 증명하여라.

연구 〈그림〉과 같이 선분 AB의 수직이등분선이 $\overline{AB}$ 와 만나는 점을 M이라 하고, l 위에 점 P를 잡으면,
△PAM과 △PBM에서
∠PMA=∠PMB, $\overline{PM}$은 공통, $\overline{AM}=\overline{BM}$
∴ △PAM≡△PBM(SAS합동)
따라서, $\overline{PA}=\overline{PB}$

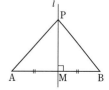

핵심 개념	2. 삼각형의 외심

1. **삼각형의 외심** : 삼각형의 세 변의 수직이등분선은 한 점에서 만나는데, 이 점을 그 삼각형의 **외심**이라 한다.
2. **삼각형의 외심의 성질** : 삼각형의 외심에서 이 삼각형의 세 꼭짓점에 이르는 거리는 같다. 따라서, 이 점을 중심으로 해서 세 꼭짓점을 지나는 원을 그릴 수 있다.

Study **외심**

❶ △ABC의 세 변 AB, BC, CA의 수직이등분선은 한 점 O에서 만난다.

❷ 이때, 점 O를 △ABC의 **외심**이라고 하는 데, 점 O에서 △ABC의 세 꼭짓점에 이르는 거리 $\overline{OA}$, $\overline{OB}$, $\overline{OC}$는 모두 같다.

❸ 점 O는 △ABC의 외접원의 중심이 되므로 **외심**이라고 한다.

Advice 위에서 △ABC는 원 O에 **내접**하고, 원 O는 △ABC에 **외접**한다.
즉 △ABC는 원 O의 **내접삼각형**이고, 원 O는 △ABC의 **외접원**이다.

보기 삼각형의 세 변의 수직이등분선은 한 점에서 만남을 증명하여라.
연구 △ABC에서 $\overline{AB}$, $\overline{AC}$의 수직이등분선의 교점을 O라 하고, 점 O에서 $\overline{BC}$에 내린 수선의 발을 E라고 하자.
점 O는 $\overline{AB}$의 수직이등분선 위에 있으므로
$$\overline{OA}=\overline{OB} \quad \cdots\cdots ㉠$$
점 O는 $\overline{AC}$의 수직이등분선 위에 있으므로
$$\overline{OA}=\overline{OC} \quad \cdots\cdots ㉡$$
㉠, ㉡에서 $\overline{OA}=\overline{OB}=\overline{OC}$
△BOE와 △COE에서
$\overline{OB}=\overline{OC}$, $\overline{OE}$는 공통, ∠OEB=∠OEC=90°
△BOE≡△COE(RHS합동)   ∴ $\overline{BE}=\overline{CE}$
즉, $\overline{OE}$는 $\overline{BC}$의 수직이등분선이다.
그러므로 삼각형의 세 변의 수직이등분선은 한 점에서 만난다.

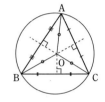

필수예제 1

△ABC의 외심을 O라 하고, 외심 O에서 변 BC에 내린 수선의 발을 D라고 할 때, 다음을 증명하여라.

(1) △ABC가 예각삼각형이면 ∠BOD=∠A

(2) △ABC가 둔각삼각형이면 ∠BOD=180°−∠A

생각하기 삼각형의 외심에서 이 삼각형의 세

꼭짓점에 이르는 거리는 같다.

즉, 〈그림〉의 △ABC에서

$\overline{OA}=\overline{OB}=\overline{OC}$

이다.

따라서, 다음이 성립한다.

∠OAB=∠OBA, ∠OBC=∠OCB, ∠OCA=∠OAC

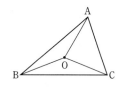

모범해답

(1) 〈그림〉과 같이

∠OAC=a, ∠OBA=b, ∠OCB=c라 하면,

$2(a+b+c)=180°$

∴ $a+b+c=90°$

∠BOD=$90°-c=(a+b+c)-c$

　　　$=a+b=∠A$

(2) 〈그림〉과 같이

∠OAC=a, ∠OBA=b, ∠OCB=c라 하면,

$a+b+(b-c)+(a-c)=180°$

∴ $a+b-c=90°$

또, ∠BOD=$90°-c$, ∠A=$a+b$이므로

∠A+∠BOD=$a+b+90°-c=180°$

∴ ∠BOD=$180°-∠A$

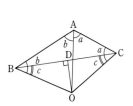

유제 1 △ABC의 외심을 O라고 할 때, ∠BOC=2∠A임을 증명하여라.

필수예제 2

〈그림〉에서 O는 삼각형 ABC의 외심이다. x의 값을 구하여라.

(1)

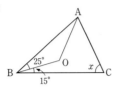

(2)

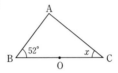

생각하기 △ABC의 외심을 O라고 하면 $\overline{OA}=\overline{OB}=\overline{OC}$이다.
즉, ∠OAB=∠OBA, ∠OBC=∠OCB, ∠OAC=∠OCA이다.

모범해답

(1) $\overline{OA}=\overline{OB}$에서 ∠OAB=∠OBA=25°
$\overline{OB}=\overline{OC}$에서 ∠OCB=∠OBC=15°
$\overline{OA}=\overline{OC}$에서 ∠OAC=∠OCA
여기서 ∠OAC=a로 놓으면
　　$25°+25°+15°+15°+2a=180°$
　　$2a=100°$　∴ $a=50°$
따라서, $x=∠OCB+a=15°+50°=\mathbf{65°}$ ← 답

(2) $\overline{OA}=\overline{OB}$에서 ∠OBA=∠OAB=52°
$\overline{OA}=\overline{OC}$에서 ∠OAC=∠OCA=$x$
즉, ∠A+∠B+∠C=$52°+52°+2x=180°$
　　$2x=76°$　∴ $\boldsymbol{x}=\mathbf{38°}$ ← 답

유제 2 〈그림〉에서 점 O는
△ABC의 외심이다.
　　∠ABC=30°
　　∠OBC=10°
일 때, ∠A의 크기를 구하여라.

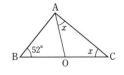

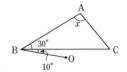

연습 문제

● 학교 시험과 수준·경향을 일치시킨 기본적인 문제입니다.
● 한 문제 한 문제를 정복하여 이 단원의 내용을 총정리합시다.

1. 〈그림〉에서 O는 △ABC의 외심이다. ∠x의 크기를 구하여라.

(1)

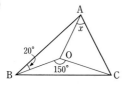

(2)

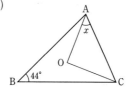

2. 〈그림〉에서 O는 △ABC의 외심이다.

　　　∠OBC=15°

일 때, ∠A의 크기를 구하여라.

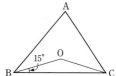

3. 〈그림〉에서 O는 △ABC의 외심이다.

$x+y+z$의 값을 구하여라.

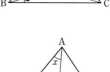

4. 〈그림〉에서 O는 △ABC의 외심이다.

　　　∠A=66°,　∠B=48°

일 때, 다음 각의 크기를 구하여라.

(1) ∠OBA

(2) ∠OCA

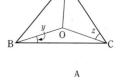

5. 〈그림〉에서 O는 △ABC의 외심이다.

　　　∠ABO=15°,

　　　∠ACO=20°

일 때, a, b의 값을 구하여라.

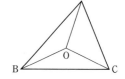

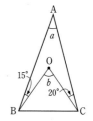

2 삼각형의 내심

핵심 개념 **1. 내접원과 외접다각형**

1. **다각형의 내접원** : 다각형의 모든 변에 접하는 원을 그 다각형의 **내접원**이라고 한다.
2. **원의 외접다각형** : 모든 변이 그 원에 접하는 다각형을 **외접다각형**이라고 한다.

Study   **1° 내접원, 외접다각형**

❶ 한 다각형의 각 변이 그 내부에 있는 한 원에 접할 때, 이 다각형은 그 원에 **외접한다**고 하고, 그 원은 이 다각형에 **내접한다**고 한다.

❷ 이때, 그 원을 이 다각형의 **내접원**이라 하고, 이 다각형의 그 원의 **외접다각형**이라고 한다.

❸ 〈그림〉에서 원 O는 오각형 ABCDE의 내접원이고 오각형 ABCDE는 원 O의 외접오각형이다.

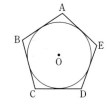

Study   **2° 각의 이등분선의 성질**

[보기] 각의 이등분선 위의 임의의 한 점에서 각을 이루는 두 변에 내린 수선의 길이는 같음을 증명하여라.

[연구] 〈그림〉과 같이 ∠AOB의 이등분선 위의 한 점을 P라 하고, P에서 $\overrightarrow{OA}$, $\overrightarrow{OB}$에 내린 수선의 발을 각각 C, D라고 하면, △PCO와 △PDO에서

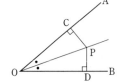

∠COP = ∠DOP

∠PCO = ∠PDO = 90°

$\overline{OP}$는 공통

∴ △PCO ≡ △PDO (RHA합동)   ∴ $\overline{PC} = \overline{PD}$

따라서, 각의 이등분선 위의 한 점에서 각을 이루는 두 변에 내린 수선의 길이는 같다.

핵심 개념 | 2. 삼각형의 내심

1. **삼각형의 내심** : 삼각형의 세 내각의 이등분선은 한 점에서 만나는데, 이 점을 그 삼각형의 **내심**이라 한다.
2. **삼각형의 내심의 성질** : 삼각형의 내심에서 이 삼각형의 세 변에 이르는 거리는 같다. 따라서, 이 점을 중심으로 해서 세 변에 접하는 원을 그릴 수 있다.

Study 내심

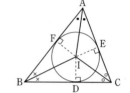

❶ △ABC의 세 내각 ∠A, ∠B, ∠C의 이등분선은 한 점 I에서 만난다.
❷ 이때, 점 I를 △ABC의 **내심**이라고 하는데, 점 I에서 △ABC의 세 변에 이르는 거리 $\overline{ID}$, $\overline{IE}$, $\overline{IF}$는 모두 같다.
❸ 점 I는 △ABC의 내접원의 중심이 되므로 **내심**이라고 한다.

Advice 위에서 △ABC는 원 I에 외접하고, 원 I는 △ABC에 내접한다.
즉, △ABC는 원 I의 외접삼각형이고, 원 I는 △ABC의 내접원이다.

보기 삼각형의 세 내각의 이등분선은 한 점에서 만남을 증명하여라.

연구 △ABC에서 ∠A, ∠B의 이등분선의 교점을 I라 하고, I에서 세 변 BC, CA, AB에 내린 수선의 발을 각각 D, E, F라고 하자.

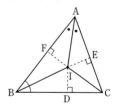

점 I는 ∠A의 이등분선 위에 있으므로
$$\overline{IE} = \overline{IF} \quad \cdots\cdots \text{㉠}$$
점 I는 ∠B의 이등분선 위에 있으므로
$$\overline{ID} = \overline{IF} \quad \cdots\cdots \text{㉡}$$
㉠, ㉡에서 $\overline{ID} = \overline{IE} = \overline{IF}$
따라서, △CID와 △CIE에서
$\overline{ID} = \overline{IE}$, $\overline{CI}$는 공통, ∠CDI = ∠CEI = 90°
∴ △CID ≡ △CIE (RHS합동)   ∴ ∠DCI = ∠ECI
즉, 점 I는 ∠C의 이등분선 위에 있다.
그러므로 삼각형의 세 내각의 이등분선은 한 점에서 만난다.

필수예제 1

〈그림〉에서
점 I는 △ABC의 내심이고,
점 O는 △ABC의 외심이다.
다음을 증명하여라.

$$\angle OAI = \frac{1}{2}(\angle B - \angle C)$$

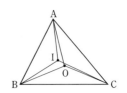

[생각하기] 점 O가 △ABC의 외심이면

$\angle OAB = \angle OBA$, $\angle OAC = \angle OCA$, $\angle OBC = \angle OCB$이므로,

$\angle B - \angle C = \angle OBA - \angle OCA = \angle OAB - \angle OAC$

또한, 점 I가 △ABC의 내심이면

$\angle IAB = \angle IAC$, $\angle IBA = \angle IBC$, $\angle ICA = \angle ICB$

즉, $\angle OAB = \frac{1}{2}\angle A + \angle OAI$, $\angle OAC = \frac{1}{2}\angle A - \angle OAI$

[모범해답]

점 O는 △ABC의 외심이므로 $\angle OBC = \angle OCB$

따라서, $\angle B - \angle C = \angle OBA - \angle OCA$ ······ ㉠

또한, $\angle OBA = \angle OAB$, $\angle OCA = \angle OAC$이므로 ㉠에서

$\angle B - \angle C = \angle OAB - \angle OAC$ ······ ㉡

한편, 점 I는 △ABC의 내심이므로 $\angle IAB = \angle IAC$

따라서, $\angle OAB - \angle OAC = (\angle IAB + \angle OAI) - (\angle IAC - \angle OAI)$

$$= 2\angle OAI$$

㉡으로부터 $\angle B - \angle C = 2\angle OAI$ ∴ $\angle OAI = \frac{1}{2}(\angle B - \angle C)$

[유제] 1 〈그림〉에서 점 I는 △ABC의 내심이다.

$$\angle BIC = 90° + \frac{1}{2}\angle A$$

임을 증명하여라.

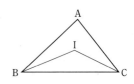

필수예제 2

△ABC에서 ∠A=80°이다. I는 △ABC의 내심이고, I에서 $\overline{BC}$에 내린 수선의 발을 D라고 한다. 또, D에서 $\overline{BI}$, $\overline{CI}$에 수선 $\overline{DE}$, $\overline{DG}$를 내리고 $\overline{DE}$, $\overline{DG}$의 연장선이 $\overline{AB}$, $\overline{AC}$와 만나는 점을 각각 F, H라고 한다. 다음 각의 크기를 구하여라.

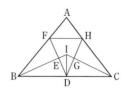

(1) ∠FDH　　　　　　　　　　(2) ∠IHF

생각하기 (1) $\angle BIC = 90° + \dfrac{1}{2}\angle A$임을 이용한다.

(2) 점 I와 △FDH의 관계를 알아본다.

모범해답

(1) 점 I가 △ABC의 내심이므로 ∠BIC=90°+40°=130°

□IEDG에서 ∠IED+∠IGD=180°이므로

∠EIG+∠EDG=180°　　∴ ∠EDG=180°−130°=50°

따라서, ∠FDH=**50°** ← 답

(2) △FBE≡△DBE(ASA 합동)이므로 $\overline{FE}=\overline{DE}$

△HCG≡△DCG(ASA 합동)이므로 $\overline{HG}=\overline{DG}$

점 I는 두 선분 FD, HD의 수직이등분선의 교점이므로 △FDH의 외심이다.

따라서, △IFH에서 $\overline{IF}=\overline{IH}$　　∴ ∠FIH=2∠FDH=100°

∴ ∠IHF=(180°−100°)÷2=**40°** ← 답

유제 2 〔필수 예제 2〕에서 ∠AHF의 크기를 구하여라.

필수예제 3

〈그림〉과 같이 △ABC에서 ∠A의 외각의 이등분선과 ∠C의 외각의 이등분선과의 교점을 O라 하고, O에서 $\overline{AC}$, $\overrightarrow{BA}$, $\overrightarrow{BC}$에 내린 수선의 발을 각각 D, E, F라고 할 때, $\overline{OD}=\overline{OE}=\overline{OF}$임을 증명하여라.

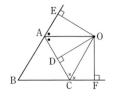

생각하기 각의 이등분선 위의 임의의 점에서 각의 두 변에 내린 수선의 길이가 같다는 성질을 이용하면 쉽게 증명되는 문제이다.

즉, $\overrightarrow{AO}$는 ∠EAD의 이등분선이고, $\overrightarrow{CO}$는 ∠DCF의 이등분선이다.

모범해답

[가정] ∠OAE=∠OAD, $\overrightarrow{BA}\perp\overline{OE}$, ∠OCF=∠OCD, $\overrightarrow{BC}\perp\overline{OF}$

[결론] $\overline{OD}=\overline{OE}=\overline{OF}$

[증명] 각의 이등분선 위의 임의의 점에서 각의 두 변에 내린 수선의 길이가 같다는 성질을 이용하자.

∠OAE=∠OAD이므로 $\overline{OE}=\overline{OD}$ ······ ㉠

∠OCF=∠OCD이므로 $\overline{OF}=\overline{OD}$ ······ ㉡

㉠, ㉡에서 $\overline{OD}=\overline{OE}=\overline{OF}$

Advice 위에서 점 B와 O를 연결하면 △BOE≡△BOF가 되고 ∠OBE=∠OBF이다.

즉, 삼각형의 한 내각(∠B)과 다른 두 외각 (∠EAC와 ∠FCA)의 이등분선은 한 점에서 만남을 알 수 있다.

이때, 점 O를 △ABC의 **방심**이라고 한다.

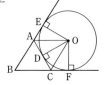

유제 3 〈그림〉에서 $\overline{AB}$=13 cm이고, △ABC의 둘레의 길이가 34 cm일 때, $\overline{BD}$의 길이를 구하여라.

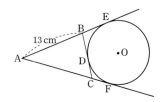

연습 문제
● 학교 시험과 수준·경향을 일치시킨 기본적인 문제입니다.
● 한 문제 한 문제를 정복하여 이 단원의 내용을 총정리합시다.

1. 〈그림〉에서 I는 △ABC의 내심이다. ∠x의 크기를 구하여라.

(1)

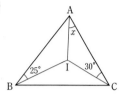

(2)

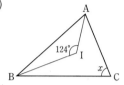

2. 〈그림〉에서 I는 △ABC의 내심이다. x의 값을 구하여라.

(1)

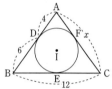

(2) $\overline{DE} /\!/ \overline{BC}$

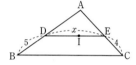

3. 〈그림〉에서 I는 △ABC의 내심이다.
$\overline{AH} \perp \overline{BC}$, ∠BAC=50°, ∠ACB=80°
일 때, 다음 각의 크기를 구하여라.

(1) ∠CAH   (2) ∠DAH
(3) ∠BID

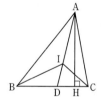

4. 〈그림〉과 같이 세 변의 길이가 각각 5, 12,
13인 직각삼각형이 있다. 이 삼각형의 내접
원의 반지름의 길이를 구하여라.

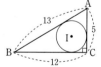

5. 〈그림〉에서 I는 △ABC의 내심이다.
$\overline{AB}$=16cm,
$\overline{AC}$=14cm,
$\overline{AD}$=7cm
일 때, $\overline{BC}$의 길이를 구하여라.

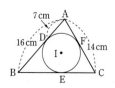

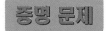

● 중 2 도형의 증명 문제는 대입수능
문제로 매년 출제되고 있습니다.

증명 문제

● 한 문제, 한 문제를 소중히 다루어 대학
시험에 미리미리 대비합시다.

1. 직각삼각형의 외심은 빗변의 중점임을 증명하
여라.

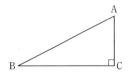

2. △ABC의 내심을 I라고 하자.
변 AB, BC, CA에 대하여 점 I와 대칭이 되는
점을 각각 D, E, F라고 할 때, I는 △DEF의
외심이 됨을 증명하여라.

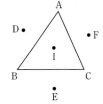

3. △ABC의 외심 O의 각 변에 대한 대칭점을 각
각 D, E, F라고 할 때, △ABC≡△DEF임을
증명하여라.

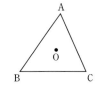

4. 〈그림〉과 같이 △ABC의 내심 I를 지나고 변
BC에 평행한 직선과 변 AB, AC의 교점을 각
각 D, E라고 할 때
$$\overline{BD}+\overline{CE}=\overline{DE}$$
임을 보여라.

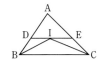

5. 평행사변형 ABCD에서 $\overline{DC}$의 중점을 E라고
한다. 점 A에서 $\overline{BE}$에 수선 AF를 내릴 때,
$\overline{DF}=\overline{DA}$임을 증명하여라.

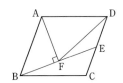

종합 문제 **표준**

● 약간의 사고력을 필요로 하는 문제
입니다.

● 이 문제를 정복하면 여러분은 수학에
자신감을 가질 것입니다.

1. 〈그림〉과 같은 원의 호 AB를 포함하는 원을
작도하여라.

2. 〈그림〉에서 점 O는 △ABC의 외심이다.

$$\angle BAC = 50°, \quad \angle ABC = 70°$$

일 때, 다음 각의 크기를 구하여라.

(1) ∠OBC

(2) ∠OCA

(3) ∠OAB

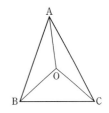

3. 〈그림〉에서 점 O는 △ABC의 외접원의 중심이
고 ∠BCO=∠ACO=35°이다.
∠BAO의 크기를 구하여라.

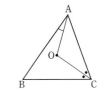

4. △ABC에서 점 I는 내심이고, 점 O는 외심이다.
∠B=35°, ∠C=65°일 때 ∠BOC=x,
∠BIC=y라 할 때, x, y의 값을 구하여라.

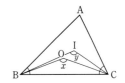

5. 〈그림〉에서 점 I는 △ABC의 내심이다.
∠AIB=135°, ∠BIC=110°일 때,
∠A, ∠B, ∠C의 크기를 각각 구하여라.

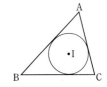

6. 〈그림〉에서 △ABC의 ∠B의 이등분선이 ∠C의 이
등분선과 만나는 점을 **P**, ∠C의 외각의 이등분선
과 만나는 점을 **Q**라고 한다.
∠**A**=**64°**일 때, 다음 각의 크기를 구하여라.

(1) ∠BPC   (2) ∠BQC

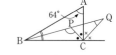

7. 〈그림〉의 △ABC에서 내접원의 지름의 길이를
구하여라.

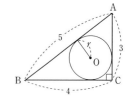

8. 〈그림〉에서 △ABC의 내접원 I의 반지름의 길
이는 3cm이다.

$$△ABC = 36cm^2$$

일 때, △ABC의 둘레의 길이를 구하여라.

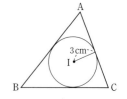

9. 〈그림〉의 △ABC에서 점 I는 내심이고,
$\overline{AB}=7\,cm$, $\overline{BC}=9\,cm$, $\overline{AC}=6\,cm$일 때,
△ABC와 △IBC의 넓이의 비를 구하여라.

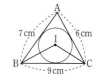

10. 내심과 외심이 일치하는 삼각형은 어떤 삼각형인가?

11. 〈그림〉에서

$$\overline{AB}=8, \quad \overline{AC}=12, \quad \overline{BC}=16$$

이고, 점 O는 △ABC의 두 각 ∠B, ∠C의 외
각의 이등분선의 교점이다.
이때, $\overline{AE}$의 길이를 구하여라.

● 한 문제에 여러 가지 내용이 복합
된 높은 수준의 문제입니다.

종합 문제   **발전**

● 이 문제를 정복하면 모든 시험에서
우등의 성적을 거둘 것입니다.

1. 〈그림〉에서 점 I는 △ABC의 내심이고,
∠C=80°이다. $\overline{AI}$, $\overline{BI}$의 연장선이 $\overline{BC}$, $\overline{AC}$와
만나는 점을 각각 D, E라 할 때,
∠ADB+∠AEB의 값을 구하여라.

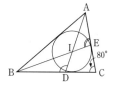

2. 〈그림〉의 △ABC에서 점 I, O는 각각 내심과
외심이다. ∠AOB=100°일 때, ∠IBO의 크기
를 구하여라.

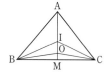

3. 한 변의 길이가 6cm, 넓이가 15.3cm²인 정삼각형의 외접원의 반지름의
길이를 구하여라.

4. 〈그림〉에서 I는 △ABC의 내심이다.
$\overline{AB}$=12, $\overline{BC}$=14, $\overline{AC}$=10
일 때, x, y, z의 값을 각각 구하여라.

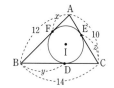

5. 〈그림〉에서 점 I는 △ABC의 내심이다.
$\overline{AB}$=7cm, $\overline{BC}$=5cm, $\overline{AC}$=6cm
이고, △IBC=a일 때, 다음 삼각형의 넓이를 a로
나타내어라.
(1) △IAB   (2) △IAC

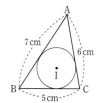

6. 〈그림〉에서 점 P는 △ABC의 두 각 ∠B, ∠C
의 외각의 이등분선의 교점이다.
∠A=88°
일 때, ∠BPC의 크기를 구하여라.

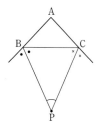

● 국내외의 문제 중 가장 어려운 문제입니다.

종합 문제

심화

● 이 문제를 정복하면 수학 박사라는 별명을 얻을 것입니다.

1. 〈그림〉과 같은 △ABC의 각 꼭짓점 A, B, C에서 $\overline{BC}$, $\overline{CA}$, $\overline{AB}$에 내린 수선의 발을 각각 D, E, F라고 할 때, $\overline{AD} : \overline{BE} : \overline{CF}$를 구하여라.

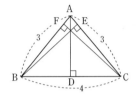

2. ∠C=90°인 △ABC의 내부에 합동인 원 3개가 〈그림〉과 같이 접하고 있다. 한 원 위 반지름의 길이를 구하여라.

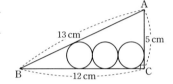

3. 〈그림〉과 같이 △ABC의 내심 I와 외심 O가 △ABC의 중선 AM 위에 있다.
$$\angle BAC = 68°, \quad \overline{AE} = \overline{EC}$$
일 때, ∠EPC의 크기를 구하여라.

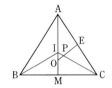

4. 〈그림〉에서 이등변삼각형 ABC의 내심과 외심을 각각 I, O라 하고 $\overline{AI}$의 연장선이 외접원과 만나는 점을 D라 한다. r는 외접원의 반지름, $\overline{OI} = d$라고 할 때, $\overline{BD}$를 r와 d를 써서 나타내어라.

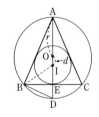

5. △ABC에서 ∠A=76°, ∠B=44°이고 세 점 D, E, F는 △ABC의 내접원 O의 접점이다. 호 DE, EF, FD의 중점을 차례로 G, H, I라고 할 때, ∠IGH의 크기를 구하여라.

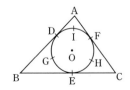

1 평행사변형의 성질

핵심 개념 **1. 평행사변형과 그 성질**

1. **평행사변형** : 두 쌍의 대변이 각각 평행한 사각형
2. **평행사변형의 성질** :
   - 두 쌍의 대변의 길이가 각각 같다.
   - 두 쌍의 대각의 크기가 각각 같다.
   - 두 대각선은 서로 다른 것을 이등분한다.

Study   1° 평행사변형의 두 쌍의 대변의 길이는 각각 같다.

[가정] □ABCD에서 $\overline{AD} /\!/ \overline{BC}$, $\overline{AB} /\!/ \overline{DC}$

[결론] $\overline{AD} = \overline{BC}$, $\overline{AB} = \overline{DC}$

[증명] △ABC와 △CDA에서

$\overline{AC}$는 공통 ······ ㉠

$\overline{AB} /\!/ \overline{DC}$이므로 ∠BAC = ∠DCA ······ ㉡

$\overline{AD} /\!/ \overline{BC}$이므로 ∠ACB = ∠CAD ······ ㉢

㉠, ㉡, ㉢에서 △ABC ≡ △CDA (ASA합동)

따라서, $\overline{AD} = \overline{BC}$, $\overline{AB} = \overline{DC}$

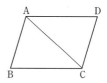

보기 평행사변형 ABCD에서 $\overline{AD}$ = 8cm,
$\overline{AB}$ = 6cm이다. □ABCD의 둘레의 길이를 구하여라.

연구 평행사변형에서 두 쌍의 대변의 길이는
같음을 이용한다.

$\overline{AD} = \overline{BC}$ = 8cm, $\overline{AB} = \overline{DC}$ = 6cm

따라서, 둘레의 길이는 8+8+6+6 = **28(cm)**

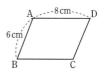

Study **2° 평행사변형의 두 쌍의 대각의 크기는 각각 같다.**

[가정] □ABCD에서 $\overline{AD} /\!/ \overline{BC}$, $\overline{AB} /\!/ \overline{DC}$

[결론] ∠A=∠C, ∠B=∠D

[증명] △ABC와 △CDA에서 $\overline{AC}$는 공통

　　$\overline{AB} /\!/ \overline{CD}$이므로 ∠BAC=∠DCA

　　$\overline{BC} /\!/ \overline{DA}$이므로 ∠BCA=∠DAC

　　△ABC≡△CDA (ASA 합동)　∴ ∠B=∠D

　　∠A=∠BAC+∠DAC=∠DCA+∠BCA=∠C　∴ ∠A=∠C

　　따라서, ∠B=∠D, ∠A=∠C

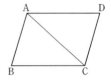

보기 평행사변형 ABCD에서 ∠A : ∠B=3 : 2일 때, ∠A, ∠B, ∠C, ∠D의 크기를 각각 구하여라.

연구 $\overline{AD} /\!/ \overline{BC}$이므로

　　∠A+∠B=180°

　　$\therefore$ ∠A$=180° \times \dfrac{3}{3+2}=108°$, ∠B$=72°$

　　따라서, **∠A=∠C=108°, ∠B=∠D=72°**

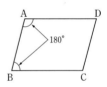

Study **3° 평행사변형의 두 대각선은 서로 다른 것을 이등분한다.**

[가정] □ABCD에서 $\overline{AD} /\!/ \overline{BC}$, $\overline{AB} /\!/ \overline{DC}$

[결론] $\overline{AO}=\overline{CO}$, $\overline{BO}=\overline{DO}$

[증명] △OAD와 △OCB에서

　　$\overline{AD}=\overline{CB}$, ∠OAD=∠OCB,

　　∠ODA=∠OBC

　　　$\therefore$ △OAD≡△OCB

　　따라서, $\overline{AO}=\overline{CO}$, $\overline{BO}=\overline{DO}$

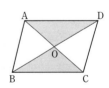

보기 평행사변형 ABCD에서 $\overline{AO}=4cm$, $\overline{DO}=6cm$이다. a, b를 각각 구하여라.

연구 $a=\overline{DO}=$**6cm**,　　$b=\overline{AO}=$**4cm**

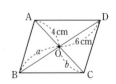

| 핵심 개념 | 2. 평행사변형이 되기 위한 조건 |

▶ 두 쌍의 대변이 각각 평행하다. ……(정의)
1. 두 쌍의 대변의 길이가 각각 같다.
2. 두 쌍의 대각의 크기가 각각 같다.
3. 두 대각선은 서로 다른 것을 이등분한다.
4. 한 쌍의 대변이 평행하고 그 길이가 같다.

Study　1° 두 쌍의 대변의 길이가 같으면 평행사변형이다.

[가정] □ABCD에서 $\overline{AD}=\overline{BC}$, $\overline{AB}=\overline{DC}$
[결론] $\overline{AD} /\!/ \overline{BC}$, $\overline{AB} /\!/ \overline{DC}$
[증명] △ABC와 △CDA에서
　　　$\overline{AB}=\overline{CD}$, $\overline{AD}=\overline{CB}$, $\overline{AC}$는 공통
　　　∴ △ABC≡△CDA(SSS합동)
　　　따라서, ∠BAC=∠DCA이므로 $\overline{AB} /\!/ \overline{DC}$
　　　　　　 ∠BCA=∠DAC이므로 $\overline{AD} /\!/ \overline{BC}$

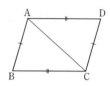

Study　2° 두 쌍의 대각의 크기가 같으면 평행사변형이다.

[가정] □ABCD에서 ∠A=∠C, ∠B=∠D
[결론] $\overline{AD} /\!/ \overline{BC}$, $\overline{AB} /\!/ \overline{DC}$
[증명] ∠A+∠B+∠C+∠D=360°이고
　　　∠A=∠C, ∠B=∠D이므로
　　　2(∠A+∠B)=2(∠B+∠C)=360°
　　　∴ ∠A+∠B=180° 또는 ∠B+∠C=180°
　　　∠A+∠B=180°이므로 $\overline{AD} /\!/ \overline{BC}$
　　　∠B+∠C=180°이므로 $\overline{AB} /\!/ \overline{DC}$

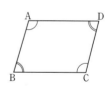

보기 〈그림〉의 사각형 ABCD가 평행사변형 되기 위해서는 x, y가 얼마이어야 하는가?
연구 두 쌍의 대각의 크기가 각각 같아야 한다.
　　$x=∠D=\textbf{75}°$
　　$y+75°=180°$에서 $y=\textbf{105}°$

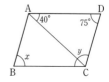

Study **3° 두 대각선이 서로 다른 것을 이등분하면 평행사변형이다.**

[가정] □ABCD에서 $\overline{AO}=\overline{CO}$, $\overline{BO}=\overline{DO}$

[결론] $\overline{AD}/\!/\overline{BC}$, $\overline{AB}/\!/\overline{DC}$

[증명] $\triangle AOB \equiv \triangle COD$(SAS합동) 이므로

$\angle OAB = \angle OCD$ ∴ $\overline{AB}/\!/\overline{DC}$

$\triangle AOD \equiv \triangle COB$(SAS합동) 이므로

$\angle OAD = \angle OCB$ ∴ $\overline{AD}/\!/\overline{BC}$

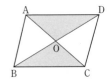

보기 평행사변형 ABCD의 두 대각선의 교점을 O 라 하고, $\overline{BO}$, $\overline{DO}$의 중점을 각각 P, Q라고 하면, □APCQ는 평행사변형임을 증명하여라.

연구 $\overline{AO}=\overline{CO}$, $\overline{PO}=\overline{QO}$에서 두 대각선이 서로 다른 것을 이등분하므로 □APCQ는 평행사변형이다.

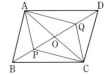

Study **4° 한 쌍의 대변이 평행하고, 그 길이가 같으면 평행사변형이다.**

[가정] □ABCD에서 $\overline{AD}/\!/\overline{BC}$, $\overline{AD}=\overline{BC}$

[결론] $\overline{AD}/\!/\overline{BC}$, $\overline{AB}/\!/\overline{DC}$

[증명] $\triangle ABD$와 $\triangle CDB$에서

$\overline{BD}$는 공통, $\overline{AD}=\overline{CB}$,

$\angle ADB = \angle CBD (\because \overline{AD}/\!/\overline{BC})$

즉, $\triangle ABD \equiv \triangle CDB$(SAS합동)

∴ $\angle ABD = \angle CDB$, 즉 $\overline{AB}/\!/\overline{DC}$

그러므로 두 쌍의 대변이 평행하다.

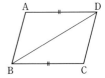

보기 평행사변형 ABCD에서 두 변 AB, DC의 중점을 각각 M, N이라고 하면 □AMCN은 평행사변형이 됨을 증명하여라.

연구 $\overline{AM}/\!/\overline{NC}$, $\overline{AM}=\overline{NC}$에서 한 쌍의 대변이 평행하고 그 길이가 같으므로 □AMCN은 평행사변형이 된다.

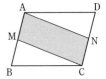

필수예제 1

평행사변형 ABCD에서 점 P가 점 B
에서 점 C까지 변 BC 위를 움직인
다. ∠PAD의 이등분선이 변 BC 또
는 그 연장선과 만나는 점을 Q라고
할 때, 점 Q가 움직인 거리를 구하여라.

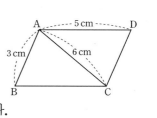

[생각하기] 점 P가 점 B와 일치할 때 점 Q의 위치를 Q_1, 점 P가 점 C와 일
치할 때 점 Q의 위치를 Q_2라고 하면 점 Q가 움직인 거리는 $\overline{Q_1Q_2}$이다.

[모범해답]

(i) 점 P가 점 B와 일치할 때 :
  $\angle PAQ_1 = \angle DAQ_1$
  $\angle DAQ_1 = \angle AQ_1P$이므로
  $\angle PAQ_1 = \angle AQ_1B$
  ∴ $\overline{BQ_1} = \overline{AB} = 3$ cm

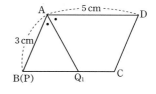

(ii) 점 P가 점 C와 일치할 때 :
  $\angle PAQ_2 = \angle DAQ_2$
  $\angle DAQ_2 = \angle AQ_2P$이므로
  $\angle PAQ_2 = \angle AQ_2P$
  ∴ $\overline{AC} = \overline{CQ} = 6$ cm, $\overline{BQ} = 11$ cm

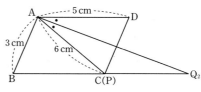

(i), (ii)에서 $\overline{Q_1Q_2} = \overline{BQ_2} - \overline{BQ_1} = 8 (\textbf{cm})$ ← [답]

[유제] 1 평행사변형 ABCD에서 두 점 E,
F는 각각 ∠B, ∠C의 이등분선이 $\overline{AD}$
와 만나는 점이고, 점 H는 $\overline{AB}$, $\overline{CF}$의
연장선의 교점이다. ∠BED=140°일
때, ∠H의 크기를 구하여라.

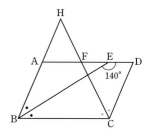

필수예제 2

평행사변형 ABCD를 접어서 꼭짓점 A가 점 C와 일치하도록 하였더니 정오각형 CDEFG가 생겼다. 다음 각의 크기를 구하여라.

(1) ∠ABC

(2) ∠ACB

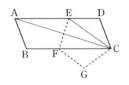

[생각하기] (1) 평행사변형에서 대각의 크기는 같다.

(2) 점 A가 점 C와 일치하도록 하였으므로 $\overline{AE}$와 $\overline{CE}$가 겹쳐지고, ∠AEF와 ∠CEF가 겹쳐진다.

(바이블) 접은 도형 ➡ 겹치는 선분과 각을 주목하라.

[모범해답]

(1) □ABCD는 평행사변형이므로 ∠B=∠D

∠D는 정오각형 CDEFG의 한 내각이므로 ∠D=108°

∴ **∠B=108°** ← 답

(2) ∠AEF는 정오각형의 한 외각이므로 ∠AEF=360°÷5=72°

∠AEF와 ∠CEF가 겹치므로 ∠AEF=∠CEF=72°

∴ ∠AEC=144°

$\overline{AE}$와 $\overline{CE}$가 겹치므로 △EAC는 이등변삼각형이다.

∴ ∠EAC=∠ECA=(180°−144°)÷2=18°

$\overline{AE}$∥$\overline{BC}$이므로 **∠ACB=∠EAC=18°** ← 답

[유제] 2 평행사변형 ABCD를 대각선 BD를 따라 접어 △DBC가 △DBE로 옮겨졌을 때, $\overline{DE}$, $\overline{BA}$의 연장선의 교점을 Q라 하자. ∠Q=86°일 때, ∠BDC의 크기를 구하여라.

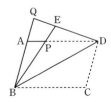

필수예제 3

□ABCD는 평행사변형이다. 사각형의 내부에 적당히 한 점 P를 잡았더니, △PAB=12cm², △PAD=10cm², △PBC=20cm²가 되었다. △PCD의 넓이를 구하여라.

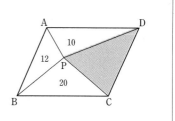

생각하기 점 P를 지나 변 AB, AD에 평행한 직선을 그으면 평행사변형 ABCD는
① 4개의 작은 평행사변형이 생기고
② 각 평행사변형은 2개의 삼각형으로 분할된다. 이때, 다음을 이용한다.

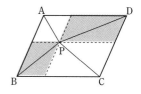

바이블 평행사변형의 대각선은 평행사변형의 넓이를 이등분한다.

모범해답

〈그림〉과 같이 넓이가 같은 삼각형끼리 분류하면

$$a+b=12 \cdots ㉠$$
$$b+c=20 \cdots ㉡$$
$$a+d=10 \cdots ㉢$$
$$c+d=△PCD \cdots ㉣$$

여기서, ㉠+㉣$=a+b+c+d=12+△PCD$
　　　　㉡+㉢$=b+c+a+d=30$
　　∴ $12+△PCD=30$, 즉 **△PCD=18cm²** ← **답**

유제 3 〈그림〉에서 □ABCD는 평행사변형이다.
$\overline{AP} : \overline{PB} = 2 : 3$일 때, □PCDA의 넓이는 △PBC의 넓이의 몇 배인가?

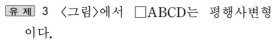
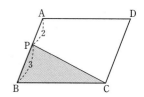

필수예제 4

좌표평면 위의 세 점 A(2, 4), B(0, 3), C(6, 0)과 점 D를 꼭짓점으로 하는 평행사변형 ABCD가 있다. 이 평행사변형의 넓이를 이등분하고 점 (2, 0)을 지나는 직선의 방정식을 구하여라.

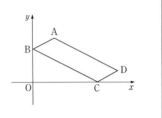

생각하기 평행사변형 ABCD에서 대각선의 교점을 지나는 직선 l을 그으면

ⓐ≡ⓓ, ⓑ≡ⓔ, ⓒ≡ⓕ

이므로 □ABFE=□EFCD이다.

바이블 평행사변형에서 대각선의 중점을 지나는 직선은 평행사변형의 넓이를 이등분한다.

따라서, 대각선의 교점과 점 (2, 0)을 지나는 직선의 방정식을 구한다.

모범해답

대각선 AC, BD의 중점은 서로 일치하므로

대각선 AC의 중점의 좌표는 $\left(\dfrac{2+6}{2},\ \dfrac{4+0}{2}\right)=(4,\ 2)$

따라서, 두 점 (2, 0), (4, 2)를 지나는 직선의 방정식을 구한다.

$(기울기)=\dfrac{2-0}{4-2}=1$

$y=x+b$에 (2, 0)을 대입하면 $b=-2$

$\therefore\ \boldsymbol{y=x-2}$ ← 답

유제 4 좌표평면 위에 네 점 A(2, y), B(3, 1), C(x, 2), D(−1, 5)가 있다. □ABCD가 평행사변형일 때, 직선 AC의 방정식을 구하여라.

연습 문제

● 학교 시험과 수준·경향을 일치시킨 기본적인 문제입니다.
● 한 문제 한 문제를 정복하여 이 단원의 내용을 총정리합시다.

1. 평행사변형 ABCD에서 ∠D의 이등분선이 $\overline{AB}$의 연장선과 만나는 점을 E라 한다. ∠BED=32°일 때, ∠ABC의 크기를 구하여라.

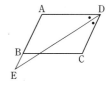

2. 위에서 $\overline{AB}$=10cm, $\overline{AD}$=12cm일 때, $\overline{BE}$의 길이를 구하여라.

3. 평행사변형 ABCD에서
∠FAB=70°, ∠FBC=25°, ∠ECD=30°
∠CED=80°이다. x, y의 값을 구하여라.

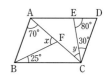

4. ∠B=56°인 평행사변형 ABCD에서 점 A를 지나 ∠D의 이등분선에 수직인 직선이 $\overline{BC}$와 만나는 점을 E라 할 때, ∠BEA의 크기를 구하여라.

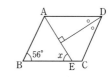

5. 〈그림〉의 좌표평면에서 □ABCD는 평행사변형이다. 점 D의 좌표를 구하여라.

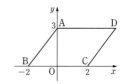

6. 평행사변형 ABCD의 내부에 한 점 P를 잡았다. □ABCD=48cm²일 때, △ABP+△CDP의 값을 구하여라.

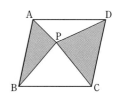

● 중 2 도형의 증명 문제는 대입수능 문제로 매년 출제되고 있습니다.

● 한 문제, 한 문제를 소중히 다루어 대학 시험에 미리미리 대비합시다.

1. 평행사변형 ABCD의 대각선의 교점 O를 지나는 직선이 두 변 AD, BC와 만나는 점을 각각 E, F라 하고, 두 변 AB, CD와 만나는 점을 각각 G, H라고 할 때, □EGFH는 평행사변형임을 증명하여라.

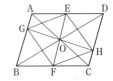

2. 평행사변형 ABCD의 변 AB, BC, CD, DA 위에 점 E, F, G, H를 $\overline{AE}=\overline{CG}$, $\overline{BF}=\overline{DH}$되게 잡을 때, □EFGH는 평행사변형임을 증명하여라.

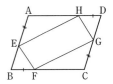

3. 〈그림〉과 같이, 평행사변형 ABCD의 각 변의 중점을 각각 P, Q, R, S라고 할 때, $\overline{AQ}$와 $\overline{CP}$의 교점을 E, $\overline{AR}$와 $\overline{CS}$의 교점을 F라고 하면 □AECF는 평행사변형임을 증명하여라.

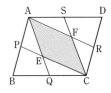

4. 평행사변형 ABCD의 각 변 위에 $\overline{AP}:\overline{PB}=\overline{BQ}:\overline{QC}=\overline{CR}:\overline{RD}=\overline{DS}:\overline{SA}=1:2$ 가 되게 점 P, Q, R, S를 잡았다. 직선 AQ, BR, CS, DP로 둘러싸인 사각형 EFGH는 평행사변형임을 증명하여라.

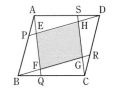

5. 평행사변형 ABCD에서 $\overline{AB}$ 위의 점 P를 지나 대각선 AC에 평행한 직선이 변 BC와 만나는 점을 Q, $\overline{DA}$의 연장선, $\overline{DC}$의 연장선과 만나는 점을 각각 R, S라고 하면, $\overline{PR}=\overline{QS}$임을 증명하여라.

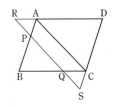

6. 〈그림〉과 같이, 평행사변형 ABCD의 두 변 BC, CD를 각각 한 변으로 하는 정삼각형 EBC와 정삼각형 FCD를 만들었다. 이때, $\overline{AE}=\overline{AF}$임을 증명하여라.

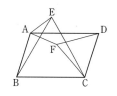

7. 평행사변형 ABCD에서 ∠CAD의 이등분선과 $\overline{BC}$의 연장선과의 교점을 E라고 할 때, $\overline{CA}=\overline{CE}$가 성립함을 증명하여라.

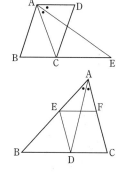

8. 〈그림〉과 같이 △ABC의 ∠A의 이등분선이 밑변 BC와 만나는 점을 D라고 한다. 또, D를 지나 $\overline{AC}$에 평행한 직선이 $\overline{AB}$와 만나는 점을 E, E를 지나 $\overline{BC}$에 평행한 직선이 $\overline{AC}$와 만나는 점을 F라고 할 때, $\overline{AE}=\overline{CF}$임을 증명하여라.

9. 〈그림〉과 같이 평행사변형 ABCD에서 두 변 BC, CD를 한 변으로 하는 정삼각형 BCE, CFD를 □ABCD의 외부에 그릴 때, △AEF는 정삼각형임을 증명하여라.

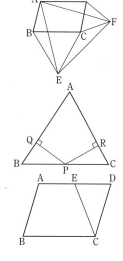

10. $\overline{AB}=\overline{AC}$인 이등변삼각형 ABC의 밑변 BC 위의 한 점 P에서 등변 AB, AC에 수선 PQ, PR를 내릴 때, $\overline{PQ}+\overline{PR}$의 값은 일정함을 증명하여라.

11. 평행사변형 ABCD의 변 AD 위에 점 E를 $\overline{CD}=\overline{CE}$ 되게 잡았다. 점 C와 점 A, 점 B와 점 E를 각각 연결할 때, $\overline{CA}=\overline{BE}$임을 증명하여라.

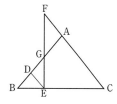

12. $\overline{AB}=\overline{AC}$인 이등변삼각형 ABC가 있다. 변 AB 위의 점 D를 지나 $\overline{AC}$에 평행한 직선이 밑변 BC와 만나는 점을 E라 한다. 또, 변 CA의 연장선 위에 $\overline{DB}=\overline{AF}$가 되게 점 F를 잡고 $\overline{AB}$와 $\overline{EF}$의 교점을 G라고 한다. 이때, $\overline{EG}=\overline{FG}$임을 증명하여라.

2 여러 가지 사각형

1. 직사각형과 그 성질

1. **정의** : 네 각의 크기가 모두 같은 사각형
2. **성질** : 두 대각선은 길이가 같고, 서로 다른 것을 이등분한다.

Study　직사각형의 성질

▶ 〈그림〉과 같은 직사각형 ABCD에서
　•$\overline{AC}=\overline{BD}$　•$\overline{AO}=\overline{BO}=\overline{CO}=\overline{DO}$

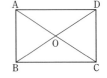

[가정]　□ABCD에서
　　　　　$\angle A=\angle B=\angle C=\angle D=90°$
[결론]　$\overline{AC}=\overline{BD}$, $\overline{AO}=\overline{BO}=\overline{CO}=\overline{DO}$
[증명]　직사각형은 평행사변형이므로 두 대각선은 서로 다른 것을
　　　　이등분한다.　∴ $\overline{AO}=\overline{CO}$, $\overline{BO}=\overline{DO}$　　…… ㉠
　　　　또한, △ABC≡△DCB(SAS합동)　∴ $\overline{AC}=\overline{DB}$ …… ㉡
　　　　따라서, ㉠, ㉡에서
　　　　　$\overline{AC}=\overline{BD}$, $\overline{AO}=\overline{BO}=\overline{CO}=\overline{DO}$

보기　평행사변형 ABCD에서 $\angle A=90°$이면 □ABCD는 직사각형이 됨을
　　　증명하여라.
연구　□ABCD는 평행사변형이므로
　　　　$\angle A+\angle B=180°$
　　　그런데 $\angle A=90°$이므로 $\angle B=90°$
　　　한편, $\angle A=\angle C$, $\angle B=\angle D$이므로
　　　　$\angle A=\angle B=\angle C=\angle D=90°$
　　　따라서, 한 각이 90°인 평행사변형은 직사각형이다.

Advice　① 두 대각선의 길이가 같거나 ② 한 각의 크기가 직각인 평행사변형은
　　　직사각형이 된다.

핵심 개념	2. 마름모와 그 성질

1. **정의** : 네 변의 길이가 모두 같은 사각형
2. **성질** : 두 대각선은 서로 다른 것을 수직이등분한다.

Study 　마름모의 성질

▶ 〈그림〉과 같은 마름모 ABCD에서

　• $\overline{AC} \perp \overline{BD}$　• $\overline{AO} = \overline{CO}$, $\overline{BO} = \overline{DO}$

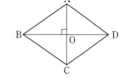

[가정] □ABCD에서

　$\overline{AB} = \overline{BC} = \overline{CD} = \overline{DA}$

[결론] $\overline{AC} \perp \overline{BD}$, $\overline{AO} = \overline{CO}$, $\overline{BO} = \overline{DO}$

[증명] 마름모는 평행사변형이므로 두 대각선은 서로 다른 것을 이등분한다.

　$\therefore \overline{AO} = \overline{CO}$, $\overline{BO} = \overline{DO}$　　　　…… ㉠

　또한, $\triangle ABO \equiv \triangle ADO$ (SSS합동)이므로

　$\angle AOB = \angle AOD = 90°$　$\therefore \overline{AC} \perp \overline{BD}$　　…… ㉡

　㉠, ㉡에서 $\overline{AC} \perp \overline{BD}$, $\overline{AO} = \overline{CO}$, $\overline{BO} = \overline{DO}$

보기 평행사변형의 이웃하는 두 변의 길이가 같으면 마름모가 됨을 증명하여라.

연구 평행사변형 ABCD에서

　$\overline{AD} = \overline{BC}$, $\overline{AB} = \overline{DC}$

　그런데 $\overline{AD} = \overline{AB}$이면

　$\overline{AB} = \overline{BC} = \overline{CD} = \overline{DA}$

즉, 이웃하는 두 변의 길이가 같으면 마름모가 된다.

Advice 1. ① 두 대각선이 직교하거나 ② 이웃하는 두 변의 길이가 같은 평행사변형은 마름모가 된다.

Advice 2. 평행사변형의 대각선이 직교하면 마름모가 됨을 다음과 같이 증명한다.

평행사변형 ABCD에서 $\overline{AO} = \overline{CO}$, $\overline{BO} = \overline{DO}$

그런데 $\overline{AC} \perp \overline{BD}$이면

$\triangle ABO \equiv \triangle ADO$　$\therefore \overline{AB} = \overline{AD}$

즉, 이웃하는 두 변의 길이가 같으므로 □ABCD는 마름모이다.

핵심 개념 | 3. 정사각형과 그 성질

1. **정의** : 네 각의 크기가 모두 같고 네 변의 길이가 모두 같은 사각형
2. **성질** : 두 대각선은 길이가 같고, 서로 다른 것을 수직이등분한다.

Study   1° 정사각형의 성질

〈그림〉의 정사각형 ABCD에서
$\overline{AC}=\overline{BD}$, $\overline{AC}\perp\overline{BD}$, $\overline{AO}=\overline{BO}=\overline{CO}=\overline{DO}$
정사각형은 직사각형이므로 두 대각선의 길이가
같다.
정사각형은 마름모이므로 두 대각선은 서로 다른
것을 수직이등분한다.

Advice 정사각형은 직사각형과 마름모의 두 성질을 모두 갖는다.

보기 정사각형 ABCD에서 두 대각선의 교점을
O라고 하면, △OAB는 어떤 삼각형인가?
연구 정사각형의 두 대각선은 서로 다른 것을 수
직이등분하므로 $\overline{OA}=\overline{OB}$, ∠AOB=90°
따라서, △OAB는 **직각이등변삼각형**이다.

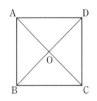

Study   2° 여러 가지 사각형 사이의 관계

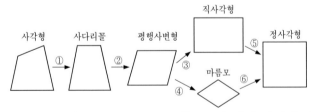

① 한 쌍의 대변이 평행하다.   ② 또 한 쌍의 대변이 평행하다.
③ 네 각의 크기가 같다.   ④ 네 변의 길이가 같다.
⑤ 네 변의 길이가 같다.   ⑥ 네 각의 크기가 같다.

핵심 개념 | **4. 등변사다리꼴과 그 성질**

1. **정의** : 아랫변의 양 끝각의 크기가 같은 사각형
2. **성질** : 두 대각선의 길이는 서로 같다.

Study **1° 등변사다리꼴의 정의**

〈그림〉의 □ABCD에서
$\overline{AD} /\!/ \overline{BC}$, $\angle B = \angle C$
일 때, □ABCD를 등변사다리꼴이라고 한다.
직사각형과 정사각형은 아랫변의 양 끝각이 같
은 사각형이므로 이들은 등변사다리꼴이다.

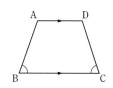

Note 아랫변의 양 끝각이 같은 사각형이라고 해서 등각(等角)사다리꼴이라고
하면 틀린다.

Study **2° 등변사다리꼴의 성질**

▶ 등변사다리꼴 ABCD에서
$\overline{AC} = \overline{BD}$
[가정] □ABCD에서 $\overline{AD} /\!/ \overline{BC}$, $\angle B = \angle C$
[결론] $\overline{AC} = \overline{BD}$
[증명] △ABC와 △DCB에서
$\overline{BC}$는 공통, $\angle B = \angle C$,
$\overline{AB} = \overline{DC}$(아래 **보기** 참조)
∴ △ABC ≡ △DCB(SAS합동) ∴ $\overline{AC} = \overline{BD}$

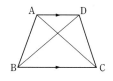

보기 $\overline{AD} /\!/ \overline{BC}$, $\angle B = \angle C$인 등변사다리꼴 ABCD에서 $\overline{AB} = \overline{DC}$임을 증
명하여라.

연구 점 D에서 $\overline{AB}$의 평행선을 긋고 $\overline{BC}$와 만
나는 점을 E라고 하면,
□ABED는 평행사변형이므로
$\overline{AB} = \overline{DE}$이고 $\overline{AB} /\!/ \overline{DE}$
∴ $\angle B = \angle DEC$, 즉 $\angle DEC = \angle C$
따라서, △DEC에서 $\overline{DE} = \overline{DC}$ ∴ $\overline{AB} = \overline{DC}$

필수예제 1

직사각형 ABCD에서 $\overline{AB}:\overline{BC}=2:3$ 이고, 점 P는 $\overline{AB}$의 중점이다 점 Q는 $\overline{BC}$ 위의 점이고, $\overline{BQ}:\overline{QC}=2:1$일 때, $\angle ADP+\angle BQP$를 구하여라.

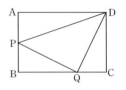

[생각하기] $\overline{AB}:\overline{BC}=2:3$이므로 $\overline{AB}=2x$라 하면 $\overline{BC}=3x$가 된다.

$\overline{AP}=\overline{BP}=x$이고, $\overline{BQ}=\dfrac{2}{3}\overline{BC}=2x$, $\overline{CQ}=x$이다.

이것을 이용하여 $\triangle PBQ$와 $\triangle QCD$가 합동임을 유도하고 크기가 같은 각을 찾는다.

[모범해답]

$\triangle PBQ$와 $\triangle QCD$에서
$\overline{PB}=\overline{QC}$, $\angle PBQ=\angle QCD$, $\overline{BQ}=\overline{CD}$
∴ $\triangle PBQ\equiv\triangle QCD$ (SAS 합동)
따라서, $\overline{PQ}=\overline{DQ}$, $\angle PQB=\angle QDC$, $\angle BPQ=\angle CQD$이다.
$\angle PQD=180°-(\angle PQB+\angle CQD)=180°-(\angle PQB+\angle BPQ)$
$\qquad\qquad\qquad\qquad\qquad =180°-90°=90°$
$\overline{PQ}=\overline{DQ}$이므로 $\angle PDQ=45°$
∴ $\angle ADP+\angle BQP=\angle ADP+\angle QDC=90°-\angle PDQ=\mathbf{45°}$ ← 답

[유제] 1 직사각형 ABCD에서 $\overline{AD}:\overline{AB}=3:2$ 이다. $\angle D$의 이등분선이 변 BC와 만나는 점을 E라 할 때, $\square ABED:\triangle DEC$를 구하여라.

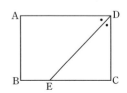

필수예제 2

평행사변형 ABCD에서 $\overline{AD}=2\overline{AB}$이다. 〈그림〉과 같이 $\overline{CD}$의 연장선 위에 $\overline{CD}=\overline{CE}=\overline{DF}$가 되게 점 E, F를 잡고 $\overline{AE}$와 $\overline{BC}$, $\overline{BF}$와 $\overline{AD}$의 교점을 각각 G, H라고 하면 □ABGH는 어떤 사각형이 되는가?

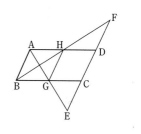

생각하기 △ABH≡△DFH, △ABG≡△ECG가 됨을 증명하여 네 변의 길이가 같음을 유도한다.

모범해답

△ABH와 △DFH에서 살펴보자.

□ABCD는 평행사변형이므로 $\overline{AB}=\overline{CD}$이고

$\overline{CD}=\overline{CE}=\overline{DF}$이므로

$\overline{AB}=\overline{DF}$ ······ ㉠

또, $\overline{AB} /\!/ \overline{EF}$이므로

∠ABH=∠DFH, ∠HAB=∠HDF ······ ㉡

㉠, ㉡에서 △ABH≡△DFH

∴ $\overline{AH}=\overline{DH}$ ······ ㉢

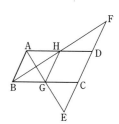

같은 방법으로 하면,

△ABG≡△ECG ∴ $\overline{BG}=\overline{CG}$ ······ ㉣

그런데 $\overline{AD}=\overline{BC}$이므로 ㉢, ㉣에서

$\overline{AH}=\overline{BG}=\dfrac{1}{2}\overline{AD}=\overline{AB}$

따라서, □ABGH는 $\overline{AH} /\!/ \overline{BG}$, $\overline{AH}=\overline{BG}$이므로 평행사변형이다.

또, $\overline{AB}=\overline{AH}$ 즉, $\overline{AB}=\overline{BG}=\overline{GH}=\overline{AH}$

그러므로 □ABGH는 마름모이다. ← 답

유제 2 평행사변형 ABCD에서 대각선 BD가 ∠B를 이등분하면 이 사각형은 어떤 사각형이 되는가?

필수예제 3

마름모의 각 변의 중점을 차례로 이어서 만든 사각형은 어떤 사각형이 되는가?

생각하기 사각형 ABCD가 마름모이면

$$\overline{AB}=\overline{BC}=\overline{CD}=\overline{DA}$$

가 된다. 또한, 각 변의 중점을 각각 P, Q, R, S 라고 하면 □ABQS와 □PBCR는 평행사변형이 된다.

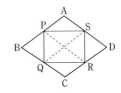

모범해답

마름모 ABCD에서 각 변의 중점을 각각 P, Q, R, S라고 하자.

(i) △APS와 △CQR에서

∠A=∠C, $\overline{PA}=\overline{AS}=\overline{QC}=\overline{CR}$

∴ △APS≡△CQR   ∴ $\overline{PS}=\overline{QR}$ ······ ㉠

△BPQ와 △DSR에서

∠B=∠D, $\overline{BP}=\overline{BQ}=\overline{DS}=\overline{DR}$

∴ △BPQ≡△DSR   ∴ $\overline{PQ}=\overline{SR}$ ······ ㉡

㉠, ㉡에서 □PQRS는 평행사변형이다.

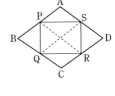

(ii) □ABQS에서 $\overline{AS}\,/\!/\,\overline{BQ}$, $\overline{AS}=\overline{BQ}$

따라서, □ABQS는 평행사변형이다.   ∴ $\overline{AB}=\overline{SQ}$ ······ ㉢

□PBCR에서 $\overline{PB}\,/\!/\,\overline{RC}$, $\overline{PB}=\overline{RC}$

따라서, □PBCR는 평행사변형이다.   ∴ $\overline{BC}=\overline{PR}$ ······ ㉣

$\overline{AB}=\overline{BC}$이므로 ㉢, ㉣에서 $\overline{PR}=\overline{QS}$

즉, □PQRS는 평행사변형이고, 대각선의 길이가 같다.

그러므로 □PQRS는 **직사각형**이다. ← 답

유제 3 평행사변형 ABCD에서 ∠A, ∠B, ∠C, ∠D의 이등분선을 긋고, 그 교점을 각각 E, F, G, H라고 하면 □EFGH는 어떤 사각형이 되는가?

필수예제 4

정사각형 ABCD의 대각선 BD 위에 한 점 E를 잡고 $\overline{AE}$의 연장선이 $\overline{DC}$와 만나는 점을 F라고 한다. ∠DAE=22°일 때, ∠BEC의 크기를 구하여라.

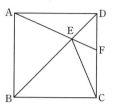

<u>생각하기</u>) ∠BEC=180°−(∠EBC+∠ECB)=180°−(45°+∠ECB) 이다.

그리고 ∠AFD=90°−∠DAE=68° 이다.

따라서, ∠ECB=∠AFD임을 유도하면 문제가 쉽게 풀린다.

<u>모범해답</u>)

△ABE와 △CBE에서

$\overline{AB}=\overline{CB}$, ∠ABE=∠CBE=45°, $\overline{BE}$는 공통

∴ △ABE ≡△CBE (SAS 합동)

따라서, ∠BAE=∠BCE

$\overline{AB} /\!/ \overline{DC}$이므로 ∠BAE=∠AFD (엇각)

∴ ∠BCE=∠AFD=90°−22°=68°

∠BEC=180°−(45°+∠BCE)=135°−∠AFD

$$=\mathbf{67°} ← 답$$

<u>유제</u>) 4 〈그림〉에서 점 P는 정사각형 ABCD의 대각선의 교점이다. ∠BAC의 이등분선이 대각선 BD와 만나는 점을 E라 할 때, ∠PEF 의 크기를 구하여라.

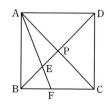

연습 문제

- 학교 시험과 수준·경향을 일치시킨 기본적인 문제입니다.
- 한 문제 한 문제를 정복하여 이 단원의 내용을 총정리합시다.

1. 평행사변형 ABCD가 다음 조건을 만족하면 어떤 사각형이 되는가?
   (1) $\overline{AB} = \overline{BC}$
   (2) $\angle A = 90°$
   (3) $\overline{BC} = \overline{CD}$, $\angle C = 90°$
   (4) $\angle A = \angle B$

2. 직사각형의 각 변의 중점을 이어서 만든 사각형은 어떤 사각형이 되는 가?

3. 평행사변형 ABCD의 변 AD의 중점을 M이라 할 때, $\overline{MB} = \overline{MC}$이면 사각형 ABCD는 어떤 사 각형이 되겠는가?

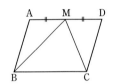

4. 평행사변형 ABCD의 대각선 AC 위에 한 점 P 를 잡을 때, $\overline{BP} = \overline{DP}$이면, 이 사각형은 어떤 사각형이 되는가?

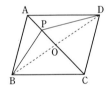

5. 직사각형 ABCD에서 $\overline{AD} = 2\overline{AB}$이다. $\overline{AD}$, $\overline{BC}$ 의 중점을 각각 M, N이라 하고, $\overline{AN}$과 $\overline{BM}$, $\overline{CM}$과 $\overline{DN}$의 교점을 각각 P, Q라고 할 때, □MPNQ는 어떤 사각형이 되겠는가?

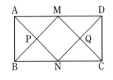

6. 평행사변형 ABCD에서 $\overline{AB} = 16cm$, $\overline{BC} = 28cm$ 이다. 두 내각 $\angle B$, $\angle C$의 내각의 이등분선이 $\overline{AD}$와 만나는 점을 각각 E, F라고 할 때, $\overline{EF}$의 길이를 구하여라.

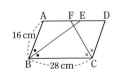

7. 〈그림〉은 직사각형 ABCD의 꼭짓점 C가 A
에 겹치도록 접은 것이다. ∠BAE=24°일
때, ∠AEF의 크기를 구하여라.

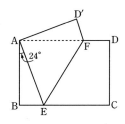

8. 사각형 ABCD에서 $\overline{BA}=\overline{BC}$이고, ∠B=60°,
∠D=140°이다. 사각형 AECD가 마름모일 때,
∠ECB의 크기를 구하여라.

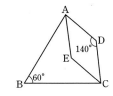

9. 〈그림〉에서 □ABCD와 □DEFG는 각각 정
사각형이고, ∠BAE=50°, ∠CDE=30°일
때, ∠CGF의 크기를 구하여라.

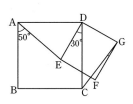

10. 사각형 ABCD는 직사각형이고, 사각형 EFGH
는 정사각형이다. 두 점 F, H는 □ABCD의 대
각선 위의 점이고, ∠DBC=30°일 때, ∠DEH
의 크기를 구하여라.

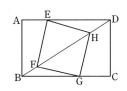

11. $\overline{AD} /\!/ \overline{BC}$인 사다리꼴 ABCD에서 $\overline{DE}$가
□ABCD의 넓이를 이등분할 때, $\overline{EC}$의 길이
를 구하여라.

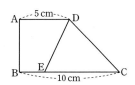

3 평행선과 넓이

1. 평행선과 삼각형의 넓이

▶ 〈그림〉과 같이 두 평행선 사이에 있고, 밑변의 길이가 같은 두 삼각형의 넓이는 같다. 즉, $l /\!/ m$이면

$$\triangle PAB = \triangle QAB$$

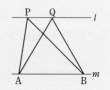

Study 삼각형의 넓이

▶ 밑변의 길이와 높이가 같은 삼각형의 넓이는 모두 같다.

이를테면, 다음의 그림에서 $\overline{AB} = a$라 하고, 두 평행선 l, m 사이의 거리를 h라고 하면,

$$\triangle PAB = \frac{1}{2}ah, \quad \triangle QAB = \frac{1}{2}ah$$

이므로,

$$\triangle PAB = \triangle QAB$$

가 됨을 알 수 있다.

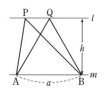

보기 〈그림〉과 같이 $\overline{AD} /\!/ \overline{BC}$인 사다리꼴 ABCD에서 두 대각선 AC, BD의 교점을 O 라고 하면,

$$\triangle AOB = \triangle DOC$$

임을 증명하여라.

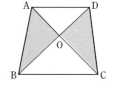

연구 $\triangle ABC$와 $\triangle DBC$에서 밑변 BC가 공통이고 $\overline{AD} /\!/ \overline{BC}$이므로 두 삼각형의 높이가 같다.

$$\therefore \triangle ABC = \triangle DBC \quad \cdots\cdots \text{㉠}$$

또한,

$$\triangle AOB = \triangle ABC - \triangle OBC \quad \cdots\cdots \text{㉡}$$

$$\triangle DOC = \triangle DBC - \triangle OBC \quad \cdots\cdots \text{㉢}$$

㉠, ㉡, ㉢에서 $\triangle AOB = \triangle DOC$

필수예제 1

〈그림〉과 같은 □ABCD에 대하여
$$□ABCD=△ABE$$
인 △ABE를 작도하여라.
(단, E는 $\overrightarrow{BC}$ 위의 점)

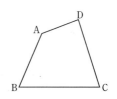

[생각하기] 점 D를 지나 대각선 AC에 평행한 직선을 긋고 변 BC의 연장선
과 만나는 점을 E라고 하면 평행선 사이에 있는 삼각형을 얻을 수 있
다.

(바이블) 두 평행선 사이에 있고, 밑변의 길이가 같은 두 삼각형의 넓이는
같다.

[모범해답]

[작도] ❶ 대각선 AC를 긋는다.

❷ 점 D를 지나 대각선 AC에 평행한
직선을 긋고, $\overline{BC}$의 연장선과 만
나는 점을 E라고 한다.

❸ 두 점 A, E를 연결하면,
△ABE가 구하는 삼각형이 된다.

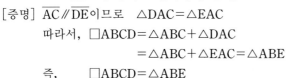

[증명] $\overline{AC} \text{ // } \overline{DE}$이므로 △DAC=△EAC

따라서, □ABCD=△ABC+△DAC
$$=△ABC+△EAC=△ABE$$

즉, □ABCD=△ABE

[유제] 1 〈그림〉과 같은 오각형 ABCDE에
대하여 (오각형 ABCDE)=△AFG인
△AFG를 작도하여라.
(단, F, G는 $\overleftrightarrow{CD}$ 위의 점)

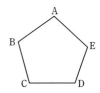

필수예제 2

$\overline{AD} /\!/ \overline{BC}$인 사다리꼴 ABCD에서 $\overline{AD}=2\text{cm}$, $\overline{BC}=3\text{cm}$이다. 변 BC 위에 점 E를 잡으면 $\overline{AE}$가 □ABCD의 넓이를 이등분할 때, $\overline{BE}$의 길이를 구하여라.

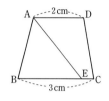

생각하기 $\overline{AD} /\!/ \overline{BC}$인 사다리꼴에서 $\overline{AD}$, $\overline{BC}$의 중점을 각각 M, N이라고 하면, 선분 MN은 □ABCD의 넓이를 이등분한다.

따라서, □ABNM=△ABE가 된다.

모범해답

$\overline{AD}$, $\overline{BC}$의 중점을 각각 M, N이라고 하면,

$$\square ABNM = \square MNCD$$

(윗변, 아랫변, 높이가 같다.)

즉, □ABNM의 넓이는 □ABCD의 넓이의 반이 된다.

그런데 △ABE의 넓이가 □ABCD의 넓이의 반이 되므로 □ABNM=△ABE ······ ㉠

㉠의 양변에서 △ABN을 빼면,

$$\square ABNM - \triangle ABN = \triangle ABE - \triangle ABN$$

$$\therefore \triangle ANM = \triangle ANE \qquad \cdots\cdots ㉡$$

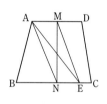

㉡에서 밑변이 같은 두 삼각형의 넓이가 같으므로

$$\overline{AN} /\!/ \overline{ME} \qquad \therefore \square ANEM \text{은 평행사변형}$$

$$\therefore \overline{AM} = \overline{NE} = 1\text{cm}, \quad \overline{BN} = 1.5\text{cm}$$

따라서, $\overline{BE} = \overline{BN} + \overline{NE} = \mathbf{2.5cm}$ ← 답

유제 2 위의 문제에서 윗변 AD를 D쪽으로 연장하고, 연장선 위에 점 F를 잡으면, $\overline{BF}$는 □ABCD의 넓이를 이등분한다. $\overline{DF}$의 길이를 구하여라.

연습 문제

● 학교 시험과 수준·경향을 일치시킨 기본적인 문제입니다.
● 한 문제 한 문제를 정복하여 이 단원의 내용을 총정리합시다.

1. △ABC의 변 AB 위에 점 P가 있다. 변 BC의 중점 M을 이용하여 △ABC의 넓이를 이등분하는 직선 PQ를 작도하여라.

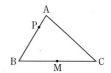

2. 〈그림〉과 같이 $\overline{AB}$를 경계로 하는 갑, 을의 두 땅이 있다. 〈그림〉의 점 P를 지나는 선분 PQ를 새로운 경계로 하되, 넓이가 변하지 않게 하려고 한다. 점 Q를 작도하여라.

3. 〈그림〉에서 $\overline{AD}=6$cm, $\overline{DB}=8$cm, $\overline{DE}/\!/\overline{BC}$, $\overline{DF}/\!/\overline{AC}$이다. △ADE=9cm²일 때, □DFCE의 넓이를 구하여라.

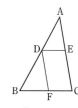

4. 〈그림〉에서 △ABC=36cm²이다. $\overline{AP}:\overline{PC}=2:1$, $\overline{BQ}:\overline{QC}=1:2$일 때, △PQC의 넓이를 구하여라.

5. 〈그림〉의 정팔각형 ABCDEFGH에서 대각선 중 가장 긴 것의 길이가 $2r$이다. △AFG의 넓이를 구하여라.

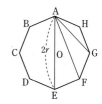

6. 〈그림〉에서 △ABC는 $\overline{AB}=\overline{AC}=12$cm인 직각이등변삼각형이고, $\overline{AB}/\!/\overline{DC}$, $\overline{BE}=15$cm, $\overline{AE}=9$cm일 때, △AED의 넓이를 구하여라.

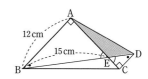

● 약간의 사고력을 필요로 하는 문제입니다.   **종합 문제**   **표준**   ● 이 문제를 정복하면 여러분은 수학에 자신감을 가질 것입니다.

1. □ABCD가 다음 조건을 만족할 때, 평행사변형인 것을 모두 골라라.

① $\overline{AB} /\!/ \overline{DC}$, $\overline{AB} = \overline{DC}$

② $\overline{AD} /\!/ \overline{BC}$, $\overline{AB} = \overline{DC}$

③ $\angle A = \angle C$, $\angle B = \angle D$

④ $\angle A = \angle B$, $\angle C = \angle D$

⑤ $\angle A + \angle B = \angle C + \angle D = 180°$

⑥ $\angle A + \angle B = \angle B + \angle C = 180°$

⑦ $\overline{AC} = \overline{BD}$, $\overline{AC} \perp \overline{BD}$

⑧ $\overline{AC}$와 $\overline{BD}$의 교점을 O라고 할 때, $\overline{OA} = \overline{OC}$, $\overline{OB} = \overline{OD}$

2. $\overline{AD} = 10cm$, $\overline{AB} = 6cm$인 평행사변형 ABCD에서 $\overline{BC}$의 중점을 M이라 하고, $\overline{AM}$의 연장선이 $\overline{DC}$의 연장선과 만나는 점을 E라 할 때, $\overline{DE}$의 길이를 구하여라.

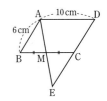

3. 〈그림〉의 평행사변형 ABCD에서 x의 값을 구하여라.

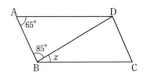

4. 〈그림〉은 $\angle A = 110°$인 평행사변형이다. $\angle D$의 이등분선과 수직이 되도록 $\overline{AP}$를 잡을 때 $\angle BAP$의 크기를 구하여라.

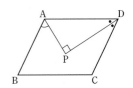

5. 평행사변형 25개가 있다. 이 평행사변형 중 직사각형이 13개, 마름모가 9개, 직사각형도 마름모도 아닌 것이 8개이다. 이때, 정사각형은 몇 개인가?

6. 〈그림〉의 평행사변형 ABCD에서 점 P, Q, R는 각각 변 AB, BC, CD의 중점이다. △MQN의 넓이가 25cm²일 때 평행사변형 ABCD의 넓이를 구하여라.

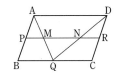

7. 넓이가 60cm²인 평행사변형 ABCD에서 $\overline{BC}$의 삼등분점을 E, F, $\overline{CD}$의 중점을 G라 할 때, △AFG의 넓이를 구하여라.

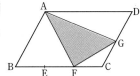

8. 〈그림〉과 같은 평행사변형 ABCD에서 $\overline{AE}$, $\overline{DF}$는 각각 ∠A, ∠D의 이등분선이다. $\overline{AB}=9$, $\overline{AD}=12$일 때, $\overline{EF}$의 길이를 구하여라.

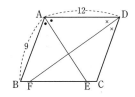

9. 직사각형 ABCD의 대각선 AC의 수직이등분선이 두 변 AD, BC와 만나는 점을 각각 E, F라 하자. $\overline{AD}=8$, $\overline{AB}=4$, $\overline{ED}=3$일 때, □AFCE의 넓이를 구하여라.

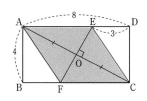

10. $\overline{AD} /\!/ \overline{BC}$인 사각형 ABCD에서 △ABC=40, △OBC=25일 때, △OCD의 넓이를 구하여라.

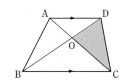

11. 오른쪽 사각형 ABCD에서 $\overline{AB} /\!/ \overline{DE}$이다. 넓이가 두 개씩 같은 삼각형은 모두 몇 쌍이 있는가?

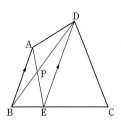

● 한 문제에 여러 가지 내용이 복합된 높은 수준의 문제입니다.

종합 문제 **발전**

● 이 문제를 정복하면 모든 시험에서 우등의 성적을 거둘 것입니다.

1. 〈그림〉의 평행사변형 ABCD에서
$$\angle EAD = 26°, \quad \angle BCE = 110°$$
이다.
$\angle x$의 크기를 구하여라.

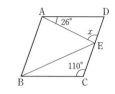

2. 〈그림〉과 같이 평행사변형 ABCD의 꼭짓점 A, B, C, D에서 직선 l에 내린 수선의 발을 각각 A′, B′, C′, D′이라 하면
$$\overline{AA'} = 5\text{cm}, \quad \overline{BB'} = 3\text{cm}, \quad \overline{CC'} = 4\text{cm}$$
일 때, $\overline{DD'}$의 길이를 구하여라.

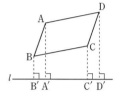

3. 〈그림〉에서 사각형 ABCD는 평행사변형이고, M은 $\overline{AD}$의 중점, N은 $\overline{BC}$의 중점이다. 사각형 ABCD의 넓이가 50cm^2일 때, $\triangle OPQ$의 넓이를 구하여라.

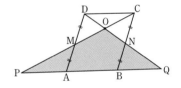

4. $\overline{AB} = 100\text{m}$인 평행사변형 ABCD에서 점 P는 $\overline{AB}$ 위를 초속 4m의 속도로 A에서 출발하여 B쪽으로, 점 Q는 매초 7m의 속도로 $\overline{CD}$ 위를 C에서 D쪽으로 움직이고 있다. P가 출발한 9초 후에 Q가 출발할 때, $\overline{AQ} /\!/ \overline{PC}$가 되는 것은 Q가 출발한 지 몇 초 후인가?

5. 마름모 ABCD가 있다. 꼭짓점 A, B, C, D로부터 변 BC, CD, DA, AB 또는 그 연장선에 수선을 내릴 때, 수선의 발을 차례로 M, E, F, G라고 한다. 이때, □MEFG는 어떤 사각형이 되는가?

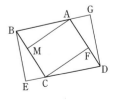

6. 오른쪽 직사각형 ABCD에서 $\overline{BD}$는 대각선이고, $\overline{BE}$와 $\overline{DF}$는 각각 ∠ABD와 ∠BDC의 이등분선이다. ∠FDC의 크기를 구하여라. (단, $\overline{BE}=\overline{BF}$)

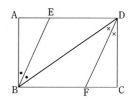

7. □ABCD는 정사각형이고 $\overline{AE}$=3cm, $\overline{AF}$=5cm, ∠EOF=90°이다. □ABCD의 넓이를 구하여라. (단, O는 두 대각선의 교점이다.)

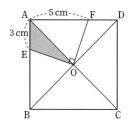

8. 〈그림〉과 같이 똑같은 직각이등변삼각형의 내부에 정사각형을 내접시키는 방법에는 두 가지가 있다. 〈그림 1〉 속에 있는 정사각형의 넓이가 36cm²일 때 〈그림 2〉 속의 정사각형의 넓이를 구하여라.

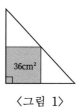 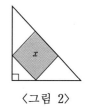

〈그림 1〉 〈그림 2〉

9. 〈그림〉의 △ABC에서 △ABC=16, $\overline{AD}$=3, $\overline{BD}$=5이다. △ABE=□DBEF 일 때, □DBEF의 넓이를 구하여라.

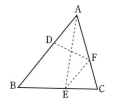

10. 〈그림〉에서 □ABCD는 $\overline{AD} /\!/ \overline{BC}$인 사다리꼴이다. $\overline{EF} /\!/ \overline{BC}$이고 $\overline{DF} : \overline{FC}$=2 : 3일 때, △ABE의 넓이는 △EBF의 넓이의 몇 배가 되는가?

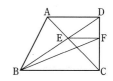

1. 〈그림〉과 같은 평행사변형 ABCD에서, ∠A의 이등분선과 ∠C의 외각의 이등분선의 교점을 E라 할 때, ∠AEC의 크기를 구하여라.

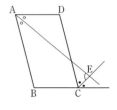

2. 〈그림〉의 직사각형 ABCD에서 점 A의 좌표는 $(-3, 7)$이고, 대각선의 교점 E의 좌표는 $\left(\dfrac{7}{2}, \dfrac{9}{2}\right)$이다. 직선 AB의 x절편, y절편이 각각 4일 때, 직선 CD의 방정식을 구하여라.

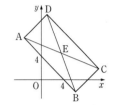

3. △ABC의 변 AB를 $1:3$으로 내분하는 점을 D, 변 AC를 $2:1$로 내분하는 점을 E라고 한다. 선분 DE 위의 한 점 P에 대하여 △ABC=2△PBC일 때, 다음을 구하여라.
   (1) △ADE : △ABC   (2) △DBP : △ABC

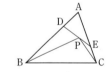

4. △ABC의 변 AB, AC 위의 점 D, E에 대하여 $\overline{AD} : \overline{DB} = 5 : 2$, $\overline{AE} : \overline{EC} = 3 : 2$이고, $\overline{BE}$와 $\overline{CD}$의 교점을 F라고 한다. △CEF=1cm²일 때, △ABC의 넓이를 구하여라.

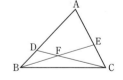

5. 〈그림〉에서 점 O는 □ABCD의 대각선의 교점이다.
   △BCD=32, △DCA=21, △DAB=24 일 때, 다음 도형의 넓이를 구하여라.
   (1) △ABC   (2) △OAB

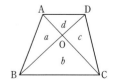

1 닮은 도형

핵심 개념 **1. 닮은 도형**

1. **닮은 도형** : 한 도형을 일정한 비율로 확대 또는 축소하거나, 그대로 다른 도형에 포갤 수 있을 때, 이들 도형을 **닮은 도형** 또는 **닮은꼴**이라고 한다.
2. **F∽F′** : 두 도형 F와 F′이 닮은 도형일 때, 기호 **F∽F′**으로 나타낸다.

Study   닮은 도형

❶ 〈그림〉과 같이 확대하거나 축소한 도형을 서로 **닮은 도형**이라고 한다.

❷ 합동인 도형도 닮은 도형으로 생각한다.

❸ △ABC와 △A′B′C′에서
대응점 ─ A와 A′, B와 B′, C와 C′
대응각 ─ ∠A와 ∠A′, ∠B와 ∠B′,
        ∠C와 ∠C′
대응변 ─ 변 AB와 변 A′B′,
        변 AC와 변 A′C′,
        변 BC와 변 B′C′

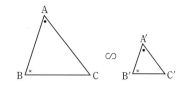

❹ △ABC와 △A′B′C′이 닮은 도형임을 기호로 나타낼 때는 대응점의 순서로 하여 △ABC∽△A′B′C′과 같이 나타낸다.

Advice 닮음의 기호 ∽는 영어 similar(닮다)의 첫글자 s를 옆으로 눕힌 것이다.

핵심 개념	2. 닮은 도형의 성질(평면도형)

▶ 서로 닮은 두 평면도형에서
1. 대응하는 변의 길이의 비는 일정하다.
2. 대응하는 각의 크기는 같다.

Study   서로 닮은 도형 □ABCD와 □A′B′C′D′에서 살펴보자.

❶ 대응하는 변의 길이의 비는 항상
일정하다.

$\overline{AB} : \overline{A'B'} = \overline{BC} : \overline{B'C'}$
$= \overline{CD} : \overline{C'D'}$
$= \overline{AD} : \overline{A'D'}$
$= 1 : 2$

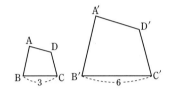

Advice 위의 비례식을 $\dfrac{\overline{AB}}{\overline{A'B'}} = \dfrac{\overline{BC}}{\overline{B'C'}} = \dfrac{\overline{CD}}{\overline{C'D'}} = \dfrac{\overline{AD}}{\overline{A'D'}} = \dfrac{1}{2}$과 같이 쓴다.

❷ 대응하는 각의 크기는 항상 같다.
$\angle A = \angle A', \ \angle B = \angle B', \ \angle C = \angle C', \ \angle D = \angle D'$

❸ 닮은 도형에서 대응하는 변의 길이의 비를 **닮음비**라고 한다.

보기 〈그림〉에서 △ABC∽△DEF
이다. 다음 값을 구하여라.
(1) 닮음비
(2) $\overline{AB} : \overline{DE}$
(3) x, y의 값

연구 꼭짓점 A, B, C와 대응하는 점은 차례로 점 D, E, F이다.
(1) 닮음비는 $\overline{AC} : \overline{DF} = 8 : 10 = \mathbf{4 : 5}$
(2) 닮은 도형에서 대응변의 길이의 비는 닮음비와 일치하므로
$\overline{AB} : \overline{DE} = \mathbf{4 : 5}$
(3) $\overline{BC} : x = 4 : 5$에서 $12 : x = 4 : 5$ ∴ $\boldsymbol{x = 15}$
∠E의 대응각은 ∠B이므로 $\boldsymbol{y = \angle B = 40°}$

핵심 개념   **3. 닮은 도형의 성질(입체도형)**

▶ 서로 닮은 두 입체도형에서
1. 대응하는 면은 닮은 도형이다.
2. 대응하는 모서리의 길이의 비는 일정하다.

Study   서로 닮은 두 직육면체에서 살펴보자.

❶ 두 직육면체는 크기는 다르지만 모양은 같다.
❷ 두 직육면체는 밑면은 밑면끼리, 옆면은 옆면끼리 각각 닮은 도형이다. 즉, □ABCD∽□A′B′C′D′이고, □AEFB∽□A′E′F′B′이다.
❸ 두 직육면체에서 대응하는 모서리의 길이의 비는 두 도형의 닮음비가 된다.

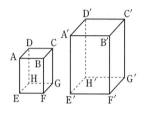

보기 〈그림〉의 닮은 두 삼각기둥에서 모서리 BC와 모서리 B′C′이 서로 대응하고 있다. 다음을 구하여라.
(1) □ABED에 대응하는 면
(2) 두 삼각기둥의 닮음비
(3) x, y, z의 값

연구 (1) 점 A, B, E, D에 대응하는 점은 차례로 점 A′, B′, E′, D′이므로,
□ABED에 대응하는 면은 **□A′B′E′D′**

(2) $\overline{BC}=4$, $\overline{B′C′}=5$이므로 닮음비는
$$\overline{BC} : \overline{B′C′} = 4 : 5$$

(3) $\overline{AB} : x = 4 : 5$에서 $2 : x = 4 : 5$ ∴ $x = \dfrac{5}{2}$

$\overline{AC} : y = 4 : 5$에서 $3 : y = 4 : 5$ ∴ $y = \dfrac{15}{4}$

$\overline{BE} : z = 4 : 5$에서 $6 : z = 4 : 5$ ∴ $z = \dfrac{15}{2}$

| 핵심 개념 | 4. 닮음의 위치 |

▶ 두 닮은 도형 F, F'에서 대응하는 점을 연결한 직선이 모두 한 점 O에서 만날 때, 두 도형 F, F'은 **닮음의 위치에 있다**고 하고, 점 O를 **닮음의 중심**이라고 한다.

Study **닮음의 위치와 그 성질**

▶ 〈그림〉과 같이

△ABC∽△A′B′C′이고, 두 도형의 대응 점 A와 A′, B와 B′, C와 C′을 연결한 직선이 한 점 O에서 만날 때, △ABC와 △A′B′C′은 **닮음의 위치에 있다**고 하고, 점 O를 **닮음의 중심**이라고 한다.

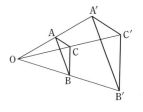

❶ 닮음의 위치에 있는 두 도형의 대응변은 항상 평행하다. 즉,

$$\overline{AB} /\!/ \overline{A'B'}, \quad \overline{BC} /\!/ \overline{B'C'}, \quad \overline{AC} /\!/ \overline{A'C'}$$

❷ 닮음의 중심에서 대응점까지의 거리의 비는 두 도형의 닮음비와 같다. 즉,

$$\frac{\overline{OA}}{\overline{OA'}} = \frac{\overline{OB}}{\overline{OB'}} = \frac{\overline{OC}}{\overline{OC'}} = \frac{\overline{AB}}{\overline{A'B'}} \quad (닮음비)$$

보기 다음 도형들은 모두 닮음의 위치에 있다. 닮음의 중심을 각각 구하여라.

(1)　　　　　　　　　(2)　　　　　　　　　(3)

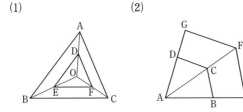
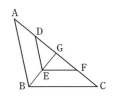

연구 닮은 도형에서 대응점을 연결한 직선이 한 점에서 만날 때, 만나는 한 점을 닮음의 중심이라고 한다. 따라서,

(1) 점 O　　　　　　(2) 점 A　　　　　　(3) 점 G

필수예제 1

□ABCD와 □ECFG는 평행사변형
이고, □ABCD∽□ECFG이다.
□ABCD와 □ECFG의 닮음비가
2 : 3일 때, 두 도형의 둘레의 길이
의 합을 구하여라.

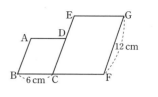

생각하기 □ABCD의 둘레의 길이를 먼저 구한다. 이때 닮은 도형에서 대응
하는 변의 길이의 비는 일정함을 이용하여 $\overline{DC}$의 길이를 구하고 평행사
변형의 두 쌍의 대변의 길이는 같음을 이용하여 $\overline{AD}$, $\overline{AB}$의 길이를 구
한다.
그리고 두 평행사변형의 둘레의 길이의 비는 닮음비와 같음을 이용하여
□ECFG의 둘레의 길이를 구한다.

바이블 서로 닮은 두 평면도형에서 둘레의 길이의 비는 닮음비와 같다.

모범해답

$\overline{DC} : \overline{GF} = 2 : 3$이므로 $\overline{DC} : 12 = 2 : 3$ ∴ $\overline{DC} = 8$ cm
$\overline{AD} = \overline{BC} = 6$ cm, $\overline{AB} = \overline{DC} = 8$ cm이므로 □ABCD의 둘레의 길이는
$2(6+8) = 28$ (cm)
□ECFG의 둘레의 길이를 x cm라고 하면
$28 : x = 2 : 3$, $x = 42$
따라서, 두 사각형의 둘레의 길이의 합은 **70 cm** ← 답

유제 1 □ABCD는 직사각형이고,
□ABCD ∽ □CEFG이다.
$\overline{AB} = 24$ cm, $\overline{GF} = 16$ cm, $\overline{GC} = 12$ cm
일 때, $\overline{BC}$의 길이를 구하여라.

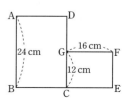

연습 문제

● 학교 시험과 수준·경향을 일치시킨 기본적인 문제입니다.
● 한 문제 한 문제를 정복하여 이 단원의 내용을 총정리합시다.

1. △ABC ∽ △DEF일 때, $\overline{AB}$의 길이를
a를 써서 나타내어라.

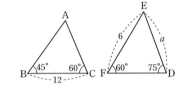

2. 사면체 A-BCD와 사면체
A′-B′C′D′이 닮은 도형일 때,
x, y의 값을 구하여라.

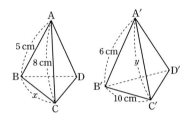

3. △ABC와 △DEF는 닮음의 위치에 있고,
닮음비는 3 : 5이다.
$\overline{OC}=6$ cm일 때, $\overline{CF}$의 길이를 구하여라.

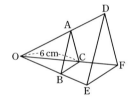

4. □ABCD와 □A′BC′D′은 닮음의 위치에 있다.
□ABCD의 둘레의 길이가 40 cm일 때,
□A′BC′D′의 둘레의 길이를 구하여라.

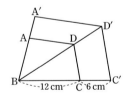

5. □ABCD와 □EFGH는 닮음의 위치에 있다.
$\overline{OE}=\overline{EA}$일 때, 두 사각형의 둘레의 길이의
합을 구하여라.

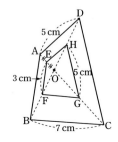

2 삼각형의 닮음 조건

1. 삼각형의 닮음 조건

▶ 두 삼각형은 다음 세 조건 중에서 어느 하나를 만족하면 닮은 도형이 된다.

1. 세 쌍의 대응변의 길이의 비가 같을 때 (SSS닮음)
2. 두 쌍의 대응변의 길이의 비가 같고, 그 끼인각의 크기가 같을 때 (SAS닮음)
3. 두 쌍의 대응각의 크기가 같을 때 (AA닮음)

Study　**1° SSS 닮음**

▶ △ABC와 △A′B′C′에서

$$\frac{a}{a'} = \frac{b}{b'} = \frac{c}{c'}$$

이면 △ABC∽△A′B′C′이다.

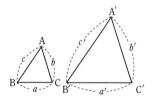

보기 다음 도형에서 닮은 것끼리 짝을 짓고, 닮음비를 구하여라.

① 　② 　③

④ 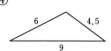　⑤ 　⑥

연구 세 쌍의 대응변의 길이의 비를 조사하면,

①과 ⑥이 닮은 도형이고, 닮음비는 ① : ⑥ = 2 : 1

②와 ⑤가 닮은 도형이고, 닮음비는 ② : ⑤ = 4 : 1

③과 ④가 닮은 도형이고, 닮음비는 ③ : ④ = 2 : 3

Study **2° SAS 닮음**

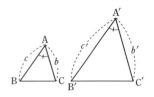

▶ △ABC와 △A′B′C′에서

$$\frac{b}{b'}=\frac{c}{c'}, \quad \angle A=\angle A'$$

이면

△ABC∽△A′B′C′이다.

보기 다음 도형에서 닮은 것끼리 짝을 짓고, 닮음비를 구하여라.

① ② ③ ④

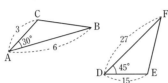
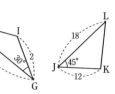

연구 ①과 ③에서 ∠A=∠G=30°

$$\frac{\overline{AB}}{\overline{GH}}=\frac{6}{4}=\frac{3}{2}, \quad \frac{\overline{AC}}{\overline{GI}}=\frac{3}{2}$$에서 $$\frac{\overline{AB}}{\overline{GH}}=\frac{\overline{AC}}{\overline{GI}}=\frac{3}{2}$$

∴ △ABC∽△GHI(SAS닮음) 또한, 닮음비는 **3 : 2**

Study **3° AA 닮음**

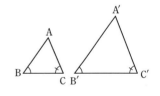

▶ △ABC와 △A′B′C′에서

$$\angle B=\angle B', \quad \angle C=\angle C'$$

이면

△ABC∽△A′B′C′이다.

보기 다음 도형에서 닮은 것을 찾아서 기호로 써라.

(1) (2)

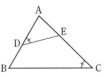
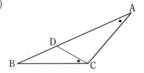

연구 (1) △ADE와 △ACB에서 ∠A는 공통, ∠ADE=∠ACB

∴ **△ADE∽△ACB**

(2) △ABC와 △CBD에서 ∠B는 공통, ∠BAC=∠BCD

∴ **△ABC∽△CBD**

핵심 개념	2. 직각삼각형의 닮음

▶ ∠A가 직각인 직각삼각형 ABC의 꼭짓점
A에서 빗변 BC에 내린 수선의 발을 H라
고 하면,

$$△ABC∽△HBA∽△HAC$$

가 성립한다.

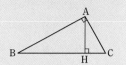

Study △ABC∽△HBA∽△HAC 의 증명

❶ △ABC와 △HBA에서
  ∠BAC＝∠BHA＝90°, ∠B는 공통
  ∴ △ABC∽△HBA
  따라서, $\overline{AB} : \overline{HB} = \overline{BC} : \overline{BA}$
  ∴ $\overline{AB}^2 = \overline{BH} \cdot \overline{BC}$

❷ △ABC와 △HAC에서
  ∠BAC＝∠AHC＝90°, ∠C는 공통
  ∴ △ABC∽△HAC
  따라서, $\overline{BC} : \overline{AC} = \overline{AC} : \overline{HC}$ ∴ $\overline{AC}^2 = \overline{CH} \cdot \overline{CB}$

❸ △HBA와 △HAC에서
  ∠BHA＝∠AHC＝90°, ∠ABH＝∠CAH
  ∴ △HBA∽△HAC
  따라서, $\overline{HB} : \overline{HA} = \overline{AH} : \overline{CH}$ ∴ $\overline{AH}^2 = \overline{BH} \cdot \overline{CH}$

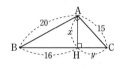

보기 〈그림〉의 △ABC에서
  ∠BAC＝90°, $\overline{AH}⊥\overline{BC}$이다.
  $\overline{AB}=20$, $\overline{AC}=15$, $\overline{BH}=16$
  일 때, x, y의 값을 구하여라.

연구 △ABC∽△HBA이므로
  $\overline{AB} : \overline{HB} = \overline{BC} : \overline{BA}$ ∴ $20 : 16 = (16+y) : 20$
  $16(16+y)=400$에서 $16+y=25$ ∴ $y=9$
  △HBA∽△HAC이므로
  $\overline{HB} : \overline{HA} = \overline{AH} : \overline{CH}$ ∴ $16 : x = x : 9$
  $x^2=16×9=144=12^2$에서 $x=12$ $(x>0)$

필수예제 1

〈그림〉과 같이 △ABC에서 변 AB, 변 AC를 3등분하는 점 중에서 점 A, C에 가까운 점을 각각 D, E라고 한다. 직선 DE와 변 BC의 연장선이 만나는 점을 F라 할 때, $\overline{CF} : \overline{BC}$를 구하여라.

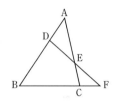

생각하기 점 D를 지나서 $\overline{BF}$에 평행한 직선이 $\overline{AC}$와 만나는 점을 G라고 하면

$$\triangle ADG \backsim \triangle ABC$$

따라서, $\overline{BC} : \overline{DG}$의 값을 구할 수 있다. 또한, $\triangle DGE \equiv \triangle FCE$임을 이용하여 $\overline{DG}$와 $\overline{FC}$의 관계를 유도할 수가 있다.

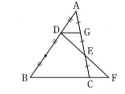

모범해답

점 D를 지나서 $\overline{BF}$에 평행한 직선이 $\overline{AC}$와 만나는 점을 G라고 하면, △ABC와 △ADG에서

$$\angle A는 \; 공통, \; \frac{\overline{AB}}{\overline{AD}} = \frac{\overline{AC}}{\overline{AG}} = \frac{3}{1}$$

$\therefore \; \triangle ABC \backsim \triangle ADG \text{(SAS닮음)} \quad \therefore \; \overline{BC} : \overline{DG} = 3 : 1 \qquad \cdots\cdots \text{㉠}$

한편, △DGE와 △FCE에서

$$\overline{GE} = \overline{CE}, \; \angle DEG = \angle FEC, \; \angle DGE = \angle FCE (\because \; \overline{DG} /\!/ \overline{CF})$$

$\therefore \; \triangle DGE \equiv \triangle FCE \text{(ASA합동)} \quad \therefore \; \overline{DG} = \overline{CF} \qquad \cdots\cdots \text{㉡}$

㉠, ㉡에서 $\overline{CF} : \overline{BC} = \overline{DG} : \overline{BC} = 1 : 3 \; \leftarrow$ 답

유제 1 △ABC에서 $\overline{AD} : \overline{BD} = 1 : 2$, $\overline{AE} : \overline{CE} = 3 : 1$이다. $\overline{BE}$, $\overline{CD}$의 교점을 P라 할 때, $\overline{BP} : \overline{PE}$를 구하여라.

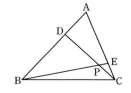

필수예제 2

〈그림〉에서 ∠BAC=120°, ∠B : ∠C=2 : 1이다. 또한,
∠ABD=∠EBD, $\overline{AD}\perp\overline{BD}$, $\overline{AC}/\!/\overline{DE}$일 때, 다음에 답하여라.

(1) ∠CAD의 크기를 구하여라.

(2) $\overline{BD}$: $\overline{AC}$의 값을 구하여라.

(3) $\overline{BC}=a$, $\overline{AB}=c$일 때, $\overline{BE}$의 길이를 구하여라.

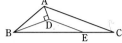

생각하기) (2) $\overline{AD}$의 연장선이 $\overline{BC}$와 만나는 점을 F라고 하면,
∠ABD=∠FBD, $\overline{AF}\perp\overline{BD}$에서 △ABD≡△FBD (SAS 합동)
이므로 $\overline{AB}=\overline{BF}$, $\overline{AD}=\overline{FD}$가 된다. 또
$\overline{AC}/\!/\overline{DE}$이므로 ∠C=∠FED, 가정에서
∠C=∠FBD이므로 ∠FBD=∠FED이다.
따라서, $\overline{DB}=\overline{DE}$이다.

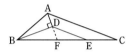

모범해답)

(1) ∠B : ∠C=2 : 1이므로 ∠B=40°, ∠C=20°

∴ ∠ABD=20°, ∠BAD=90°-20°=70°

따라서, ∠CAD=120°-70°=50° ← 답

(2) △FDE∽△FAC(AA닮음) 이고 $\overline{FD}=\overline{DA}$이므로

$\overline{FD}$: $\overline{FA}=1 : 2$ ∴ $\overline{DE}$: $\overline{AC}=1 : 2$ ……㉠

또, $\overline{BD}=\overline{DE}$이므로 ㉠에서 $\overline{BD}$: $\overline{AC}=1 : 2$ ← 답

(3) $\overline{BF}=c$, $\overline{FE}=\dfrac{1}{2}\overline{FC}=\dfrac{1}{2}(a-c)$ ← $\overline{AB}=\overline{BF}=c$이므로 $\overline{FC}=a-c$

∴ $\overline{BE}=c+\dfrac{1}{2}(a-c)=\dfrac{a+c}{2}$ ← 답

유제 2 △ABC에서 ∠A=90°이고,
$\overline{AH}\perp\overline{BC}$이다. $\overline{BH}=8$, $\overline{CH}=2$,
$\overline{BM}=\overline{CM}$, $\overline{HQ}\perp\overline{AM}$일 때, $\overline{AQ}$의 길이를
구하여라.

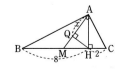

필수예제 3

$\overline{AB}=\overline{AC}=10$ cm, $\overline{BC}=6$ cm인 이등변삼각형 ABC가 있다. 점 D는 B에서 출발해서 $\overline{AB}$ 위를, 같은 시각에 점 E는 C에서 출발해서 $\overline{AC}$의 연장선 위를 점 D와 같은 속력으로 화살표 방향으로 움직인다. $\overline{DE}$와 $\overline{BC}$의 교점을 F라고 할 때, 다음에 답하여라.

(1) $\overline{DF} : \overline{DE}$를 구하여라.

(2) $\overline{FC}=1.5$cm일 때, $\overline{CE}$의 길이를 구하여라.

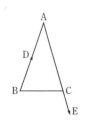

[생각하기] E를 지나 $\overline{AB}$에 평행한 직선을 긋고, 이 직선이 $\overline{BC}$의 연장선과 만나는 점을 G라고 하면,

∠B=∠EGC(엇각), ∠B=∠ACB=∠ECG

가 되어 $\overline{DB}=\overline{CE}=\overline{EG}$

임을 유도할 수 있다.

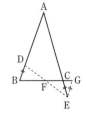

[모범해답]

(1) E를 지나 $\overline{AB}$에 평행한 직선이 $\overline{BC}$의 연장선과 만나는 점을 G라고 하면, ∠B=∠ACB=∠EGC=∠ECG이므로

$\overline{DB}=\overline{CE}=\overline{GE}$

또, $\overline{DB}=\overline{EG}$, $\overline{DB} /\!/ \overline{EG}$이므로 △FBD≡△FGE (ASA 합동)

∴ $\overline{DF}=\overline{EF}$ 즉, **$\overline{DF} : \overline{DE}=1 : 2$** ← 답

(2) $\overline{FC}=1.5$cm에서 $\overline{BF}=\overline{FG}=4.5$cm, $\overline{CG}=3$cm

한편, △ABC∽△EGC (AA 닮음)이므로 $\overline{AB} : \overline{EG}=\overline{BC} : \overline{GC}$에서

$10 : \overline{EG}=6 : 3$이므로 $\overline{EG}=5$cm   즉, **$\overline{CE}=5$cm** ← 답

[유제] 3 $\overline{AB}$ 위에 $\overline{AC} : \overline{CB}=2 : 1$이 되게 점 C를 잡고, $\overline{AC}$, $\overline{CB}$를 각각 한 변으로 하는 정삼각형 △DAC, △ECB를 만들었다. $\overline{AD}=2a$일 때, $\overline{BF}$의 길이를 a로 나타내어라. (단, F는 $\overline{AC}$, $\overline{DE}$의 연장선의 교점이다.)

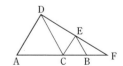

연습 문제

- 학교 시험과 수준·경향을 일치시킨 기본적인 문제입니다.
- 한 문제 한 문제를 정복하여 이 단원의 내용을 총정리합시다.

1. 〈그림〉의 △ABC와 △DEF에서
   $\overline{AB}=a$, $\overline{DE}=b$
   이다. 다음 선분의 길이를 a 또는 b를
   써서 나타내어라.
   (1) $\overline{AC}$　　　　　　　　(2) $\overline{DF}$

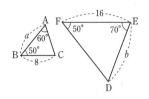

2. $\overline{AB}=8cm$, $\overline{BC}=4cm$인 직원뿔 안에 내접하는
   반지름이 2cm인 원기둥이 들어 있다. 이 원기
   둥의 높이를 구하여라.

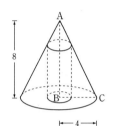

3. 〈그림〉에서 x의 값을 구하여라.
   (1)
   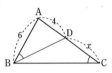
   (2)
   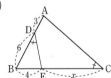

4. 〈그림〉에서 x의 값을 구하여라.
   (1)
   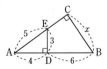
   (2)
   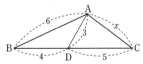

5. 〈그림〉에서 △PAC∽△PBA일 때, $\overline{PC}$의 길이
   를 구하여라.

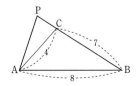

6. 〈그림〉에서 □ABDE는 평행사변형이고,
△ABC에서 $\overline{BD} : \overline{DC} = 2 : 3$이다. △AFE의
넓이는 △FBD의 넓이의 몇 배인가?

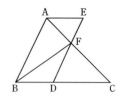

7. 〈그림〉에서
$\angle ACB = \angle ADE$, $\overline{MN} /\!\!/ \overline{BC}$
이다.
$\overline{AD} = 6$, $\overline{DM} = 12$, $\overline{AE} = 9$, $\overline{EN} = 3x$
일 때, x의 값을 구하여라.

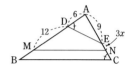

8. 〈그림〉과 같이 직각을 낀 두 변의 길이가 각각
a, b인 직각삼각형 ABC에서 □PBQR가 정사
각형일 때, $\overline{PR}$의 길이를 구하여라.

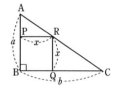

9. 〈그림〉에서 점 E는 □ABCD의 변 BC의 중점
이고 $\angle ABC = \angle DCB$이다.
$\overline{AB} = \overline{AE} = 9 \text{cm}$, $\overline{EC} = \overline{ED} = 6 \text{cm}$
일 때, 변 CD의 길이를 구하여라.

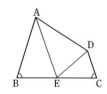

10. 〈그림〉에서 사각형 ABCD는 직사각형이고,
$\overline{EF}$는 대각선 BD의 수직이등분선이다. 이때,
$\overline{EF}$의 길이를 구하여라.

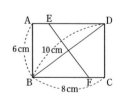

11. 〈그림〉에서 $\overline{BE}$의 길이를 구하여라.

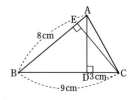

● 약간의 사고력을 필요로 하는 문제입니다.

종합 문제

표준

● 이 문제를 정복하면 여러분은 수학에 자신감을 가질 것입니다.

1. 다음 도형 중 항상 닮음인 것을 모두 찾아라.

① 두 이등변삼각형   ② 두 원   ③ 두 직사각형
④ 두 정사각형   ⑤ 두 마름모   ⑥ 두 구
⑦ 두 원기둥   ⑧ 두 원뿔   ⑨ 두 정사면체

2. 〈그림〉에서 $\overline{OA} : \overline{OD} = 2 : 5$이고,
$\overline{AC} = 6\text{cm}$이다.
점 O가 두 삼각형의 닮음의 중심일 때,
$\overline{DF}$의 길이를 구하여라.

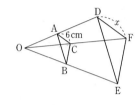

3. $\overline{AB} = \overline{AC}$인 이등변삼각형 ABC가 있다.
∠B의 이등분선이 $\overline{AC}$와 만나는 점을 D라고
하면, △ABC와 △BDC는 닮은 도형이 된다고
한다. ∠C의 크기를 구하여라.

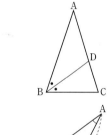

4. 〈그림〉의 △ABC에서 $\overline{AC} = 4$, $\overline{BC} = 3$, $\overline{CD} = 2$
이다. ∠BAC = ∠BCD일 때, $\overline{AD}$의 길이를 구
하여라.

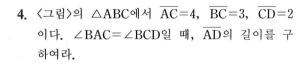

5. $\overline{AB} = 6$, $\overline{AC} = 8$, ∠ABC = 2∠ACB인 삼각형 ABC
가 있다. ∠ABD = ∠CBD일 때, 다음 선분의 길
이를 구하여라.

(1) $\overline{AD}$ (2) $\overline{BC}$

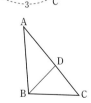

6. 〈그림〉의 △ABC에서 ∠BAC = 90°이고,
$\overline{LM} \perp \overline{BC}$, $\overline{BM} = \overline{CM}$이다.
$\overline{AB} = 6$, $\overline{AC} = 8$, $\overline{BC} = 10$일 때, $\overline{LM}$의
길이를 구하여라.

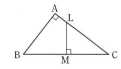

7. 〈그림〉의 직사각형 ABCD에서 $\overline{\mathrm{FH}} \perp \overline{\mathrm{BC}}$이다.
다음을 구하여라.

(1) $\overline{\mathrm{FH}}$의 길이

(2) $\overline{\mathrm{CH}} : \overline{\mathrm{ED}}$의 값

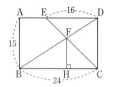

8. 한 변의 길이가 20cm인 정사각형 ABCD에서 두 대각선의 교점을 O, $\overline{\mathrm{AO}}$ 위에 $\overline{\mathrm{AM}} : \overline{\mathrm{MO}} = 3 : 1$인 점을 M이라 하고, $\overline{\mathrm{DM}}$의 연장선이 $\overline{\mathrm{AB}}$와 만나는 점을 E라 할 때, $\overline{\mathrm{AE}}$의 길이를 구하여라.

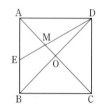

9. $\overline{\mathrm{AB}} = 3\mathrm{cm}$, $\overline{\mathrm{AD}} = 4\mathrm{cm}$인 평행사변형 ABCD에서 $\overline{\mathrm{AB}}$의 연장선 위에 점 E를 잡고, $\overline{\mathrm{DE}}$와 $\overline{\mathrm{BC}}$의 교점을 F라 하면 $\overline{\mathrm{AE}} = x\mathrm{cm}$, $\overline{\mathrm{CF}} = y\mathrm{cm}$일 때, xy의 값을 구하여라.

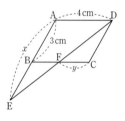

10. 〈그림〉에서 평행사변형 ABCD의 넓이는 40이고, $\overline{\mathrm{CP}} : \overline{\mathrm{DP}} = 1 : 2$이다.
△AOQ의 넓이를 구하여라.

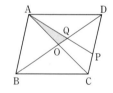

11. 〈그림〉의 평행사변형 ABCD에서
$\overline{\mathrm{AB}} = \overline{\mathrm{AE}}$, $\overline{\mathrm{EF}} : \overline{\mathrm{FD}} = 2 : 3$
이고, △FEC = 8cm²일 때, △ABE의 넓이를 구하여라.

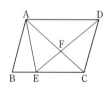

12. 〈그림〉의 평행사변형 ABCD에서
$\overline{\mathrm{EC}} = \dfrac{1}{3}\overline{\mathrm{BC}}$, $\overline{\mathrm{CF}} = \dfrac{1}{3}\overline{\mathrm{CD}}$, □ABCD = 36cm²
일 때, △AEF의 넓이를 구하여라.

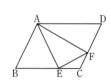

● 한 문제에 여러 가지 내용이 복합된 높은 수준의 문제입니다. 종합 문제 발전 ● 이 문제를 정복하면 모든 시험에서 우등의 성적을 거둘 것입니다.

1. 〈그림〉과 같은 △ABC에서
$\overline{AD} : \overline{DC} = 2 : 3$, $\overline{AB} /\!/ \overline{DE}$
이고 △DEC의 넓이가 3일 때,
△ABE의 넓이를 구하여라.

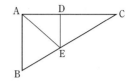

2. 〈그림〉에서 $\overline{BD}$는 ∠ABC의 이등분선이고,
$\overline{AE} = \overline{AD}$이다. 다음을 구하여라.
(1) ∠C와 크기가 같은 각
(2) $\overline{AB} = 4$cm, $\overline{BC} = 5$cm, $\overline{CA} = 3$cm일 때,
선분 CD의 길이

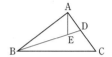

3. 〈그림〉의 원뿔에서 밑면의 반지름은 $\overline{BO} = 6$cm
이고 높이는 $\overline{AO} = 9$cm이다. 이 원뿔을 밑면에
평행한 평면으로 자를 때 단면의 중심을 O′이
라 한다. $\overline{OO'} = 3$cm일 때, O′을 밑면의 반지름
으로 하고, $\overline{AO'}$을 높이로 하는 원뿔의 부피를
구하여라.

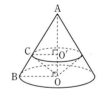

4. △ABC에서 $\overline{AB} = 7.1$cm, $\overline{BC} = 10.4$cm,
$\overline{AC} = 8.5$cm이다. I는 △ABC의 내심이고,
$\overline{DE} /\!/ \overline{BC}$일 때, $\overline{IE}$의 길이를 구하여라.

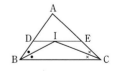

5. 〈그림〉의 △ABC에서 ∠C = 90°이고,
$\overline{AC} = 3$cm, $\overline{BC} = 4$cm이다.
직사각형 PMCN의 둘레의 길이가 7cm 이하
일 때, $\overline{MC}$의 길이의 범위를 구하여라.

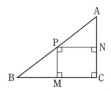

6. 〈그림〉의 △ABC에서 ∠BAC＝∠DBC,
∠ABE＝∠DBE, $\overline{BC}$＝6cm, $\overline{AC}$＝10cm
일 때 $\overline{DE}$의 길이를 구하여라.

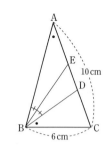

7. 〈그림〉과 같이 직사각형 ABCD에서 꼭짓점
C가 $\overline{AD}$ 위의 점 F에 오도록 접었을 때,
접힌 선을 $\overline{BE}$라고 하자. 이때, x의 값을
구하여라.

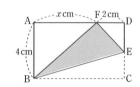

8. 넓이가 10인 △ABC가 있다.
$\overline{AD}$＝2, $\overline{DB}$＝3이고 △ABE의 넓이와
□DBEF의 넓이가 같다고 할 때, □DBEF의
넓이를 구하여라.

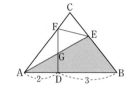

9. 〈그림〉과 같은 원뿔대의 옆넓이를 구하여라.

10. $\overline{AB}$＝$\overline{AC}$인 △ABC의 변 AC 위의 점 D에서
$\overline{BC}$에 내린 수선이 $\overline{BC}$와 만나는 점을 E, $\overline{BA}$
의 연장선과 만나는 점을 F라 하면 $\overline{AB}$＝5cm,
$\overline{FB}$＝8cm, $\overline{FE}$＝5cm일 때, $\overline{FD}$의 길이를 구
하여라.

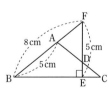

11. 한 변의 길이가 a인 정삼각형 ABC에서
$\overline{BD}＝\dfrac{2}{5}a$, ∠ADE＝60°이다. $\overline{BE}$의 길이를
구하여라.

● 국내외의 문제 중 가장 어려운 문제
입니다.

종합 문제 **심화**

● 이 문제를 정복하면 수학 박사라는
별명을 얻을 것입니다.

1. 반직선 BA, EF가 선분 BE에 수직이다.
점 P에서 출발한 빛이 $\overrightarrow{CD}$와 $\overrightarrow{EF}$ 위에서
〈그림〉과 같이 반사되어 직진한다고 한다.
$\overline{PB} = \overline{BC} = \overline{DE} = a$, $\overline{CD} = 2a$
라 하고, P에서 출발한 빛이 S까지 왔을 때,
$\overline{BS}$의 길이의 최댓값과 최솟값을 구하여라.

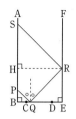

2. △ABC에서 꼭짓점 A, B, C의 좌표는 각각
A(1, 6), B(−1, 2), C(4, 0)이다.
(1) $y = -3x + a$가 △ABC와 만날 때, a의 범
위를 구하여라.
(2) △ABP : △BCP=1 : 2일 때, 직선 l의 방
정식을 구하여라.

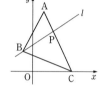

3. 〈그림〉에서 △ABC는 정삼각형이다. 선분 DE
를 접는 선으로 하여, A가 $\overline{BC}$ 위의 F에 오도
록 접었다. $\overline{BF}$=3cm, $\overline{FD}$=7cm, $\overline{DB}$=8cm
일 때, $\overline{AE}$의 길이를 구하여라.

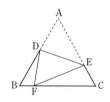

4. 〈그림〉과 같이 밑면의 반지름이 5m이고 높이
가 6m인 직원기둥 속에 반지름을 3 : 2로 내분
하는 점 위에 길이가 10m인 기둥이 세워져 있
고 그 꼭대기에 전등이 켜져있다. 이때, 이 원
기둥의 그림자에서 그 폭이 가장 긴 것과 가장
짧은 것의 길이를 구하여라.

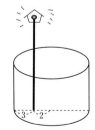

5. ∠A=90°, $\overline{AB}$=15cm, $\overline{AC}$=20cm,
$\overline{BC}$=25cm인 △ABC의 내부에 〈그림〉과 같
이 3개의 정사각형을 나란히 배열할 때 이
정사각형의 한 변의 길이를 구하여라.

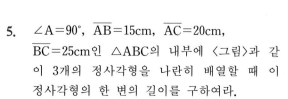
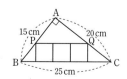

1 삼각형과 선분의 길이의 비

1. 삼각형과 선분의 길이의 비(1)

▶ △ABC에서 $\overline{BC}$에 평행한 직선이 $\overline{AB}$, $\overline{AC}$ 또는 그 연장선과 만나는 점을 각각 D, E라고 하면,

$$\frac{\overline{AD}}{\overline{AB}} = \frac{\overline{AE}}{\overline{AC}} = \frac{\overline{DE}}{\overline{BC}}$$

Study 다음 세 삼각형에서 살펴보자.

(i)   (ii)   (iii)

△ABC와 △ADE에서

∠A는 공통((iii)은 ∠DAE=∠BAC),

∠ADE=∠ABC($\because$ $\overline{DE}$∥$\overline{BC}$)

   $\therefore$ △ABC∽△ADE

따라서, $\dfrac{\overline{AD}}{\overline{AB}} = \dfrac{\overline{AE}}{\overline{AC}} = \dfrac{\overline{DE}}{\overline{BC}}$

보기 〈그림〉에서 $\overline{ED}$∥$\overline{BC}$이다.

   x, y의 값을 각각 구하여라.

연구 △ABC∽△ADE이므로

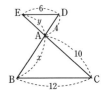

    $4 : x = 6 : 12$ $\therefore$ $x = 8$

    $y : 10 = 6 : 12$ $\therefore$ $y = 5$

핵심 개념　　2. 삼각형과 선분의 길이의 비(2)

▶ △ABC에서 $\overline{BC}$에 평행한 직선이 $\overline{AB}$, $\overline{AC}$ 또는 그 연장선과 만나는 점을 각각 D, E라고 하면,

$$\frac{\overline{AD}}{\overline{DB}} = \frac{\overline{AE}}{\overline{EC}}$$

Study　　다음 세 삼각형에서 살펴보자.

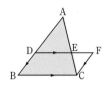 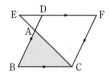

점 C를 지나서 $\overline{AB}$에 평행한 직선이 $\overline{DE}$ 또는 $\overline{DE}$의 연장선과 만나는 점을 F라고 하면,

△ADE와 △CFE에서 $\overline{AD} /\!/ \overline{CF}$이므로

∠EAD=∠ECF, ∠EDA=∠EFC

∴ △ADE∽△CFE(AA닮음)

따라서, $\dfrac{\overline{AD}}{\overline{CF}} = \dfrac{\overline{AE}}{\overline{EC}}$ ······㉠

그런데 □DBCF는 평행사변형이므로 $\overline{CF} = \overline{DB}$ ······㉡

㉠, ㉡에서 $\dfrac{\overline{AD}}{\overline{DB}} = \dfrac{\overline{AE}}{\overline{EC}}$

보기 〈그림〉에서 $\overline{ED} /\!/ \overline{BC}$일 때, x의 값을 구하여라.

연구 $\overline{ED} /\!/ \overline{BC}$이므로 $\dfrac{\overline{AD}}{\overline{DB}} = \dfrac{\overline{AE}}{\overline{EC}}$

$\dfrac{x-6}{x} = \dfrac{4}{4+8}$, 즉 $\dfrac{x-6}{x} = \dfrac{1}{3}$

$3x-18=x$ ∴ $x=9$

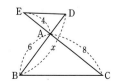

핵심 개념 **3. 비와 평행선**(핵심개념 1, 2의 역)

▶ △ABC에서 D, E가 각각 $\overline{AB}$, $\overline{AC}$ 또는 그 연장선 위의 점
일 때,

$$\frac{\overline{AD}}{\overline{AB}}=\frac{\overline{AE}}{\overline{AC}} \text{ 또는 } \frac{\overline{AD}}{\overline{DB}}=\frac{\overline{AE}}{\overline{EC}} \text{이면 } \overline{DE} /\!/ \overline{BC}$$

Study 1° $\dfrac{\overline{AD}}{\overline{AB}}=\dfrac{\overline{AE}}{\overline{AC}}$이면 $\overline{DE} /\!/ \overline{BC}$

(i) (ii) (iii)

△ADE와 △ABC에서 $\dfrac{\overline{AD}}{AB}=\dfrac{\overline{AE}}{AC}$(가정),

∠A는 공통〔(iii)은 ∠EAD=∠CAB〕
이므로 △ADE∽△ABC(SAS닮음)   ∴ ∠ADE=∠ABC
따라서, $\overline{DE} /\!/ \overline{BC}$

Study 2° $\dfrac{\overline{AD}}{\overline{DB}}=\dfrac{\overline{AE}}{\overline{EC}}$이면 $\overline{DE} /\!/ \overline{BC}$

▶ 위 〈그림〉에서 $\dfrac{\overline{AD}}{\overline{DB}}=\dfrac{\overline{AE}}{\overline{EC}}=\dfrac{m}{n}$이라고 하면,

(i) $\dfrac{\overline{AD}}{\overline{AB}}=\dfrac{m}{m+n}$, $\dfrac{\overline{AE}}{\overline{AC}}=\dfrac{m}{m+n}$ 이므로 $\dfrac{\overline{AD}}{\overline{AB}}=\dfrac{\overline{AE}}{\overline{AC}}$
   ∴ $\overline{DE} /\!/ \overline{BC}$

(ii) $\dfrac{\overline{AD}}{\overline{AB}}=\dfrac{m}{m-n}$, $\dfrac{\overline{AE}}{\overline{AC}}=\dfrac{m}{m-n}$ 이므로 $\dfrac{\overline{AD}}{\overline{AB}}=\dfrac{\overline{AE}}{\overline{AC}}$
   ∴ $\overline{DE} /\!/ \overline{BC}$

(iii) $\dfrac{\overline{AD}}{\overline{AB}}=\dfrac{m}{n-m}$, $\dfrac{\overline{AE}}{\overline{AC}}=\dfrac{m}{n-m}$ 이므로 $\dfrac{\overline{AD}}{\overline{AB}}=\dfrac{\overline{AE}}{\overline{AC}}$
   ∴ $\overline{DE} /\!/ \overline{BC}$

핵심 개념　　**4. 내각의 이등분선과 비**

▶ △ABC에서 ∠A의 이등분선이 변 BC
와 만나는 점을 D라고 하면,
$\overline{AB} : \overline{AC} = \overline{BD} : \overline{DC}$

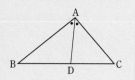

Study　　오른쪽 삼각형 ABC에서 살펴보자.

점 C를 지나 $\overrightarrow{AD}$에 평행한 직선이 $\overrightarrow{BA}$와 만나는 점을 E라고 하면

△BEC에서 $\overline{AD} /\!/ \overline{EC}$이므로

$\overline{BA} : \overline{AE} = \overline{BD} : \overline{DC}$　……㉠

또한,　　　∠BAD=∠AEC(동위각) ……㉡

　　　　　∠CAD=∠ACE(엇각)　……㉢

그런데　　∠BAD=∠CAD이므로

㉡, ㉢에서 ∠AEC=∠ACE

그러므로 △ACE에서 $\overline{AC}=\overline{AE}$　……㉣

㉠, ㉣에서 $\overline{BA} : \overline{AC} = \overline{BD} : \overline{DC}$

보기 1 〈그림〉에서 ∠BAD=∠CAD일 때 x의 값을 구하여라.

(1)

(2)

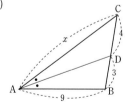

연구 (1) $6 : 4 = 3 : x$에서 $x=2$

　　　(2) $x : 9 = 4 : 3$에서 $x=12$

보기 2 〈그림〉에서 ∠BAD=∠CAD일 때,
　　　　△ABD : △ADC를 구하여라.

연구 △ABD : △ADC = $\overline{BD} : \overline{DC}$

　　　　　　　　　= $\overline{AB} : \overline{AC} = 9 : 6 = 3 : 2$

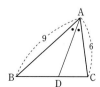

핵심 개념   5. 외각의 이등분선과 비

▶ △ABC에서 ∠A의 외각의 이등분선이
$\overleftrightarrow{BC}$와 만나는 점을 D라고 하면,
$$\overline{AB} : \overline{AC} = \overline{BD} : \overline{DC}$$

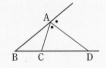

Study   오른쪽 삼각형 ABC에서 살펴보자.

점 C를 지나 $\overline{AD}$에 평행한 직선이 $\overline{AB}$와
만나는 점을 E라고 하면
$\overline{AD} /\!/ \overline{EC}$이므로

$\overline{BA} : \overline{AE} = \overline{BD} : \overline{DC}$ ……㉠

또한,   ∠FAD=∠AEC(동위각) ……㉡

   ∠DAC=∠ACE(엇각)   ……㉢

그런데   ∠FAD=∠DAC이므로

㉡, ㉢에서 △AEC에서 $\overline{AC}=\overline{AE}$ ……㉣

㉠, ㉣에서 $\overline{BA} : \overline{AC} = \overline{BD} : \overline{DC}$

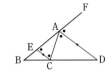

보기 ⟨그림⟩과 같은 △ABC에서 $\overline{AD}$는 ∠A의 외각의 이등분선이다.
x의 값을 구하여라.

(1)   (2)

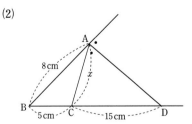

연구 (1) $\overline{AB} : \overline{AC} = \overline{BD} : \overline{DC}$에서 $6 : 4 = (3+x) : x$

   $6x = 12 + 4x$ ∴ $x = 6$cm

(2) $\overline{AB} : \overline{AC} = \overline{BD} : \overline{DC}$에서 $8 : x = (5+15) : 15$

   $20x = 120$ ∴ $x = 6$cm

필수예제 1

〈그림〉의 △ABC에서 $\overline{AB}=10$ cm이고 $\overline{BD}=\overline{DC}$이다. $\overline{AD}$ 위의 점 E에 대하여 $\overline{AE}:\overline{ED}=1:2$이고, 점 F는 $\overline{CE}$의 연장선과 $\overline{AB}$가 만나는 점이다. 점 D를 지나 $\overline{CF}$에 평행한 직선이 $\overline{AB}$와 만나는 점을 G라 하면 $\overline{DG}=4.5$ cm이다. 이때 $\overline{CE}$, $\overline{FG}$의 길이를 각각 구하여라.

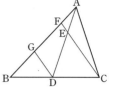

생각하기 △AGD에서 $\overline{FE}/\!/\overline{GD}$이므로 $\dfrac{\overline{FE}}{\overline{GD}}=\dfrac{\overline{AE}}{\overline{AD}}$, $\dfrac{\overline{AF}}{\overline{FG}}=\dfrac{\overline{AE}}{\overline{ED}}$ 이다.

또, △FBC에서 $\overline{FC}/\!/\overline{GD}$이므로 $\dfrac{\overline{GD}}{\overline{FC}}=\dfrac{\overline{BD}}{\overline{BC}}$, $\dfrac{\overline{BG}}{\overline{GF}}=\dfrac{\overline{BD}}{\overline{DC}}$ 이다.

모범해답

(i) △AGD에서 $\dfrac{\overline{FE}}{4.5}=\dfrac{\overline{AE}}{\overline{AD}}=\dfrac{1}{3}$ ∴ $\overline{FE}=1.5$ cm ··· ㉠

△FBC에서 $\dfrac{4.5}{\overline{FC}}=\dfrac{\overline{BD}}{\overline{BC}}=\dfrac{1}{2}$ ∴ $\overline{FC}=9$ cm ··· ㉡

㉠, ㉡에서 $\overline{CE}=9-1.5=$**7.5(cm)** ← 답

(ii) $\overline{FE}/\!/\overline{GD}$이므로 $\dfrac{\overline{AF}}{\overline{FG}}=\dfrac{\overline{AE}}{\overline{ED}}=\dfrac{1}{2}$ ∴ $\overline{FG}=2\overline{AF}$

$\overline{FC}/\!/\overline{GD}$이므로 $\dfrac{\overline{BG}}{\overline{GF}}=\dfrac{\overline{BD}}{\overline{DC}}=1$ ∴ $\overline{BG}=\overline{GF}=2\overline{AF}$

$\overline{AB}=5\overline{AF}=10$ cm이므로 $\overline{AF}=2$ cm ∴ **$\overline{FG}=4$ cm** ← 답

유제 1 〈그림〉에서 x의 값을 구하여라.

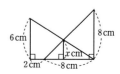

필수예제 2

△ABC의 변 AB 위에 $\overline{AB}$의 3등분점 D, E가 있고, 변 AC 위에 $\overline{AC}$의 4등분점 F, G, H가 있다. $\overline{CD}$, $\overline{BH}$의 교점을 P라고 할 때, $\overline{BP} : \overline{PH}$를 구하여라.

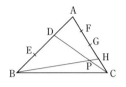

생각하기 점 D를 지나 $\overline{AC}$에 평행한 직선이 $\overline{BH}$와 만나는 점을 Q라고 하자.
△BHA에서 $\overline{DQ} /\!/ \overline{AH}$이므로
$\overline{BD} : \overline{DA} = \overline{BQ} : \overline{QH}$이다.
또한, △PDQ∽△PCH이다.

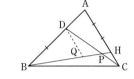

모범해답

점 D를 지나 $\overline{AC}$에 평행한 직선과 $\overline{BH}$와의 교점을 Q라고 하자.

△BAH에서 $\overline{BQ} : \overline{QH} = \overline{BD} : \overline{DA} = 2 : 1$ ∴ $\overline{BQ} = 2\overline{QH}$

$\overline{DQ} : \overline{AH} = \overline{BD} : \overline{BA} = 2 : 3$ ∴ $\overline{DQ} = \dfrac{2}{3}\overline{AH}$ ……㉠

또, △PDQ∽△PCH이므로 $\overline{QP} : \overline{HP} = \overline{DQ} : \overline{CH}$ ……㉡

㉠을 ㉡에 대입하면 $\overline{QP} : \overline{HP} = \dfrac{2}{3}\overline{AH} : \overline{CH} = \dfrac{2}{3}\overline{AH} : \dfrac{1}{3}\overline{AH} = 2 : 1$

따라서, $\overline{QP} = \dfrac{2}{3}\overline{QH}$, $\overline{PH} = \dfrac{1}{3}\overline{QH}$

즉, $\overline{BP} = \overline{BQ} + \overline{QP} = 2\overline{QH} + \dfrac{2}{3}\overline{QH} = \dfrac{8}{3}\overline{QH}$

∴ $\overline{BP} : \overline{PH} = \dfrac{8}{3}\overline{QH} : \dfrac{1}{3}\overline{QH} = 8 : 1$ ← 답

유제 2 $\overline{AD} /\!/ \overline{BC}$인 사다리꼴 ABCD에서 $\overline{AD} = 3cm$, $\overline{BC} = 9cm$이다. 대각선 DB, AC를 3 : 1로 내분하는 점을 각각 E, F라고 할 때, 선분 EF의 길이를 구하여라.

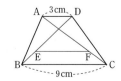

필수예제 3

좌표평면 위에 세 점 $O(0, 0)$, $A(3, 4)$, $B(3, 0)$이 있다. 점 O를 지나는 직선이 ∠AOB를 이등분할 때, 그 직선이 점 $(a, 3)$을 지난다. a의 값을 구하여라. (단, $\overline{OA}=5$)

생각하기 △ABC에서 ∠A의 이등분선과 변 BC와의 교점을 D라고 하면,
$$\overline{AB} : \overline{AC} = \overline{BD} : \overline{DC}$$
가 성립한다.

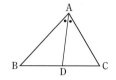

모범해답

직선 $y=mx$가 ∠AOB의 이등분선이므로
$$\overline{AO} : \overline{OB} = \overline{AP} : \overline{PB} \qquad \cdots\cdots ㉠$$
그런데 △AOB에서
$$\overline{AO}=5, \quad \overline{AB}=4, \quad \overline{BO}=3$$
이므로, $\overline{BP}=x$라고 하면, ㉠에서
$$5 : 3 = (4-x) : x \qquad \therefore \ x=\frac{3}{2}$$
따라서, 점 P의 좌표는 $\left(3, \dfrac{3}{2}\right)$

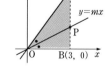

한편, $y=mx$가 점 P를 지나므로 $\dfrac{3}{2}=3m$에서 $m=\dfrac{1}{2}$
$$\therefore \ y=\frac{1}{2}x$$
이것이 점 $(a, 3)$을 지나므로 $3=\dfrac{1}{2}a \qquad \therefore \ \boldsymbol{a=6}$ ← 답

유제 3 〈그림〉의 △ABC에서 ∠A=∠DBC, ∠ABE=∠DBE이고, $\overline{BC}=9$, $\overline{AC}=15$이다. 이때, 선분 DE의 길이를 구하여라.

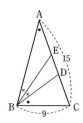

연습 문제 ● 학교 시험과 수준·경향을 일치시킨 기본적인 문제입니다.
● 한 문제 한 문제를 정복하여 이 단원의 내용을 총정리합시다.

1. 〈그림〉에서 $\overline{DE} /\!/ \overline{BC}$일 때, x의 값을 구하여라.

(1)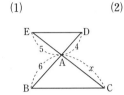

(2)

(3)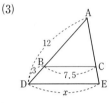

2. 〈그림〉의 △ABC에서
$\overline{PQ} /\!/ \overline{BC}$이고,
$\overline{PE}=2$, $\overline{EQ}=3$, $\overline{DC}=8$
일 때, $\overline{BD}$의 길이를 구하여라.

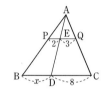

3. 〈그림〉의 △DAO에서
$\overline{AB}=3$cm, $\overline{BC}=2$cm이다.
$\overline{DA} /\!/ \overline{EB}$, $\overline{DB} /\!/ \overline{EC}$
일 때, 선분 CO의 길이를 구하여라.

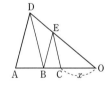

4. 〈그림〉의 △ABC에서
$\overline{PQ} /\!/ \overline{RS} /\!/ \overline{BC}$이고 $\overline{PQ}=4$
이다.
$\overline{AR} : \overline{RB}=3 : 2$, $\overline{AQ} : \overline{QC}=2 : 5$
일 때, $\overline{RS}$의 길이를 구하여라.

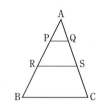

5. 평행사변형 ABCD에서 $\overline{BC}$, $\overline{CD}$의 중점을 각각
E, F라 하고, $\overline{AE}$, $\overline{BF}$의 교점을 G라고 한다.
이때, $\overline{AG} : \overline{GE}$를 구하여라.

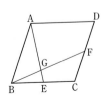

6. 〈그림〉에서 $\overline{AD}$=6cm, $\overline{DB}$=8cm이고 $\overline{DE}/\!/\overline{BC}$, $\overline{DF}/\!/\overline{AC}$이다. △ADE=9cm²일 때, □DFCE의 넓이를 구하여라.

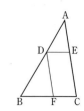

7. 〈그림〉에서 점 C는 $\overline{AB}$ 위의 점이고 $\overline{AC}:\overline{CB}$=2:1이다. △DAC와 △ECB는 정삼각형이고, 점 F는 두 선분 AB, DE의 연장선의 교점이다. $\overline{AD}$=8 cm일 때, $\overline{BF}$의 길이를 구하여라.

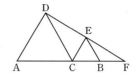

8. 〈그림〉에서 점 I는 △ABC의 내심이고 $\overline{DE}$ 위에 있다. $\overline{DE}/\!/\overline{BC}$일 때, $\overline{BC}$의 길이를 구하여라.

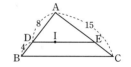

9. 〈그림〉과 같이 △ABC의 내심을 I라 하고, $\overline{AI}$의 연장선과 $\overline{BC}$의 교점을 D라 하자. $\overline{AB}$=3, $\overline{AC}$=4, $\overline{BC}$=6일 때, $\overline{AI}:\overline{ID}$를 구하여라.

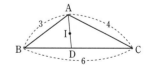

10. △ABC에서 $\overline{AP}$는 ∠A의 이등분선, $\overline{AQ}$는 그 외각의 이등분선이다. $\overline{AB}$=6, $\overline{AC}$=4, $\overline{BP}$=3일 때, $\overline{CQ}$의 길이를 구하여라.

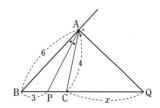

2 평행선 사이의 선분의 길이의 비

핵심 개념 ┃ **1. 평행선과 선분의 길이의 비**

▶ 두 직선이 몇 개의 평행선과 만날 때, 이
두 직선이 평행선에 의하여 잘리는 선분의
길이의 비는 모두 같다. 즉,

$$k /\!/ l /\!/ m /\!/ n \text{이면 } \frac{a}{a'} = \frac{b}{b'} = \frac{c}{c'}$$

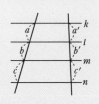

Study   〈그림〉에서 $l /\!/ m /\!/ n$이면

$$\frac{\overline{AB}}{\overline{A'B'}} = \frac{\overline{BC}}{\overline{B'C'}}$$

임을 밝혀보자.

두 점 A, C'을 지나는 직선이 m과 만나는 점을
D라고 하면,

$\triangle ACC'$에서 $\overline{BD} /\!/ \overline{CC'}$이므로 $\dfrac{\overline{AB}}{\overline{BC}} = \dfrac{\overline{AD}}{\overline{DC'}}$ ……㉠

$\triangle C'AA'$에서 $\overline{DB'} /\!/ \overline{AA'}$이므로 $\dfrac{\overline{AD}}{\overline{DC'}} = \dfrac{\overline{A'B'}}{\overline{B'C'}}$ ……㉡

㉠, ㉡에서 $\dfrac{\overline{AB}}{\overline{BC}} = \dfrac{\overline{A'B'}}{\overline{B'C'}}$, 즉 $\dfrac{\overline{AB}}{\overline{A'B'}} = \dfrac{\overline{BC}}{\overline{B'C'}}$

보기 다음 그림에서 $l /\!/ m /\!/ n$일 때, x의 값을 구하여라.

(1) 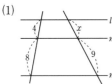   (2)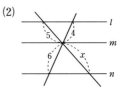

연구 (1) $4 : x = 8 : 9$에서 $8x = 36$ ∴ $x = 4.5$

(2) $5 : 4 = x : 6$에서 $4x = 30$ ∴ $x = 7.5$

Study 〈그림〉에서 $k /\!/ l /\!/ m /\!/ n$이면

$$\frac{\overline{AB}}{\overline{A'B'}} = \frac{\overline{BC}}{\overline{B'C'}} = \frac{\overline{CD}}{\overline{C'D'}}$$

임을 밝혀보자.

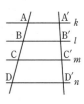

$k /\!/ l /\!/ m$이므로 $\dfrac{\overline{AB}}{\overline{A'B'}} = \dfrac{\overline{BC}}{\overline{B'C'}}$ ······㉠

$l /\!/ m /\!/ n$이므로 $\dfrac{\overline{BC}}{\overline{B'C'}} = \dfrac{\overline{CD}}{\overline{C'D'}}$ ······㉡

㉠, ㉡에서 $\dfrac{\overline{AB}}{\overline{A'B'}} = \dfrac{\overline{BC}}{\overline{B'C'}} = \dfrac{\overline{CD}}{\overline{C'D'}}$

보기 1. 〈그림〉에서 $k /\!/ l /\!/ m /\!/ n$이다.
x, y의 값을 구하여라.

연구 $\dfrac{2}{x} = \dfrac{3}{4} = \dfrac{5}{y}$이므로

$\dfrac{2}{x} = \dfrac{3}{4}$에서 $x = \dfrac{8}{3}$

$\dfrac{3}{4} = \dfrac{5}{y}$에서 $y = \dfrac{20}{3}$

보기 2. 〈그림〉에서 세 평면 P, Q, R는
평행하고, 두 직선 l, m과 평면이
각각 점 A, B, C와 점 A′, B′, C′에서
만난다.
$\overline{AB} = 8$, $\overline{BC} = 6$, $\overline{A'C'} = 10$
일 때, $\overline{A'B'}$의 길이를 구하여라.

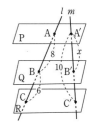

연구 두 직선이 평행한 세 평면에 의해서 잘리는 선분의 길이의 비는
같다.
$\overline{AB} : \overline{A'B'} = \overline{AC} : \overline{A'C'}$에서
$8 : x = (8+6) : 10$
$8 : x = 14 : 10$ $\therefore$ $x = \dfrac{40}{7}$ 따라서, $\overline{A'B'} = \dfrac{40}{7}$

<table>
<tr><td>핵심 개념</td><td>2. 선분의 내분과 외분</td></tr>
</table>

1. 내분 : 선분 AB 위의 점 P에 대하여

$$\overline{AP} : \overline{PB} = m : n$$

일 때, 점 P는 선분 AB를 $m : n$으로 **내분한다**고 한다.

2. 외분 : 선분 AB의 연장선 위의 점 Q에 대하여

$$\overline{AQ} : \overline{BQ} = m : n$$

일 때, 점 Q는 선분 AB를 $m : n$으로 **외분한다**고 한다.

Study　1° 선분의 내분

▶ 오른쪽 그림에서 점 P는 선분 AB를
$m : n$으로 내분하는 점이다.

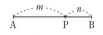

보기 오른쪽 선분 AB를 $1 : 2$로 내분하는
점 P를 작도하여라.

연구 다음 순서로 작도한다.

① 점 A에서 반직선 AX를 긋는다.
② $\overrightarrow{AX}$ 위에 $\overline{AC} = \overline{CD} = \overline{DE}$ 되게 점
C, D, E를 잡는다.
③ E와 B를 연결한다.
④ C를 지나 $\overline{EB}$에 평행한 직선을
긋고, $\overline{AB}$와 만나는 점을 P라고
하면, 점 P가 구하는 점이다.

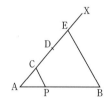

Study　2° 선분의 외분

▶ 〈그림〉에서 점 Q는 선분 AB를 $m : n$으로 외분하는 점이다.

❶ $m > n$인 경우　　　　　　　❷ $m < n$인 경우

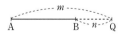
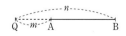

Advice 선분 AB의 외분점 Q는 항상 선분 AB의 연장선 위에 있다.

필수예제 1

〈그림〉에서
$$\overline{AB} /\!/ \overline{PQ} /\!/ \overline{CD}$$
이다.
$\overline{AB}=21$cm, $\overline{CD}=28$cm
일 때, $\overline{PQ}$의 길이를 구하여라.

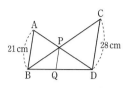

[생각하기] △ABP∽△DCP임을 이용하여 $\overline{BP} : \overline{PC}$, $\overline{BP} : \overline{BC}$를 구하고, 다시 △BPQ∽△BCD임을 이용하자.

[모범해답]

(i) △ABP와 △DCP에서
$\overline{AB} /\!/ \overline{CD}$이므로 ∠BAP=∠CDP, ∠ABP=∠DCP
∴ △ABP∽△DCP(AA닮음)
따라서, $\overline{BP} : \overline{PC}=\overline{AB} : \overline{CD}=21 : 28$
즉, $\overline{BP} : \overline{PC}=3 : 4$ ∴ $\overline{BP} : \overline{BC}=3 : 7$ ……㉠

(ii) △BPQ와 △BCD에서
$\overline{PQ} /\!/ \overline{CD}$이므로 ∠BPQ=∠BCD, ∠BQP=∠BDC
∴ △BPQ∽△BCD(AA닮음)
따라서, $\overline{PQ} : \overline{CD}=\overline{BP} : \overline{BC}$ ……㉡

㉠, ㉡에서 $\overline{PQ} : 28=3 : 7$ ∴ **$\overline{PQ}=12$cm** ← 답

Advice 위의 문제에서 답만 요구할 때는 다음 공식을 이용하면 편리하다.
$$\overline{PQ}=\frac{\overline{AB}\times\overline{CD}}{\overline{AB}+\overline{CD}} \quad \left(\overline{PQ}=\frac{21\times28}{21+28}=12\right)$$

[유제] 1 〈그림〉에서
$\overline{AB}$, $\overline{PH}$, $\overline{CD}$는 $\overline{BD}$에 수직이다.
$\overline{AB}=9$cm, $\overline{CD}=12$cm, $\overline{BD}=24$cm
일 때, 다음 선분의 길이를 구하여라.
(1) $\overline{PH}$ (2) $\overline{BH}$

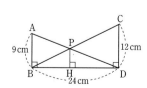

필수예제 2

사다리꼴 ABCD에서 점 O는
대각선 AC, BD의 교점이고,
$\overline{AD} /\!/ \overline{EF} /\!/ \overline{BC}$
이다. $\overline{AD}=12cm$, $\overline{BC}=20cm$일 때,
$\overline{EF}$의 길이를 구하여라.

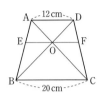

생각하기 △OAD∽△OCB임을 이용해서 $\overline{AO} : \overline{CO}$, $\overline{DO} : \overline{BO}$를 구한다. 또
한 이 비를 이용하여 $\overline{AO} : \overline{AC}$, $\overline{DO} : \overline{DB}$를 구한다.

바이블 $\overline{AO} : \overline{OC}=m : n$이면 $\overline{AO} : \overline{AC}=m : (m+n)$
$\overline{DO} : \overline{OB}=m : n$이면 $\overline{DO} : \overline{DB}=m : (m+n)$

모범해답

(i) △OAD와 △OCB에서 $\overline{AD} /\!/ \overline{BC}$이므로

$\angle OAD = \angle OCB$, $\angle ODA = \angle OBC$ ∴ △OAD∽△OCB

∴ $\dfrac{\overline{AO}}{\overline{CO}} = \dfrac{\overline{DO}}{\overline{BO}} = \dfrac{\overline{AD}}{\overline{CB}} = \dfrac{12}{20} = \dfrac{3}{5}$ ......㉠

(ii) △AEO와 △ABC에서 $\overline{EO} /\!/ \overline{BC}$이므로

$\dfrac{\overline{AO}}{\overline{AC}} = \dfrac{\overline{EO}}{\overline{BC}}$ ∴ $\dfrac{\overline{AO}}{\overline{AC}} = \dfrac{3}{3+5} = \dfrac{3}{8}$ $\left(\because ㉠에서 \dfrac{\overline{AO}}{\overline{CO}} = \dfrac{3}{5} \right)$

∴ $3 : 8 = \overline{EO} : 20$ ∴ $\overline{EO} = 7.5$ ......㉡

(iii) △DOF와 △DBC에서 $\overline{OF} /\!/ \overline{BC}$이므로

$\dfrac{\overline{DO}}{\overline{DB}} = \dfrac{\overline{OF}}{\overline{BC}}$ ∴ $\dfrac{\overline{DO}}{\overline{DB}} = \dfrac{3}{3+5} = \dfrac{3}{8}$ $\left(\because ㉠에서 \dfrac{\overline{DO}}{\overline{OB}} = \dfrac{3}{5} \right)$

∴ $3 : 8 = \overline{OF} : 20$ ∴ $\overline{OF} = 7.5$ ......㉢

㉡, ㉢에서 **$\overline{EF} = \overline{EO} + \overline{OF} = 15cm$** ← **답**

유제 2 사다리꼴 ABCD에서 $\overline{AD} /\!/ \overline{EF} /\!/ \overline{BC}$이다.
$\overline{AE} : \overline{EB} = 2 : 3$, $\overline{AD} = 4cm$, $\overline{BC} = 10cm$일 때,
다음을 구하여라.

(1) $\overline{EF}$ (2) $\overline{HG}$

연습 문제 ● 학교 시험과 수준·경향을 일치시킨 기본적인 문제입니다.
● 한 문제 한 문제를 정복하여 이 단원의 내용을 총정리합시다.

1. 〈그림〉에서 $l /\!/ m /\!/ n$이다. x의 값을 구하여라.

(1)　　　　　　　　　(2)　　　　　　　　　(3)

2. 〈그림〉에서 $a /\!/ b /\!/ c /\!/ d$이다. x, y의 값을 구하여라.

(1)　　　　　　　　　　　　　　(2)

　　　　　　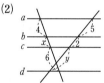

3. 길이가 5cm인 선분 AB가 있다. $\overline{AB}$를 $3 : 2$로 내분하는 점을 P, $3 : 2$로 외분하는 점을 Q라고 할 때, 다음을 구하여라.

(1) $\overline{AP}$의 길이　　　　　　　　　(2) $\overline{BQ}$의 길이

4. 〈그림〉에서 $\overline{AB}$, $\overline{DC}$가 $\overline{BC}$에 수직이고,
$\overline{AB}=6$ cm, $\overline{BC}=12$ cm, $\overline{DC}=9$ cm일 때,
△EBC의 넓이를 구하여라.

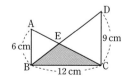

5. 〈그림〉에서 □ABCD와 □EFGH는 한 변의 길이가 각각 3, 6인 정사각형이고,
$\overline{AA'}=\overline{BB'}=\overline{CC'}=\overline{DD'}=1$,
$\overline{A'E}=\overline{B'F}=\overline{C'G}=\overline{D'H}=2$
이다. 이때, □A'B'C'D'의 넓이를 구하여라.

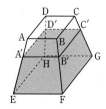

6. $\overline{AD} /\!/ \overline{BC}$인 사다리꼴 ABCD에서 $\overline{AD}$=12cm,
$\overline{BC}$=18cm, 높이는 15cm이다.
점 K, L은 각각 $\overline{AD}$, $\overline{BC}$의 중점이고,
$\overline{AM} : \overline{MC} = \overline{DN} : \overline{NB}$=2 : 1일 때, 다음을
구하여라.
(1) $\overline{MN}$의 길이   (2) □KNLM의 넓이

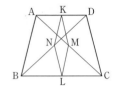

7. 〈그림〉에서 $\overline{AD} /\!/ \overline{EF} /\!/ \overline{BC}$이고
$\overline{AE} : \overline{EB}$=3 : 2이다. $\overline{EF}$의
길이를 구하여라.

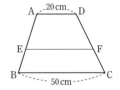

8. $\overline{AD} /\!/ \overline{BC}$인 사다리꼴 ABCD에서 두 점 M,
N은 각각 $\overline{AB}$, $\overline{DC}$의 중점이다. $\overline{AD}$=8 cm
이고 $\overline{MP} = \overline{PQ} = \overline{NQ}$일 때, $\overline{BC}$의 길이를 구
하여라.

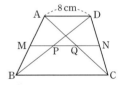

9. 〈그림〉의 사다리꼴 ABCD에서 $\overline{AD} /\!/ \overline{EF} /\!/ \overline{BC}$이
고 $\overline{AE} : \overline{EB}$=1 : 2이다. $\overline{AD}$=9 cm, $\overline{BC}$=12 cm
일 때, $\overline{GH}$의 길이를 구하여라.

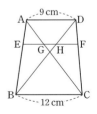

10. 사다리꼴 ABCD에서 $\overline{AD} /\!/ \overline{PR} /\!/ \overline{BC}$이다.
$5\overline{AD} = 3\overline{BC}$, $\overline{AP} = 2\overline{PB}$이고 $\overline{PQ}$=10 cm일
때, $\overline{QR}$의 길이를 구하여라.

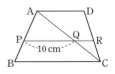

● 약간의 사고력을 필요로 하는 문제입니다.　　종합 문제　표준　● 이 문제를 정복하면 여러분은 수학에 자신감을 가질 것입니다.

1. 〈그림〉에서 $\overline{AC} /\!/ \overline{EF} /\!/ \overline{DB}$
일 때, x, y, z의 값을 구하여라.

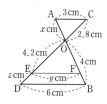

2. 〈그림〉에서 x, y의 값을 구하여라.

(1) $a /\!/ b /\!/ c$

(2) $\overline{AD} /\!/ \overline{EF} /\!/ \overline{BC}$

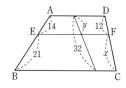

3. △ABC에서 $\overline{BC}=12$, $\overline{AD} : \overline{DB}=2 : 3$이고,
$\overline{DE} /\!/ \overline{BC}$, $\overline{DF} /\!/ \overline{AC}$, $\overline{EG} /\!/ \overline{AB}$이다. 다음
물음에 답하여라.
(1) $\overline{GF} : \overline{DE}$를 구하여라.
(2) $\overline{GF}$의 길이를 구하여라.

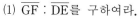
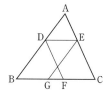

4. 〈그림〉의 △ABC에서 $\overline{AD}$는 ∠A의
이등분선이다.
$\overline{AP} \perp \overline{BE}$, $\overline{AE} : \overline{EC}=5 : 2$
일 때, $\overline{AP} : \overline{PD}$를 구하여라.

5. 〈그림〉의 △ABC에서 $\overline{AB}=5\text{cm}$, $\overline{BC}=4\text{cm}$,
$\overline{AC}=3\text{cm}$이다. $\overline{AP}$는 ∠A의 이등분선이고,
$\overline{AQ}$는 ∠A의 외각의 이등분선일 때,
$\overline{PQ}$의 길이를 구하여라.

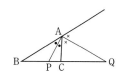

6. 〈그림〉의 △ABC에서 $\overline{AC}$의 길이를
구하여라.

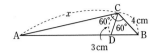

7. △ABC에서 $\overline{AD}$는 ∠A의 이등분선이다.
$\overline{ED}/\!/\overline{AC}$이고 $\overline{AB}=8$ cm, $\overline{BD}=4$ cm,
$\overline{DC}=6$ cm일 때, $\overline{DE}$의 길이를 구하여라.

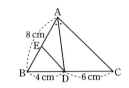

8. 〈그림〉의 △EBD에서
$\overline{AC}/\!/\overline{ED}$, ∠CAD=∠EAD이다.
$\overline{AB}=6$, $\overline{BC}=3$, $\overline{CD}=6$일 때, $\overline{ED}$의 길이
를 구하여라.

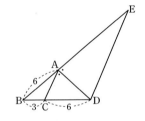

9. △ABC에서 $\overline{AB}=\overline{AC}$이다. 점 D는 $\overline{AB}$의 중점
이고, $\overline{DG}/\!/\overline{BC}$, $\overline{CE}=\overline{BD}$일 때,
△ADG : △CEF를 구하여라.

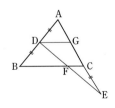

10. 〈그림〉의 △ABC에서 D, E는 $\overline{AB}$의 삼등분점
이고 F는 $\overline{BC}$의 중점이다.
$\overline{DC}/\!/\overline{EF}$이고 $\overline{EF}=8$ cm일 때,
$\overline{CG}$의 길이를 구하여라.

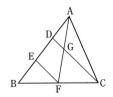

1. 〈그림〉의 평행사변형 ABCD에서
   변 AB의 중점을 E, 변 AD를 3 : 2
   로 내분하는 점을 F라고 할 때,
   $\overline{CP} : \overline{PE}$를 구하여라.

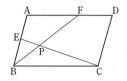

2. 〈그림〉에서 $\overline{AB} /\!/ \overline{CD} /\!/ \overline{EF}$, $\overline{BC} /\!/ \overline{DE}$이다.
   $\overline{AB} = 4cm$, $\overline{EF} = 9cm$
   일 때, $\overline{CD}$의 길이를 구하여라.

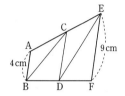

3. 〈그림〉에서 원 I는 △ABC의 내접원이고, 점
   D, E, F는 접점이다. $\overline{AI}$의 연장선이 $\overline{BC}$와
   만나는 점을 P라고 할 때, $\overline{PE}$의 길이를 구
   하여라.

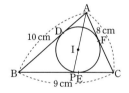

4. 〈그림〉에서 점 I는 △ABC의 내심이고
   $\overline{IE} /\!/ \overline{BC}$이다.
   $\overline{AB} = 9 \, cm$, $\overline{BC} = 12 \, cm$, $\overline{AC} = 14 \, cm$일 때,
   $\overline{IE}$의 길이를 구하여라.

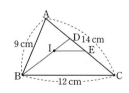

5. △ABC는 $\overline{AB} = \overline{AC}$인 이등변삼각형이고, 점 D, E는
   각각 $\overline{AB}$, $\overline{AC}$의 중점이다. △CDF는 정삼각형이고,
   □BEDF는 평행사변형일 때, 다음 물음에 답하여라.
   (1) $\overline{BC} = 6.2cm$일 때, $\overline{BE}$의 길이를 구하여라.
   (2) □BEDF의 넓이는 △CEP의 넓이의 몇 배인가?

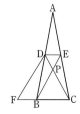

1. 〈그림〉의 △ABC에서
$\overline{AD}$는 ∠A는 이등분선이다.
$\overline{AE} : \overline{EB} = 3 : 2$일 때,
△AEF : △ABC를 구하여라.

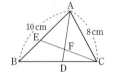

2. 〈그림〉의 △ABC에서
$\overline{AP} : \overline{PB} = 3 : 2$
$\overline{BQ} : \overline{QC} = 2 : 1$
이고, $\overline{PR} /\!/ \overline{BC}$이다.
△PQR : △ACR를 구하여라.

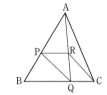

3. □ABCD는 직사각형이고, E는 $\overline{CD}$의 중점일 때,
다음을 구하여라.
(1) $\overline{AQ} : \overline{QE}$의 비
(2) △QBP의 넓이

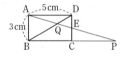

4. △ABC에서 $\overline{AB} = 12 \text{cm}$, $\overline{AC} = 8 \text{cm}$이다.
∠A의 이등분선이 $\overline{BC}$와 만나는 점을 D,
$\overline{AB}$의 연장선 위의 점을 E라고 할 때,
$\overline{AD} /\!/ \overline{CE}$이다. △ABD$= 18 \text{cm}^2$일 때
△ADC와 △EBC의 넓이를 구하여라.

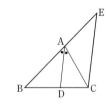

5. $\overline{AD} /\!/ \overline{BC}$인 사다리꼴 ABCD에서 $3\overline{AD} = 2\overline{BC}$
이다. 두 점 E, F는 각각 $\overline{AB}$, $\overline{DC}$ 위의 점이
고 $\overline{AE} : \overline{EB} = 2 : 1$, $\overline{DF} : \overline{FC} = 3 : 1$이다.
$\overline{AF}$와 $\overline{ED}$의 교점을 O라 할 때, $\overline{AO} : \overline{OF}$를
구하여라.

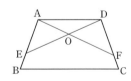

1 삼각형의 중점연결 정리

핵심 개념 | **1. 삼각형의 중점연결 정리**

▶ 삼각형의 두 변의 중점을 연결한 선분은
나머지 변과 평행하고, 그 길이는 나머지
변의 길이의 반과 같다.
즉, $\triangle ABC$에서

$$\overline{MN} /\!/ \overline{BC}, \quad \overline{MN} = \frac{1}{2}\overline{BC}$$

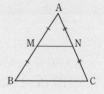

Study　위의 중점연결 정리를 증명하여 보자.

$\triangle AMN$과 $\triangle ABC$에서

M, N은 각각 $\overline{AB}$, $\overline{AC}$의 중점이므로

$$\frac{\overline{AM}}{\overline{AB}} = \frac{\overline{AN}}{\overline{AC}} = \frac{1}{2} \qquad \cdots\cdots \text{㉠}$$

$\angle A$는 공통 　　$\cdots\cdots$㉡

㉠, ㉡에서 $\triangle AMN \backsim \triangle ABC$ (SAS 닮음)

즉, $\angle AMN = \angle B$　∴ $\overline{MN} /\!/ \overline{BC}$

또한, $\dfrac{\overline{AM}}{\overline{AB}} = \dfrac{\overline{AN}}{\overline{AC}} = \dfrac{\overline{MN}}{\overline{BC}} = \dfrac{1}{2}$에서 $\overline{MN} = \dfrac{1}{2}\overline{BC}$

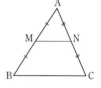

보기 $\triangle ABC$에서 M, N은 각각 $\overline{AB}$, $\overline{AC}$
의 중점이고, $\overline{MN} = 10\text{cm}$이다.
$\overline{BC}$의 길이를 구하여라.

연구 삼각형의 중점연결 정리에서

$$\overline{BC} = 2\overline{MN}$$

$$\therefore \overline{BC} = 2 \times 10 = 20(\text{cm})$$

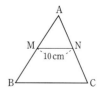

핵심 개념	2. 중점연결 정리의 역

▶ 삼각형의 한 변의 중점을 지나서 다른 한 변에 평행한 직선은 나머지 한 변의 중점을 지난다. 즉, △ABC에서 $\overline{AM}=\overline{BM}$이고 $\overline{MN}\,/\!/\,\overline{BC}$이면 $\overline{AN}=\overline{CN}$이다.

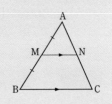

Study 위의 중점연결 정리의 역을 증명하여 보자.

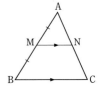

△ABC와 △AMN에서

$\overline{MN}\,/\!/\,\overline{BC}$이므로 $\angle AMN=\angle B$ ········ ㉠

$\angle A$는 공통 ········ ㉡

㉠, ㉡에서 △ABC∽△AMN (AA닮음)

$\therefore \dfrac{\overline{AM}}{\overline{AB}}=\dfrac{\overline{AN}}{\overline{AC}}=\dfrac{1}{2}$

따라서, $\overline{AN}=\overline{NC}$

즉, N은 $\overline{AC}$의 중점이다.

보기 1. △ABC에서 $\overline{AC}=12$cm이다. D는 $\overline{AB}$의 중점이고, $\overline{DE}\,/\!/\,\overline{BC}$일 때, $\overline{EC}$의 길이를 구하여라.

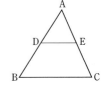

연구 $\overline{AD}=\overline{BD}$이고 $\overline{DE}\,/\!/\,\overline{BC}$이므로

$\overline{AE}=\overline{EC}$이다. ∴ **$\overline{EC}=6$cm**

보기 2. △ABC에서 $\overline{AB}=10$cm, $\overline{BC}=12$cm, $\overline{AC}=8$cm이다. $\overline{AD}=\overline{DB}$, $\overline{DF}\,/\!/\,\overline{BC}$, $\overline{FE}\,/\!/\,\overline{AB}$, $\overline{DE}\,/\!/\,\overline{AC}$일 때, △DEF의 둘레의 길이를 구하여라.

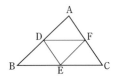

연구 $\overline{AD}=\overline{DB}$이고, $\overline{DF}\,/\!/\,\overline{BC}$이므로

$\overline{AF}=\overline{CF}$ ∴ $\overline{DF}=6$cm

$\overline{AF}=\overline{CF}$이고 $\overline{FE}\,/\!/\,\overline{AB}$이므로 $\overline{CE}=\overline{BE}$ ∴ $\overline{FE}=5$cm

$\overline{AD}=\overline{BD}$이고 $\overline{BE}=\overline{CE}$이므로 $\overline{DE}=4$cm

따라서, △DEF의 둘레의 길이는 **15cm**

핵심 개념 | 3. 중점연결 정리의 활용

▶ $\overline{AD} /\!/ \overline{BC}$인 사다리꼴 ABCD에서
$\overline{AB}$, $\overline{CD}$의 중점을 각각 M, N이라 하면,
$\overline{MN} /\!/ \overline{BC}$

$$\overline{MN} = \frac{1}{2}(\overline{AD} + \overline{BC})$$

Study 위의 성질을 증명하자.

▶ $\overline{AN}$의 연장선과 $\overline{BC}$의 연장선과의 교점을 E라고 하자.
△ADN과 △ECN에서
$\overline{DN} = \overline{CN}$, ∠AND = ∠ENC,
∠ADN = ∠ECN [∵ $\overline{AD} /\!/ \overline{BE}$]
∴ △ADN ≡ △ECN (ASA 합동)
∴ $\overline{AN} = \overline{EN}$, $\overline{AD} = \overline{EC}$
따라서, △ABE에서 중점연결 정리를 쓰면
$\overline{MN} /\!/ \overline{BE}$

$$\overline{MN} = \frac{1}{2}\overline{BE} = \frac{1}{2}(\overline{BC} + \overline{CE}) = \frac{1}{2}(\overline{BC} + \overline{AD})$$

즉, $\overline{MN} /\!/ \overline{BC}$, $\overline{MN} = \frac{1}{2}(\overline{AD} + \overline{BC})$

보기 $\overline{AD} /\!/ \overline{BC}$인 사다리꼴 ABCD에서 M, N은 각각
$\overline{AB}$, $\overline{DC}$의 중점이다. $\overline{AD} = 4\text{cm}$, $\overline{BC} = 10\text{cm}$일
때, 다음 선분의 길이를 구하여라.

(1) $\overline{MN}$

(2) $\overline{PQ}$

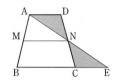

연구 (1) $\overline{MN} = \frac{1}{2}(\overline{AD} + \overline{BC}) = \frac{1}{2}(4 + 10) = \mathbf{7(cm)}$

(2) △ABC에서 $\overline{AM} = \overline{BM}$, $\overline{MQ} /\!/ \overline{BC}$이므로 $\overline{MQ} = 5\text{cm}$
△BDA에서 $\overline{BM} = \overline{AM}$, $\overline{MP} /\!/ \overline{AD}$이므로 $\overline{MP} = 2\text{cm}$
∴ $\overline{PQ} = \overline{MQ} - \overline{MP} = \mathbf{3cm}$

필수예제 1

〈그림〉에서 $\overline{PC}=3\,\overline{BP}$, $\overline{AQ}=\overline{QC}$, $\overline{RQ}/\!/\overline{BC}$
이다. 다음 물음에 답하여라.
(1) $\overline{AR}:\overline{RS}$를 구하여라.
(2) △ABC의 넓이는 △ABS의 넓이의 몇
배가 되는가?

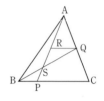

생각하기 점 Q가 $\overline{AC}$의 중점이고 $\overline{RQ}/\!/\overline{PC}$이므로 중점연결 정리가 성립한
다. 즉, $\overline{AR}=\overline{PR}$, $\overline{PC}=2\overline{RQ}$

모범해답

(1) $\overline{AQ}=\overline{QC}$, $\overline{RQ}/\!/\overline{PC}$이므로 $\overline{RQ}=\dfrac{1}{2}\overline{PC}$

한편 $\overline{BP}=\dfrac{1}{3}\overline{PC}$이므로

$$\overline{BP}:\overline{RQ}=\dfrac{1}{3}\overline{PC}:\dfrac{1}{2}\overline{PC}=2:3$$

$$\overline{PS}:\overline{SR}=\overline{BP}:\overline{RQ}=2:3$$

$$\therefore\ \overline{RS}=\dfrac{3}{5}\overline{PR}=\dfrac{3}{5}\overline{AR}\qquad\qquad\therefore\ \overline{AR}:\overline{RS}=5:3\ \leftarrow\ \boxed{답}$$

(2) △ABS : △ABP $=\overline{AS}:\overline{AP}$
$\overline{AR}:\overline{RS}:\overline{SP}=5:3:2$에서 $\overline{AS}:\overline{AP}=8:10=4:5$
즉, △ABS : △ABP $=4:5$ $\quad\therefore\ 4$△ABP$=5$△ABS $\qquad\cdots\cdots\ ㉠$
또한, △ABP : △ABC $=\overline{BP}:\overline{BC}=1:4$
$\qquad\therefore\ $△ABC$=4$△ABP $\qquad\qquad\qquad\cdots\cdots\ ㉡$

㉠, ㉡에서 △ABC$=4\times\dfrac{5}{4}$△ABS$=5$△ABS

따라서, △ABC의 넓이는 △ABS의 넓이의 **5배**이다. $\leftarrow\ \boxed{답}$

유제 1 〈그림〉에서 D, E는 $\overline{AB}$의 3등분점
이고, F는 $\overline{BC}$의 중점이다.
$$\overline{EF}=7cm$$
일 때, $\overline{GC}$의 길이를 구하여라.

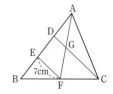

필수예제 2

$\overline{AB}=\overline{AC}$인 이등변삼각형 ABC에서 $\overline{DE}=\overline{GF}$이다.
$\overline{DG}$, $\overline{GE}$, $\overline{EF}$, $\overline{FD}$의 중점을 차례로 H, K, L, M이라고 할 때, □HKLM은 무슨 사각형이 되는가?

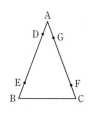

[생각하기] △FED와 △GDE, △DGF와 △EFG에서 중점연결 정리를 이용한다.

[모범해답]

(i) △FED에서 M, L이 각각 $\overline{FD}$, $\overline{FE}$의 중점

이므로 $\overline{ML}=\dfrac{1}{2}\overline{DE}$ ······ ㉠

△GDE에서 H, K가 각각 $\overline{GD}$, $\overline{GE}$의 중점

이므로 $\overline{HK}=\dfrac{1}{2}\overline{DE}$ ······ ㉡

㉠, ㉡에서 $\overline{ML}=\overline{HK}$

(ii) △DGF에서 H, M이 각각 $\overline{DG}$, $\overline{DF}$의 중점이므로

$$\overline{MH}=\dfrac{1}{2}\overline{GF} \qquad\qquad ······ ㉢$$

△EFG에서 K, L이 각각 $\overline{EG}$, $\overline{EF}$의 중점이므로

$$\overline{KL}=\dfrac{1}{2}\overline{GF} \qquad\qquad ······ ㉣$$

㉢, ㉣에서 $\overline{MH}=\overline{KL}$

그런데, $\overline{DE}=\overline{GF}$이므로 $\overline{HK}=\overline{ML}=\overline{HM}=\overline{KL}$

따라서, □HKLM은 **마름모**이다. ← 답

[유제] 2 사각형 ABCD에서 변 AB, BC, DA의 중점을 각각 E, F, G라고 할 때, $\overline{AC}=\overline{BD}$이면 △EFG는 어떤 삼각형이 되겠는가?

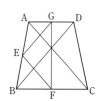

연습 문제
- 학교 시험과 수준·경향을 일치시킨 기본적인 문제입니다.
- 한 문제 한 문제를 정복하여 이 단원의 내용을 총정리합시다.

1. 다음 도형의 각 변의 중점을 연결해서 만든 사각형 **PQRS**는 어떤 사각형이 되는가?

  (1) 사각형   (2) 마름모

  (3) 직사각형   (4) 정사각형

2. 두 대각선의 길이의 합이 30cm인 평행사변형의 각 변의 중점을 이어 만든 사각형의 둘레의 길이를 구하여라.

3. △ABC에서
$\overline{AE}=\overline{EB}$, $\overline{AF}=\overline{FC}$이고,
$\overline{BD}:\overline{DC}=2:1$, $\overline{CG}=4$cm이다.
$\overline{EG}$의 길이를 구하여라.

4. △ABC에서
$\overline{AD}=\overline{BD}$, $\overline{CE}=\overline{DE}$이다.
$\overline{AE}=6$cm
일 때, $\overline{AF}$의 길이를 구하여라.

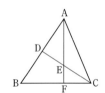

5. 〈그림〉의 △ABC에서 점 D, E는 각각 변 AB, AC의 중점이고 $\overline{AD}:\overline{DF}=4:3$이다. △DEF의 넓이를 S라 할 때 □BCEF의 넓이를 S로 나타내어라.

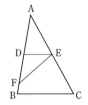

6. △ABC에서 $\overline{AD}:\overline{DB}=5:2$, $\overline{AE}:\overline{EC}=3:2$이다. $\overline{BE}$와 $\overline{CD}$의 교점을 F라 할 때, △CEF의 넓이가 10cm²이면, △ABC의 넓이를 구하여라.

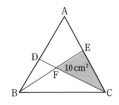

7. 〈그림〉의 △ABC에서 $\overline{AB}=10$cm, $\overline{BC}=24$cm이다. 점 M은 변 BC의 3등분점 중 B에 가까운 점이고, 점 N은 변 AC의 중점이다. $\overline{AM}\perp\overline{BN}$일 때 $\overline{AC}$의 길이를 구하여라.

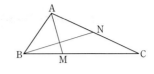

8. 〈그림〉의 △ABC에서 $\overline{BP}=2\overline{PC}$, $\overline{AQ}=\overline{QP}$일 때, $\dfrac{\overline{BQ}}{\overline{QR}}$의 값을 구하여라.

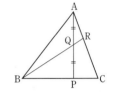

9. 〈그림〉에서 $\overline{AD}/\!\!/\overline{BC}/\!\!/\overline{MN}$이고, $\overline{AN}=\overline{CN}$, $\overline{DM}=\overline{BM}$이다. $\overline{AD}=6$, $\overline{MN}=4$일 때, $\overline{BC}$의 길이를 구하여라.

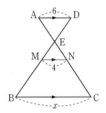

10. △ABC에서 밑변 BC를 2 : 1로 내분하는 점을 D라 하고, $\overline{AC}$, $\overline{AB}$의 중점을 각각 E, F라고 한다. $\overline{BE}$, $\overline{DF}$의 교점을 P라고 할 때, △ABC의 넓이는 △FBP의 넓이의 몇 배인가?

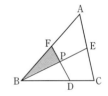

11. 〈그림〉에서 △ABC는 이등변삼각형이고 $\overline{AD}=\overline{DB}$, $\overline{AE}=\overline{EC}$이다. △DFC는 정삼각형이고 ▱DFBE는 평행사변형일 때, $\overline{BE}$의 길이를 구하여라. (단, $\overline{BC}=10$cm이다.)

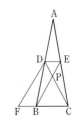

12. △ABC에서 점 D는 $\overline{AC}$의 중점이고, 두 점 E, F는 $\overline{BC}$를 삼등분하는 점이다. $\overline{AE}$, $\overline{AF}$와 $\overline{BD}$의 교점을 각각 P, Q라 할 때, $\overline{BP}:\overline{PQ}:\overline{QD}$를 구하여라.

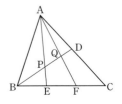

2 삼각형의 무게중심

핵심 개념	1. 삼각형의 중선

1. **중선** : 삼각형에서 꼭짓점과 그 대변의 중점을 이은 선분을 **중선**이라고 한다.
2. **중선의 성질** : 삼각형의 넓이를 이등분한다.

Study   삼각형의 중선

❶ **중선의 뜻** : 〈그림〉의 △ABC에서
$\overline{BD}=\overline{CD}$이면 $\overline{AD}$가 중선,
$\overline{AE}=\overline{CE}$이면 $\overline{BE}$가 중선,
$\overline{AF}=\overline{BF}$이면 $\overline{CF}$가 중선
이다.
따라서, 하나의 삼각형에는 세 개의 중선이 있다.

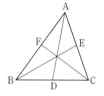

❷ **중선의 성질** : 〈그림〉의 △ABC에서
$\overline{BD}=\overline{CD}$
이면 △ABD=△ACD
가 된다.

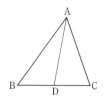

보기 삼각형의 한 중선은 그 삼각형의 넓이를 이등분함을 증명하여라.

연구 오른쪽 그림에서 $\overline{AD}$는 중선, $\overline{AH}$는 꼭짓점 A에서 밑변 BC에 내린 수선이라고 하면,

$$\triangle ABD = \frac{1}{2} \times \overline{BD} \times \overline{AH} \quad \cdots\cdots ㉠$$

$$\triangle ADC = \frac{1}{2} \times \overline{CD} \times \overline{AH} \quad \cdots\cdots ㉡$$

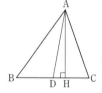

㉠, ㉡에서 $\overline{BD}=\overline{CD}$이므로 △ABD=△ADC
즉, 삼각형의 한 중선은 그 삼각형의 넓이를 이등분한다.

2. 삼각형의 무게중심

1. **무게중심** : 삼각형의 세 중선은 한 점에서 만나는데, 이 점을 삼각형의 **무게중심**이라고 한다.
2. **무게중심의 성질** : 삼각형의 무게중심은 세 중선의 길이를 각 꼭짓점으로부터 각각 **2 : 1**로 나눈다.

Study   **1° 삼각형의 무게중심의 성질**

❶ 오른쪽 그림에서 점 G는 △ABC의 무게중심이고,

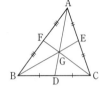

$$\overline{AG} : \overline{GD} = 2 : 1$$
$$\overline{BG} : \overline{GE} = 2 : 1$$
$$\overline{CG} : \overline{GF} = 2 : 1$$

❷ 무게중심은 그 삼각형의 넓이를 같게 나눈다. 즉,

$$\triangle GAB = \triangle GBC = \triangle GCA$$
$$\triangle GAF = \triangle GBF = \triangle GBD = \triangle GCD = \triangle GCE = \triangle GAE$$

보기 1. 오른쪽 그림에서 G는 △ABC의 무게중심이다. △ABC의 넓이가 $60cm^2$일 때, □AFGE의 넓이를 구하여라.

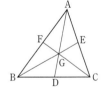

연구 $\triangle GAF = \triangle GBF = \triangle GBD = \triangle GCD$
$= \triangle GCE = \triangle GAE = 10cm^2$
$$\therefore \ \square AFGE = \triangle GAF + \triangle GAE = \mathbf{20cm^2}$$

보기 2. 오른쪽 그림에서 G는 △ABC의 무게중심이고, G′은 △GBC의 무게중심이다. $\overline{GG'} = 4cm$일 때, $\overline{AG}$의 길이를 구하여라.

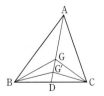

연구 G′이 △GBC의 무게중심이므로
$\overline{GG'} : \overline{G'D} = 2 : 1$, 즉 $\overline{G'D} = 2cm$ ∴ $\overline{GD} = 6cm$
G가 △ABC의 무게중심이므로 $\overline{AG} : \overline{GD} = 2 : 1$
$$\therefore \ \mathbf{\overline{AG} = 12cm}$$

Study   2° 삼각형의 무게중심의 증명

▶ 삼각형의 세 중선은 한 점에서 만나고, 이 점은 세 중선의 길이를 각 꼭짓점으로부터 각각 2 : 1로 나눔을 증명하자.

[가정] $\overline{AF}=\overline{BF}$, $\overline{BD}=\overline{CD}$, $\overline{CE}=\overline{AE}$

[결론] $\dfrac{\overline{AG}}{\overline{GD}}=\dfrac{\overline{BG}}{\overline{GE}}=\dfrac{\overline{CG}}{\overline{GF}}=\dfrac{2}{1}$

[증명] (i) 〈그림〉과 같이 △ABC에서 중선 AD, BE의 교점을 G라고 하면, D, E는 각각 $\overline{BC}$, $\overline{AC}$의 중점이므로 중점연결 정리에 의하여

$$\overline{ED}/\!/\overline{AB}, \quad \overline{ED}=\frac{1}{2}\overline{AB}$$

따라서, △GAB∽△GDE이고, 닮음비는 2 : 1이다.

그러므로 G는 중선 AD, BE를 각각 2 : 1로 나누는 점이다.

(ii) 〈그림〉과 같이 중선 CF, AD의 교점을 G′이라고 하면, 점 G′은 중선 CF, AD를 각각 2 : 1로 나누는 점이 된다.

즉, 점 G와 점 G′은 일치한다.

그러므로 삼각형 ABC의 세 중선은 한 점에서 만나고, 이 점은 세 중선의 길이를 각 꼭짓점으로부터 각각 2 : 1로 나눈다.

보기 △ABC에서 G는 △ABC의 무게중심이고, 점 E는 $\overline{DC}$의 중점이다. $\overline{EF}=6$cm일 때, $\overline{GD}$의 길이를 구하여라.

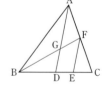

연구 △CAD에서 $\overline{CF}=\overline{AF}$, $\overline{CE}=\overline{DE}$이므로

$$\overline{AD}=2\overline{FE}=2\times6=12\,(\text{cm})$$

한편, G는 △ABC의 무게중심이므로 $\overline{AG} : \overline{GD}=2 : 1$

$$\therefore \overline{GD}=\frac{1}{3}\overline{AD}=\frac{1}{3}\times12=\textbf{4(cm)}$$

필수예제 1

평행사변형 ABCD에서 세 점 L, M, N은
각각 $\overline{AB}$, $\overline{BC}$, $\overline{CD}$의 중점이다.
다음을 구하여라.

(1) $\overline{BP} : \overline{BD}$ (2) $\overline{PQ} : \overline{BD}$

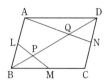

[생각하기] 대각선 AC를 연결하면,

① △BAC, △BCO에서 중점연결 정리를 적
   용할 수 있다.

② △ACD에서 $\overline{AN}$, $\overline{DO}$는 중선이므로, 점
   Q는 △ACD의 무게중심이 된다.

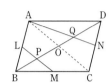

[모범해답]

(1) $\overline{AC}$와 $\overline{BD}$의 교점을 O라 하면　　　　$\overline{BO} = \overline{DO}$　　……㉠
   △BAC에서 $\overline{AL} = \overline{BL}$, $\overline{BM} = \overline{CM}$이므로 $\overline{LM} /\!/ \overline{AC}$
   △BCO에서 $\overline{BM} = \overline{CM}$, $\overline{CO} /\!/ \overline{MP}$이므로 $\overline{BP} = \overline{OP}$　　……㉡
   ㉠, ㉡에서 $\overline{BD} = 4\overline{BP}$　　∴ **$\overline{BP} : \overline{BD} = 1 : 4$** ← 답

(2) △ACD에서 점 Q는 중선 AN, DO의 교점이므로 △ACD의 무게중
   심이다. 즉, $\overline{DQ} : \overline{QO} = 2 : 1$

   따라서, $\overline{OQ} = \dfrac{1}{3}\overline{DO} = \dfrac{1}{3} \times \dfrac{1}{2}\overline{BD} = \dfrac{1}{6}\overline{BD}$

   또한, 위의 ㉡에서 $\overline{PO} = \dfrac{1}{2}\overline{BO} = \dfrac{1}{4}\overline{BD}$

   ∴ $\overline{PQ} = \overline{PO} + \overline{OQ} = \left(\dfrac{1}{4} + \dfrac{1}{6}\right)\overline{BD} = \dfrac{5}{12}\overline{BD}$

   ∴ **$\overline{PQ} : \overline{BD} = 5 : 12$** ← 답

[유제] 1 〈그림〉의 △ABC에서 $\overline{BL} = \overline{CL}$,
$\overline{AM} = \overline{CM}$, $\overline{LC} /\!/ \overline{NM}$이다.
$\overline{AN} : \overline{NG} : \overline{GL}$을 구하여라.

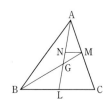

필수예제 2

평행사변형 ABCD에서 변 BC, CD의 중점을 각각 E, F라 하고, 대각선 BD 와 $\overline{AE}$, $\overline{AF}$의 교점을 각각 G, H라고 한다.
△AGH, □GEFH, △EFC의 넓이를 각각 S_1, S_2, S_3이라고 할 때, $S_1 : S_2 : S_3$을 구하여라.

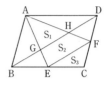

생각하기 대각선 AC를 그으면 점 G, H는 각각 △ABC, △ADC의 무게중심이 된다.

모범해답

평행사변형의 넓이를 T라고 하자.
$\overline{AC}$와 $\overline{BD}$의 교점을 O라고 하면 G는 △ABC의 무게중심이므로

$$\triangle AGO = \frac{1}{3} \triangle ABO = \frac{1}{3} \times \frac{1}{4} T = \frac{1}{12} T$$

$$\therefore S_1 = \triangle AGO + \triangle AHO = \frac{1}{6} T$$

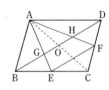

한편, $S_3 = \triangle DEC \times \frac{1}{2} = \frac{1}{4} T \times \frac{1}{2} = \frac{1}{8} T$

$$\triangle AEF = T - [\triangle ABE + \triangle ADF + S_3] = T - \left(\frac{1}{4} T + \frac{1}{4} T + \frac{1}{8} T \right) = \frac{3}{8} T$$

$$\therefore S_2 = \triangle AEF - S_1 = \frac{3}{8} T - \frac{1}{6} T = \frac{5}{24} T$$

따라서, $S_1 : S_2 : S_3 = \frac{1}{6} T : \frac{5}{24} T : \frac{1}{8} T = 4 : 5 : 3$ ← 답

유제 2 〈그림〉에서 점 D, E는 각각 변 BC, AB 의 중점이고, 점 G는 $\overline{AD}$, $\overline{CE}$의 교점이다. $\overline{AD} /\!/ \overline{EF}$일 때, 다음에 답하여라.
(1) △AEG와 넓이가 같은 삼각형을 써라.
(2) $\overline{AG} : \overline{EF}$를 구하여라.

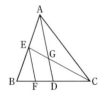

연습 문제

- 학교 시험과 수준·경향을 일치시킨 기본적인 문제입니다.
- 한 문제 한 문제를 정복하여 이 단원의 내용을 총정리합시다.

1. $\overline{AB}=10$cm, $\overline{BC}=12$cm, $\overline{AC}=8$cm인 △ABC에서 무게중심 G를 지나 $\overline{BC}$에 평행한 직선이 $\overline{AB}$, $\overline{AC}$와 만나는 점을 각각 D, E라 할 때, $\overline{DE}$의 길이를 구하여라.

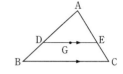

2. $\overline{AB}=\overline{AC}$, $\overline{BC}=12$cm인 △ABC에서 $\overline{BC}$의 중점을 D라 하고, △ABD와 △ADC의 무게중심을 각각 G, G′이라고 할 때, $\overline{GG'}$의 길이를 구하여라.

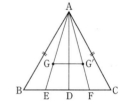

3. $\overline{AD}=7$cm, $\overline{BC}=13$cm, $\overline{AD}\,/\!/\,\overline{BC}$인 사다리꼴 ABCD의 내부에 두 점 G, H가 있다. △ABG의 무게중심은 H이고, △CDH의 무게중심은 G일 때, $\overline{HG}$의 길이를 구하여라.

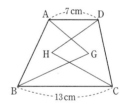

4. 평행사변형 ABCD에서 변 AB, BC, CD의 중점을 차례로 L, M, N이라고 한다. $\overline{LM}$, $\overline{AN}$과 대각선 BD의 교점을 P, Q라 한다. $\overline{BD}=12$cm일 때, $\overline{PQ}$의 길이를 구하여라.

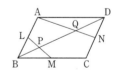

5. 한 변의 길이가 **4cm**인 정사각형 **ABCD**가 있다. 대각선의 교점을 O라고 할 때, 점 **E**는 $\overline{AO}$를 **2 : 1**로 내분하는 점이다. $\overline{DE}$의 연장선과 $\overline{AB}$의 교점을 **F**라고 할 때, 다음을 구하여라.
   (1) $\overline{AF}$의 길이   (2) △AFE : △ABO

6. 넓이가 36cm²인 직사각형 ABCD가 있다. △ABC의 무게중심을 G라고 할 때 △GAC의 넓이를 구하여라.

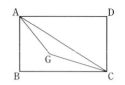

7. 〈그림〉의 △ABC에서 변 AB, AC의 중점을 D, E라 하고 $\overline{CD}$와 $\overline{BE}$의 교점을 F라 한다. △DEF=3cm²일 때, △ADE의 넓이를 구하여라.

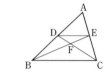

8. 〈그림〉의 △ABC에서 변 AB, BC, AC의 중점을 차례로 M, N, P라 한다. 그리고 $\overline{AN}$과 $\overline{CM}$의 교점을 O, $\overline{CM}$과 $\overline{NP}$의 교점을 Q라 한다. △ONQ=a라 할 때, △ABC의 넓이를 구하여라.

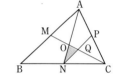

9. 〈그림〉의 **△ABC**에서 점 **D, E, F**는 밑변 **BC**의 **4** 등분점이고, **N, M**은 각각 $\overline{AB}$, $\overline{AC}$의 중점이다. 다음을 구하여라.
(1) $\overline{AP} : \overline{PE}$
(2) △BQN : △ABC

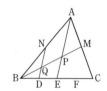

10. 평행사변형 ABCD에서 점 E는 변 BC의 중점이다. 선분 AE, BD의 교점을 F라고 할 때, □ABCD의 넓이는 △FBE의 넓이의 몇 배가 되겠는가?

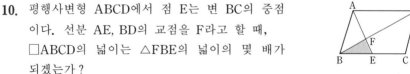

11. 〈그림〉에서 점 G는 △ABC의 무게중심이고, 점 G'은 △ADE의 무게중심이다.
이때, 네 점 G', D, G, E를 차례로 이어 만든 사각형은 어떤 사각형이 되는가?

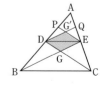

● 약간의 사고력을 필요로 하는 문제
입니다.

종합 문제

표준

● 이 문제를 정복하면 여러분은 수학에
자신감을 가질 것입니다.

1. △ABC에서 변 AB 위에 $\overline{AD} : \overline{DB} = 3 : 2$가
되게 점 D를 잡고, 변 BC의 연장선 위에
$\overline{BC} = \overline{CE}$가 되게 점 E를 잡는다. $\overline{DE}$와 $\overline{AC}$
의 교점을 F라고 할 때, 다음을 구하여라.
(1) $\overline{DF} : \overline{FE}$
(2) △FCE : □DBCF

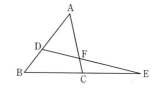

2. 정사면체 A−BCD의 네 모서리의 중점을 연결
해서 만든 사각형 PQRS는 어떤 사각형이 되
는가 ?

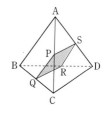

3. 평행사변형 ABCD에서 네 점 E, F, G, H는
각각 $\overline{AB}$, $\overline{BC}$, $\overline{CD}$, $\overline{AD}$의 중점이다.
□ABCD : □PQRS를 구하여라.

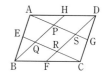

4. △ABC에서 점 D, E, F는 $\overline{AB}$의 4등분점이고,
점 G, H, I, J는 $\overline{AC}$의 5등분점이다.
(1) △ABC : △DCG를 구하여라.
(2) $\overline{EH}$와 $\overline{CD}$의 교점을 P라고 할 때,
$\overline{EP} : \overline{PH}$를 구하여라.

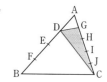

5. △ABC에서 〈그림〉과 같이 $\overline{AB}$의 3등분점을
각각 D, E 라 하고, $\overline{BC}$의 중점을 F, $\overline{AF}$와
$\overline{CD}$의 교점을 G라 할 때, △EBF와 △AGC
의 넓이의 비를 구하여라.

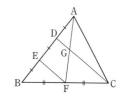

6. △ABC에서 점 E는 $\overline{AB}$의 중점이다.
또, $\overline{BD} : \overline{DC} = 1 : 2$이고, $\overline{EF} /\!/ \overline{BD}$이다.
$\overline{AD}$와 $\overline{EC}$의 교점을 P라고 할 때, $\overline{AP} : \overline{PD}$를
구하여라.

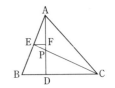

7. $\overline{AB} = \overline{AC}$인 삼각형 ABC가 있다. ∠BAC의 이
등분선 AH의 중점을 M이라 하고, $\overline{AB}$, $\overline{AC}$,
$\overline{MB}$, $\overline{MC}$의 중점을 각각 P, Q, R, S라 한다.
$\overline{BC} = a$, $\overline{AH} = b$라고 할 때, □PRSQ의 넓이
를 구하여라.

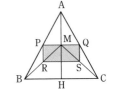

8. △ABC에서 D, E는 $\overline{BC}$의 삼등분점이고, F는
$\overline{AD}$의 중점이다.
□FDEG = 12일 때, △ABC의 넓이를 구하여
라.

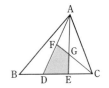

9. △ABC에서 두 점 D, E는 각각 $\overline{AB}$, $\overline{AC}$의 중
점이다. $\overline{BE}$, $\overline{CD}$의 교점을 F라 하고, △ABC
의 넓이를 a라고 할 때, △FDE의 넓이를 a로
나타내어라.

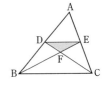

10. 〈그림〉에서 G와 G'은 각각 △ABC와 △AMC의
무게중심이다.
△GMG' = 4cm²일 때, △ABC의 넓이를 구하여
라.

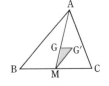

11. 〈그림〉에서 $\overline{AE} = \overline{EB}$, $\overline{BD} = \overline{DC}$이고, $\overline{AD} /\!/ \overline{EF}$
이다.
(1) △ABC : △EBF를 구하여라.
(2) △AEG : △EBF를 구하여라.

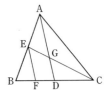

● 한 문제에 여러 가지 내용이 복합
된 높은 수준의 문제입니다.

종합 문제 **발전**

● 이 문제를 정복하면 모든 시험에서
우등의 성적을 거둘 것입니다.

1. $\overline{AD} /\!/ \overline{BC}$인 사다리꼴 ABCD에서
$\overline{AB} /\!/ \overline{DE}$, $\overline{AF} /\!/ \overline{DC}$이다.
두 점 M, N은 각각 $\overline{AB}$, $\overline{DC}$의 중점이고,
$\overline{AD}=8cm$, $\overline{BC}=20cm$일 때, $\overline{PQ}$의 길이를 구
하여라.

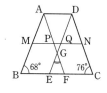

2. 〈그림〉과 같이 평행사변형 ABCD에서 변 BC,
DC의 중점을 각각 E, F라고 할 때,
$$\triangle AEF : \square ABCD$$
를 구하여라.

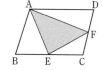

3. 〈그림〉에서 $\overline{AD} /\!/ \overline{BC}$, $\overline{AB}=\overline{DC}$인 등변사다리
꼴의 네 변 AB, BC, CD, DA의 중점을 각각
E, F, G, H라고 할 때, $\square EFGH$의 넓이를 구
하여라.

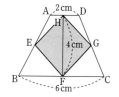

4. $\triangle ABC$에서 $\overline{AD} : \overline{DB}=5 : 2$이고
$\overline{AE} : \overline{EC}=3 : 2$이다. 점 F는 $\overline{BE}$와 $\overline{CD}$의
교점이고 $\triangle CEF=1cm^2$일 때, $\triangle ABC$의 넓
이를 구하여라.

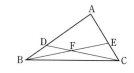

5. 〈그림〉과 같이 한 모서리의 길이가 a인 정사
면체 ABCD의 모서리 BC를 5 : 1로 내분하는
점을 E, 모서리 AC, AD 위의 한 점을 각각
F, G라 한다. 이 정사면체 위로 점 E를 출발
하여 점 F, G를 지나 B에 도달하는 실의 길이
가 최소가 될 때, $\overline{AF}$의 길이를 a로 나타내어라.

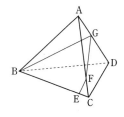

6. △ABC에서 점 D는 $\overline{BC}$를 2 : 1로 내분하는 점
이고, 점 E와 F는 각각 $\overline{AC}$, $\overline{AB}$의 중점이다.
△FBP의 넓이가 4일 때, □AFPE의 넓이를
구하여라.

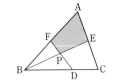

7. 〈그림〉의 △ABC에서
$\overline{AB} : \overline{AC}=2 : 1$이고, M, N은 각각 $\overline{AB}$, $\overline{BC}$
의 중점이다.
또, ∠BAP=∠CAP이고, △NPQ=1이다.
이때, △ABC의 넓이를 구하여라.

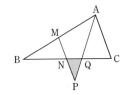

8. △ABC에서 각 변의 중점을 각각 D, E, F라
하고, $\overline{DF}$의 연장선 위에 $\overline{DF}=\overline{FP}$가 되게 점
P를 잡을 때, △ABC : △AEP를 구하여라.

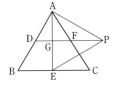

9. 〈그림〉에서 점 D는 변 BC의 중점, G는
△ABC의 무게중심이다. 점 G를 지나 변
BC에 평행한 직선을 그어 변 AB, AC와의
교점을 각각 E, F라고 할 때, △ABC의 넓이
는 △GDF의 넓이의 몇 배인가?

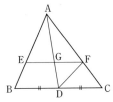

10. 한 변의 길이가 a인 정사각형 ABCD의 변
BC 위에 한 점 P를 잡아 △ABP, △ADP,
△CDP를 얻었다. 이 세 삼각형의 무게중심
을 차례로 Q, R, S라고 할 때, △QRS의 넓
이를 구하여라.

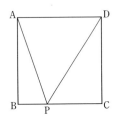

11. 〈그림〉에서 G, I는 각각 △ABC의 무게중심과
내심이고, $\overline{DE} /\!/ \overline{BC}$이다.
$\overline{AB}=36$cm, $\overline{AC}=24$cm일 때, $\overline{BC}$의 길이를
구하여라.

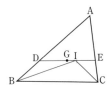

● 국내외의 문제 중 가장 어려운 문제
입니다.

종합 문제

심화

● 이 문제를 정복하면 수학 박사라는
별명을 얻을 것입니다.

1. △ABC의 세 중선 AD, BE, CF를 세 변으로
하는 삼각형을 PQR라고 할 때,
$$\triangle ABC : \triangle PQR$$
를 구하여라.

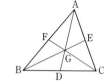

2. 〈그림〉의 △ABC에서 E는 $\overline{AC}$의 중점이고
$\overline{DC}=2\overline{BD}$이다. △BDF의 넓이가 5cm²일 때
사각형 CDFE의 넓이를 구하여라.

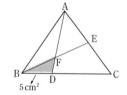

3. 〈그림〉의 △ABC에서 점 M은 변 AB의 중점
이고, 점 N은 변 BC의 중점이다.
△AQC의 넓이는 △PBN의 넓이의 몇 배인
가 ?

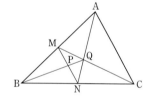

4. 〈그림〉의 평행사변형 ABCD에서 점 M, N은 각
각 $\overline{BC}$와 $\overline{CD}$의 중점이다. 대각선 BD와 $\overline{AM}$,
$\overline{AN}$의 교점을 각각 P, Q라고 할 때, △ABP와
넓이가 같은 삼각형을 모두 써라.

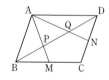

5. 〈그림〉의 △ABC에서 G는 무게중심이고 K는
$\overline{BG}$의 중점이다.
$\overline{AL}=a$, $\overline{BM}=b$, $\overline{CN}=c$라고 할 때,
△GKL의 둘레의 길이를 구하여라.

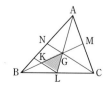

1 닮은 도형의 넓이와 부피

1. 둘레의 길이와 닮음비

▶ 닮은 도형의 둘레의 길이의 비는 닮음비와 같다.
　닮음비가 $m : n$ ➡ 둘레의 길이의 비는 $m : n$

Study　　오른쪽 그림에서
　　△ABC∽△A′B′C′이고, 두 삼각형의 닮
　　음비는 1 : 2이다. 두 삼각형의 둘레의
　　길이는

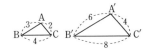

　　　　△ABC : 2+3+4=9
　　　　△A′B′C′ : 4+6+8=18
　　따라서, △ABC와 △A′B′C′의 둘레의 길이의 비는
　　　　　　　　　　9 : 18=1 : 2

보기 오른쪽 그림에서
　　△ABC∽△A′B′C′이다.
　　$\overline{AB}=5$, $\overline{BC}=4$, $\overline{AC}=3$, $\overline{B'C'}=6$
　　일 때, △A′B′C′의 둘레의 길이를
　　구하여라.

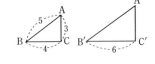

연구 △ABC와 △A′B′C′의 닮음비는
　　　$\overline{BC} : \overline{B'C'}=4 : 6=2 : 3$
　　△ABC의 둘레의 길이는
　　　3+4+5=12
　　따라서, △A′B′C′의 둘레의 길이를 l이라고 하면,
　　　12 : l=2 : 3, 2l=36
　　　∴ l=18

핵심 개념　　2. 넓이와 닮음비

▶ 닮은 도형의 넓이의 비는 닮음비의 제곱과 같다.
　닮음비가 $m : n$ ➡ 넓이의 비는 $m^2 : n^2$

Study　　$\triangle ABC \backsim \triangle A'B'C'$이고 닮음비가 $1 : k$일 때, 넓이의 비를 구하여 보자.

▶ 꼭짓점 A, A′에서 밑변에 그은 수선의 발
을 각각 H, H′이라 하고,
$\overline{BC}=a$, $\overline{AH}=h$, $\overline{B'C'}=a'$,
$\overline{A'H'}=h'$이라고 하자.
두 삼각형의 닮음비가 $1 : k$이므로,
$a : a'=1 : k$, $h : h'=1 : k$에서 $a'=ka$, $h'=kh$

$\therefore \triangle ABC=\dfrac{1}{2}ah$, $\triangle A'B'C'=\dfrac{1}{2}a'h'=\dfrac{1}{2}ahk^2$

따라서, $\triangle ABC : \triangle A'B'C'=\dfrac{1}{2}ah : \dfrac{1}{2}ahk^2=1 : k^2$

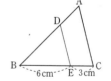

보기 1. 오른쪽 그림의 $\triangle ABC$에서 $\overline{AC} /\!/ \overline{DE}$이
고, $\overline{BE}=6cm$, $\overline{EC}=3cm$이다.
$\triangle DBE=12cm^2$일 때, $\square ADEC$의 넓이를
구하여라.

연구 $\triangle DBE \backsim \triangle ABC$이고 닮음비는 $2 : 3$, 즉
넓이의 비는 $\triangle DBE : \triangle ABC=2^2 : 3^2=4 : 9$
$\therefore 12 : \triangle ABC=4 : 9$　$\therefore \triangle ABC=27$
따라서, $\square ADEC=27-12=\mathbf{15(cm^2)}$

보기 2. 원판에 반지름의 길이가 원판의 반지름의 길이의 $\dfrac{1}{4}$이 되는 원
모양의 구멍을 10개 뚫었다. 남은 부분의 넓이를 S, 처음 원판의
넓이를 T라고 할 때, S : T를 구하여라.

연구 원판과 구멍의 닮음비는 $4 : 1$이므로 넓이의 비는
$4^2 : 1^2=16 : 1$이다. 그런데 구멍을 10개 뚫었으므로
$S=16-10=6$　$\therefore \mathbf{S : T=6 : 16=3 : 8}$

핵심 개념	3. 부피와 닮음비

1. 닮은 입체도형의 겉넓이의 비는 닮음비의 제곱과 같다.

   닮음비가 $m:n$ ➡ 겉넓이의 비는 $m^2:n^2$

2. 닮은 입체도형의 부피의 비는 닮음비의 세제곱과 같다.

   닮음비가 $m:n$ ➡ 부피의 비는 $m^3:n^3$

Study 직육면체 P, Q가 닮은 도형이고 닮음비가 $1:k$일 때, 부피의 비를 구해 보자.

▶ 직육면체 P, Q의 닮음비가 $1:k$이므로 다음 비례식을 얻는다.

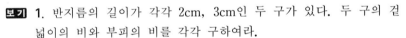

$a:a'=b:b'=c:c'=1:k$

$\therefore a'=ak, \ b'=bk, \ c'=ck$

(P의 부피)$=abc$

(Q의 부피)$=a'b'c'=akbkck=abck^3$

따라서, (P의 부피) : (Q의 부피)$=abc:abck^3=1:k^3$

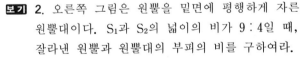

보기 1. 반지름의 길이가 각각 2cm, 3cm인 두 구가 있다. 두 구의 겉넓이의 비와 부피의 비를 각각 구하여라.

연구 겉넓이의 비는 $2^2:3^2=4:9$

부피의 비는 $2^3:3^3=8:27$

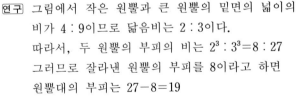

보기 2. 오른쪽 그림은 원뿔을 밑면에 평행하게 자른 원뿔대이다. S_1과 S_2의 넓이의 비가 $9:4$일 때, 잘라낸 원뿔과 원뿔대의 부피의 비를 구하여라.

연구 그림에서 작은 원뿔과 큰 원뿔의 밑면의 넓이의 비가 $4:9$이므로 닮음비는 $2:3$이다.

따라서, 두 원뿔의 부피의 비는 $2^3:3^3=8:27$

그러므로 잘라낸 원뿔의 부피를 8이라고 하면 원뿔대의 부피는 $27-8=19$

$\therefore$ (잘라낸 원뿔의 부피) : (원뿔대의 부피)$=8:19$

필수예제 1

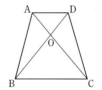

$\overline{AD} /\!/ \overline{BC}$인 사다리꼴에서 $\overline{AD} : \overline{BC}=1 : 2$이
다. 다음을 구하여라.

(1) $\triangle ADO : \triangle COB$

(2) $\triangle ADO : \triangle DOC$

(3) $\square ABCD : \triangle ABC$

생각하기 (1) $\overline{AD} /\!/ \overline{BC}$이므로 $\triangle AOD \backsim \triangle COB$이다.

(2) $\overline{AO} : \overline{OC}=\overline{DO} : \overline{OB}=\overline{AD} : \overline{BC}=1 : 2$임을 이용하자.

(3) $\triangle AOD$, $\triangle OBC$, $\triangle AOB$, $\triangle DOC$의 넓이의 비를 구한다.

바이블 닮음비가 $m : n$이면 넓이의 비는 $m^2 : n^2$이다.

모범해답

(1) $\overline{AD} /\!/ \overline{BC}$이므로 $\triangle AOD \backsim \triangle COB$

그런데 $\overline{AD} : \overline{BC}=1 : 2$이므로 두 삼각형의 닮음비는 $1 : 2$

∴ $\triangle AOD : \triangle COB=1^2 : 2^2=1 : 4$ ← 답

(2) $\triangle AOD \backsim \triangle COB$이고, $\overline{AD} : \overline{BC}=1 : 2$이므로

$\overline{AO} : \overline{OC}=1 : 2$

한편, $\triangle AOD$와 $\triangle DOC$는 $\overline{DH}$를 높이로 하므로

$\triangle AOD : \triangle DOC=\overline{AO} : \overline{OC}=1 : 2$ ← 답

(3) $\overline{AD} /\!/ \overline{BC}$이므로 $\triangle ABC=\triangle DBC$

$\triangle ABC-\triangle OBC=\triangle DBC-\triangle OBC$에서 $\triangle AOB=\triangle DOC$

∴ $\triangle AOD : \triangle AOB : \triangle OBC : \triangle DOC=1 : 2 : 4 : 2$

따라서,

$\square ABCD : \triangle ABC=(1+2+4+2) : (2+4)=9 : 6=\mathbf{3 : 2}$ ← 답

유제 1 $\overline{AD} /\!/ \overline{BC}$인 사다리꼴 ABCD에서

$\triangle OAB=2$, $\triangle OBC=4$이다.

(1) $\overline{AD} : \overline{BC}$를 구하여라.

(2) $\square ABCD$의 넓이를 구하여라.

필수예제 2

평행사변형 ABCD의 대각선의 교점을 O라
하고, △OAB, △OBC, △OCD, △ODA
의 무게중심을 각각 G_1, G_2, G_3, G_4라고
한다.

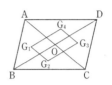

(1) $\overline{G_1G_2} : \overline{AC}$를 구하여라.

(2) □$G_1G_2G_3G_4$: □ABCD를 구하여라.

생각하기 (1) $\overline{AG_1}$과 $\overline{CG_2}$의 연장선의 교점을 E라 하고 △EG_1G_2와 △EAC에
서 생각하자.

(2) 네 점 A, B, C, D를 각각 지나고 대각선 AC, BD에 평행한 직선을
그을 때, 생기는 또 하나의 평행사변형에서 생각하자.

모범해답

(1) $\overline{AG_1}$과 $\overline{CG_2}$의 연장선은 $\overline{BO}$의 중점을 지나므로 그 점을 E라고 하면
△EG_1G_2와 △EAC에서
$$\overline{EG_1} : \overline{EA} = \overline{EG_2} : \overline{EC} = 1 : 3$$이므로
$$\overline{G_1G_2} /\!/ \overline{AC}$$이고, $$\overline{G_1G_2} : \overline{AC} = 1 : 3 \leftarrow 답$$

(2) 네 점 A, B, C, D를 각각 지나고 대각선 AC, BD에 평행한 직선을
그을 때 생기는 평행사변형을 □PQRS라고 하면

$$\square PQRS = 2\square ABCD \quad \cdots\cdots ㉠$$
$$\overline{G_1G_2} /\!/ \overline{PQ}, \ \overline{G_3G_4} /\!/ \overline{RS},$$
$$\overline{G_2G_3} /\!/ \overline{QR}, \ \overline{G_4G_1} /\!/ \overline{SP}$$
$$\overline{G_1G_2} : \overline{PQ} = \overline{G_3G_4} : \overline{RS} = \overline{G_2G_3} : \overline{QR}$$
$$= \overline{G_4G_1} : \overline{SP} = 1 : 3$$

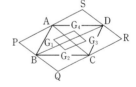

∴ □PQRS∽□$G_1G_2G_3G_4$, □PQRS : □$G_1G_2G_3G_4$ = 9 : 1 $\quad \cdots\cdots ㉡$

㉠, ㉡에서 □$G_1G_2G_3G_4$: □ABCD = 2 : 9 ← 답

유제 2 〈그림〉의 평행사변형 ABCD에서
△ABF = 15, □ABCD = 120이다.
△AEF의 넓이를 구하여라.

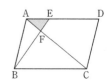

필수예제 3

한 변의 길이가 8cm인 정사각형 ABCD의 변 AD 위에 $\overline{AE}=6cm$가 되게 점 E를 잡고, △ABE를 잘라내었다. 직선 BE를 축으로 하여 사각형 BCDE를 1회전할 때 생기는 입체도형의 부피를 구하여라. (단, $\overline{BE}=10cm$)

[생각하기] $\overline{BE}$, $\overline{CD}$의 연장선의 교점을 F라고 하면

$$\triangle FBC \backsim \triangle BEA \backsim FED$$

또한, △FBC와 △FED의 닮음비가 4 : 1이므로 $\overline{BF}$를 축으로 1회전할 때 생기는 입체의 부피의 비는 $4^3 : 1^3 = 64 : 1$

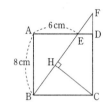

[모범해답]

(i) $\overline{BE}$, $\overline{CD}$의 연장선의 교점을 F라 하고, 점 C에서 $\overline{BF}$에 내린 수선의 발을 H라고 하면,

$$\triangle BEA \backsim \triangle FBC \backsim \triangle CBH \backsim \triangle FED$$

또한, 이들은 세 변의 길이의 비가 3 : 4 : 5이므로

$$\overline{BF}=8 \times \frac{5}{3}=\frac{40}{3}\ (cm), \quad \overline{CH}=8 \times \frac{4}{5}=\frac{32}{5}\ (cm)$$

(ii) $\overline{FB}$를 축으로 △FBC를 1회전할 때 생긴 입체도형의 부피를 V라고 하면, $$V=\frac{1}{3} \times \pi \times \left(\frac{32}{5}\right)^2 \times \frac{40}{3}$$

$\overline{FB}$를 축으로 △FED를 1회전할 때 생긴 입체도형의 부피는 $\frac{1}{64}$ V이므로 구하는 부피는 $$V - \frac{1}{64}V = \frac{63}{64}V$$

$$\therefore \frac{63}{64}V = \frac{63}{64} \times \left(\frac{1}{3} \times \pi \times \frac{32^2}{5^2} \times \frac{40}{3}\right) = \frac{896\pi}{5}\ (cm^3) \leftarrow \boxed{답}$$

[유제] 3 정사면체 A-BCD에 대하여 4면의 무게중심을 꼭짓점으로 하는 정사면체의 부피는 처음 정사면체의 부피의 몇 배인가?

연습 문제

● 학교 시험과 수준·경향을 일치시킨 기본적인 문제입니다.
● 한 문제 한 문제를 정복하여 이 단원의 내용을 총정리합시다.

1. 〈그림〉의 △ABC에서 △ABC=30cm²이고,
   $\overline{DE}$ // $\overline{BC}$, $\overline{AD}$: $\overline{DB}$=3 : 2
   이다. 다음을 구하여라.
   (1) $\overline{DE}$의 길이
   (2) △ADE의 넓이

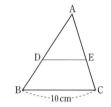

2. $\overline{AD}$=$\overline{DF}$=$\overline{FB}$이고
   $\overline{DE}$ // $\overline{FG}$ // $\overline{BC}$이다.
   □DFGE=24cm²일 때,
   □FBCG의 넓이를 구하여라.

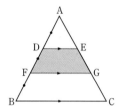

3. 〈그림〉의 △ABC에서 $\overline{AP}$: $\overline{PB}$=2 : 1이고
   $\overline{AQ}$=$\overline{QR}$=$\overline{RC}$이다.
   △ABC=18cm²일 때, △QPR의 넓이를 구하
   여라.

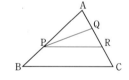

4. 〈그림〉에서 $\overline{AB}$ // $\overline{EF}$ // $\overline{DC}$이다.
   $\overline{AB}$=5cm, $\overline{DC}$=4cm
   일 때,
   △ABC : △EFC
   를 구하여라.

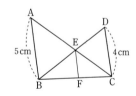

5. 넓이가 36cm²인 평행사변형 ABCD에서
   $\overline{AP}$: $\overline{BP}$=$\overline{CQ}$: $\overline{DQ}$=1 : 2일 때, 사각형
   PSQR의 넓이를 구하여라.

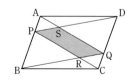

6. 〈그림〉의 평행사변형 ABCD에서
$\overline{AE} : \overline{EB} = 2 : 1$이다.
□AEFD : △FBC를 구하여라.

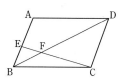

7. 〈그림〉의 평행사변형 ABCD에서 $\overline{AB} = \overline{BE}$이다.
다음을 구하여라.
(1) ∠DAE의 크기
(2) △DAF : △CEF

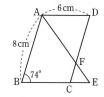

8. 〈그림〉에서 △ABC는 정삼각형이고, □DBCF는 평
행사변형이다.
△ADE : △CFE = 4 : 9일 때, 다음을 구하여라.
(1) $\overline{DE} : \overline{EF}$　　　(2) $\overline{BC}$

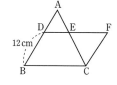

9. 〈그림〉에서 △ABC와 △DEF는 정삼각형이고,
점 G는 두 삼각형의 무게중심이다. 두 변 BC,
EF 사이의 거리가 △ABC의 높이의 $\dfrac{1}{6}$일 때,
△ABC : △DEF를 구하여라. (단, $\overline{EF} /\!/ \overline{BC}$)

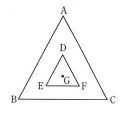

10. 정사각뿔 O−ABCD에서 E, F는 각각 $\overline{AB}$,
$\overline{BC}$의 중점이고, G, H는 $\overline{OB}$의 3등분점이다.
정사각뿔 O−ABCD의 부피는 사면체
E−FGH의 부피의 몇 배가 되는가?

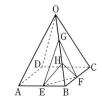

11. 〈그림〉과 같이 깊이가 9cm인 원뿔 모양의 그릇에
일정한 속도로 물을 넣고 있다. 시작한 지 5분 된
순간의 물의 깊이는 3cm이었다. 그릇에 물을 가
득 채우려면 몇 분 동안 물을 더 넣어야 하는가?

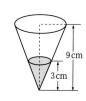

2 닮음의 활용

핵심 개념 **1. 높이나 거리의 측정**

▶ 높이나 거리를 측정하는 데 직접 측정할 수 없는 경우에도 도형의 닮음을 이용하여 축도를 그려서 간접적으로 측정한다.

보기 1. 오른쪽 그림은 지점 A에서 등대 P까지의 거리를 알기 위하여 측량한 것이다. 축척 $\dfrac{1}{1000}$인 축도를 그려서 A, P 사이의 거리를 구하여라.

연구 1000분의 1의 축척으로 축도를 그리면 오른쪽과 같이 된다.
이 그림에서 $\overline{A'P'}$을 재면 약 13.5cm가 되므로 실제의 거리 $\overline{AP}$는
$$13.5 \times 1000 = 13500\,(\text{cm})$$
즉, **135m**가 된다.

보기 2. 나무의 높이를 재기 위해서 나무에서 10m 떨어진 지점에서 나무의 끝을 올려다본 각의 크기가 45°이었다. 눈의 높이가 1.6m일 때, 나무의 높이를 구하여라.

연구 $\angle ABC = 45°$이므로 $\overline{AC} = \overline{BC} = 10\text{m}$
$\overline{CD}$는 눈의 높이와 같으므로 $\overline{CD} = 1.6\text{m}$
$$\therefore \overline{AD} = 10 + 1.6 = \textbf{11.6(m)}$$

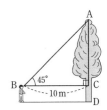

보기 3. 축척이 5000분의 1인 지도에서 넓이가 40cm²인 토지가 있다. 이 토지의 실제 넓이를 구하여라.

연구 닮음비가 1 : 5000이므로 넓이의 비는 $1^2 : 5000^2 = 1 : 25000000$
$$\therefore 40 \times 25000000 = 1000000000\,(\text{cm}^2) = \textbf{0.1(km}^2\textbf{)}$$

필수예제 1

해안에서 바다 가운데 있는 두 지점
C, D의 거리를 알아보기 위해서 그림
과 같이 측정하였다.
축도를 그려서 두 지점 C, D 사이의
거리를 구하여라.

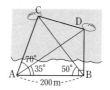

[생각하기] $\overline{AB}$에 대응하는 축도의 $\overline{A'B'}$의 길이를 2.5cm로 그리기로 하면,

$$\frac{\overline{A'B'}}{\overline{AB}} = \frac{2.5}{20000} = \frac{1}{8000}$$

이므로 축척이 1 : 8000인 축도를 그리면 된다.

[모범해답]

[축도 그리기]

① $\overline{A'B'}=2.5$cm가 되게 선분 A'B'을 그린다.

② ∠C'A'B'=70°, ∠A'B'C'=50°인 △A'B'C'을
그린다.

③ ∠D'A'B'=35°, ∠A'B'D'=90°인 △A'B'D'을
그린다.

④ 두 점 C', D'을 연결하고 $\overline{C'D'}$의 길이를 재
면 $\overline{C'D'} ≒ 1.77$cm

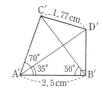

[축도의 해석]

축척이 1 : 8000인 축도에서 1.77cm인 선분의 실제 거리는

$\overline{CD} ≒ 1.77 \times 8000 = 14160$(cm) = **141.6(m)** ← [답]

[유제] 1 어떤 땅을 측량해서, 〈그림〉과 같은
축척 $\dfrac{1}{200}$인 축도 △ABC를 그렸다. 실제의
땅의 넓이를 구하여라.

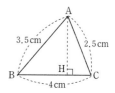

연습 문제

● 학교 시험과 수준·경향을 일치시킨 기본적인 문제입니다.
● 한 문제 한 문제를 정복하여 이 단원의 내용을 총정리합시다.

1. 〈그림〉은 지면에서 굴뚝 끝까지의 높이를 재기 위하여 필요한 부분을 측량한 것이다. 축척이 1 : 1000인 축도를 그려서 굴뚝의 높이를 구하여라.

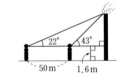

2. 두 지점 A, B 사이의 거리를 구하기 위하여 〈그림〉과 같은 측량을 하였다. 두 지점 A, B 사이의 거리를 구하여라.

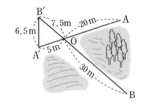

3. 강 건너쪽에 서 있는 나무의 높이 AB를 알아보기 위해서 〈그림〉과 같이 길이와 각을 측량하였다. 알맞은 축척으로 나무의 높이를 구하여라.
(단, ∠ABC=90°, ∠BCD=90°이다.)

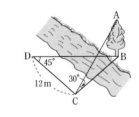

4. 나무의 그림자가 〈그림〉과 같이 일부는 벽에 드리워져 있다.
길이가 1m인 나무 막대를 지면에 수직으로 세울 때, 그림자의 길이가 1.25m라고 하면 이 나무의 높이는 얼마인가?

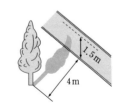

5. 실제의 거리가 4km인 두 지점 사이의 거리가 8cm로 나타내어진 지도에서, 넓이가 10cm²인 땅의 실제의 넓이를 구하여라.

● 약간의 사고력을 필요로 하는 문제
입니다.

종합 문제

표준

● 이 문제를 정복하면 여러분은 수학에
자신감을 가질 것입니다.

1. 두 정육면체 A, B의 부피의 비가 1 : 8일 때 A, B의 겉넓이의 비를 구하여라.

2. 〈그림〉과 같이 △ABC의 무게중심을 G라 할 때, $\overline{AG}$, $\overline{GD}$를 지름으로 하는 두 원의 넓이의 비를 구하여라.

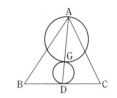

3. 〈그림〉에서 $\overline{AD}=3$, $\overline{BD}=4$, $\overline{AC}=5$, ∠ABC=∠AED일 때, △AED와 △ABC의 넓이의 비를 구하여라.

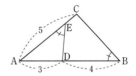

4. 〈그림〉에서 ∠APQ=∠ACB이고, $\overline{AP} : \overline{AC}=2 : 3$이다. △APQ=$x$, □PBCQ=$y$일 때, x, y 사이의 관계식을 구하여라.

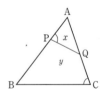

5. 평행사변형 ABCD에서 점 E, F, G, H는 각각 $\overline{AB}$, $\overline{BC}$, $\overline{CD}$, $\overline{DA}$의 중점이다.
(1) △EBF : △ABC를 구하여라.
(2) □APCQ : □ABCD를 구하여라.

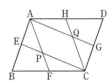

6. 평행사변형 ABCD에서 $\overline{AB}=10$, $\overline{AD}=12$이다. $\overline{AE}=5$, $\overline{BF}=8$, $\overline{AH}=6$, $\overline{EF}/\!/\overline{HG}$이고, △BFE=10cm²일 때, 다음을 구하여라.
(1) $\overline{DG}$의 길이   (2) △DHG의 넓이

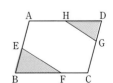

7. 〈그림〉의 평행사변형 ABCD에서 $\overline{BP} : \overline{PC}=1 : 2$,
$\overline{CQ} : \overline{QD}=2 : 3$이다. 다음을 구하여라.

(1) $\overline{AR} : \overline{RQ}$

(2) $\overline{DR} : \overline{RP}$

(3) △ARD : □PCQR

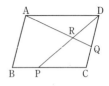

8. 〈그림〉과 같이 $\overline{AD} /\!/ \overline{BC}$인 사다리꼴 ABCD에서 두 대각선의 교점을 M이라 하면 $\overline{AD}=2cm$, $\overline{BC}=5cm$이고, △AMD의 넓이가 $8cm^2$일 때, △CMB의 넓이를 구하여라.

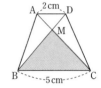

9. 〈그림〉의 사각형 ABCD에서 $\overline{AD} /\!/ \overline{EF} /\!/ \overline{BC}$이고, $\overline{AE} : \overline{EB}=2 : 3$이다. 다음을 구하여라.

(1) $\overline{FG}$의 길이

(2) △BGE : △DGF

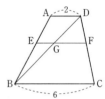

10. 밑면의 반지름의 길이의 비가 2 : 3이고 높이가 같은 두 원뿔 A, B가 〈그림〉과 같이 밑면이 평행하게 놓여 있다. 두 원뿔을 평면 l로 자를 때, 두 원뿔의 단면의 넓이가 같다고 한다.

(1) 색칠한 부분의 부피 $V_1 : V_2$를 구하여라.

(2) 원뿔 A의 부피가 500일 때, V_1, V_2를 각각 구하여라.

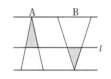

11. 〈그림〉과 같이 원뿔의 모선의 3등분점을 지나고 밑면에 평행한 평면으로 잘라 3개의 도형을 만들 때, 색칠한 원뿔대의 부피를 구하여라. (단, 처음 원뿔의 밑면의 반지름의 길이는 9cm이고 높이는 15cm이다.)

12. 〈그림〉과 같이 높이가 30m인 건물 A에서 올려다 본 각이 30°인 위치에 풍선이 있고, 내려다 본 각이 30°인 곳에 탑이 있다. 탑의 높이가 5m라면, 풍선의 높이는 지상에서 몇 m 높이에 있는가? (단, 풍선은 탑의 연직상방의 위치에 있다.)

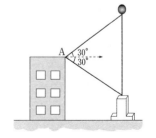

● 한 문제에 여러 가지 내용이 복합
된 높은 수준의 문제입니다.   종합 문제   발전   ● 이 문제를 정복하면 모든 시험에서
우등의 성적을 거둘 것입니다.

1. 〈그림〉의 △ABC에서 $\overline{AD}:\overline{DB}=2:3$이고,
△ABC=10이다.
△ABE=□DBEF일 때, □DBEF의 넓이를 구
하여라.

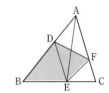

2. 〈그림〉과 같이 $\overline{AD} /\!/ \overline{BC}$인 사다리꼴 ABCD
에서 ∠C의 이등분선이 $\overline{AB}$와 E에서 수직으
로 만난다. $\overline{BE}=2\overline{AE}$이고 △EBC의 넓이가
24일 때 사다리꼴 ABCD의 넓이를 구하여
라.

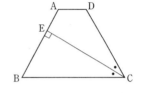

3. 〈그림〉과 같이 삼각형 ABC에서 점 D는 $\overline{AB}$
의 중점이다. $\overline{AC}$ 위에 $2\overline{CE}=\overline{AE}$가 되도록
점 E를 잡고, $\overline{CD}$와 $\overline{BE}$의 교점을 F라 하
자. △CEF의 넓이를 S_1, □ADFE의 넓이를
S_2라고 할 때, $\dfrac{S_2}{S_1}$의 값을 구하여라.

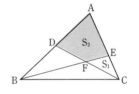

4. 〈그림〉에서 $\overline{AD} /\!/ \overline{BC}$이고, $\overline{AD}=2cm$, $\overline{BC}=6cm$
이다. $\overline{BC}$의 중점을 E, $\overline{BD}$와 $\overline{AE}$, $\overline{AC}$와의 교점
을 각각 F, G라고 할 때, △ABD : △FBE를 구
하여라.

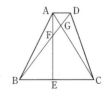

5. 한 변의 길이가 20인 정사각형 ABCD의 대각선의 교점을 O, $\overline{AO}$를 3 : 1로
내분하는 점을 M, $\overline{DM}$의 연장선과 $\overline{AB}$와의 교점을 E라고 할 때, 다음을 구
하여라.
  (1) $\overline{AE}$의 길이   (2) △AEM의 넓이

6. 〈그림〉의 정사각형 **ABCD**에서 점 **M, N**은 각각 $\overline{DC}$, $\overline{BC}$의 중점이다.

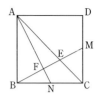

(1) △ECM＝3cm²일 때, ☐ABCD의 넓이를 구하여라.

(2) $\overline{AF}$: $\overline{FN}$을 구하여라.

7. 평행사변형 **ABCD**에서 점 **M**은 $\overline{BC}$의 중점이다. 다음에 답하여라.

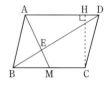

(1) △BME : ☐ABCD를 구하여라.

(2) $\overline{AD}$＝6cm, △BME＝2cm²일 때, $\overline{CH}$의 길이를 구하여라.

8. △ABC에서 ∠ABC＝2∠BAC이다. $\overline{AB}$, $\overline{AC}$의 중점을 각각 D, E라 하고, $\overline{DE}$＝$\overline{DF}$가 되게 점 F를 $\overline{AB}$ 위에 잡았다. $\overline{AD}$: $\overline{DF}$＝4 : 3일 때, △DEF : ☐BCEF를 구하여라.

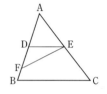

9. 〈그림〉에서 도형 **ABCD－EFGH**는 한 모서리의 길이가 6cm인 정육면체이다. $\overrightarrow{FB}$ 위에 $\overline{BV}$＝6cm인 점 V를 잡고 $\overline{VE}$와 $\overline{VG}$를 지나는 평면으로 정육면체를 자를 때 모서리 AB, BC와의 교점을 각각 M, N이라고 한다. 도형 **MBN－EFG**의 부피를 구하여라.

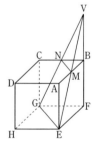

10. 깊이가 10cm인 원뿔 모양의 그릇에 물이 2cm 깊이로 들어 있다. 이 그릇에 매초 일정한 양을 2분 6초 동안 넣었더니 물의 깊이가 8cm가 되었다. 이 그릇을 가득 채우려면 앞으로 몇 초 동안 더 넣어야 하는가?

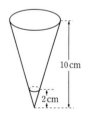

11. 〈그림〉의 직각삼각형 **ABC**에서 점 M, N은 각각 변 AB, AC의 중점이다. 직선 AB를 축으로 하여 △ABC와 △BMN을 1회전시킬 때 생기는 입체도형의 부피의 비를 구하여라.

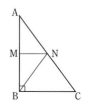

● 국내외의 문제 중 가장 어려운 문제 입니다. **종합 문제** **심화** ● 이 문제를 정복하면 수학 박사라는 별명을 얻을 것입니다.

1. 〈그림〉의 정삼각형 ABC에서
$\angle ADE = 60°$, $\overline{BD} : \overline{DC} = 2 : 1$이다.
$\triangle ADE : \triangle ABC$를 구하여라.

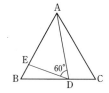

2. 좌표평면 위에 〈그림〉과 같이 정사각형
ABOC가 놓여 있다. 변 AB 위에 한 점 P를
잡아 만든 직선 CP가 x축과 만나는 점을 Q
라고 하자. $\triangle APC$와 $\triangle PQB$의 넓이의 합이
□PBOC와 같을 때, $\triangle APC$와 $\triangle PQB$의 넓이의 비를 구하여라.

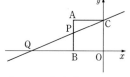

3. $\triangle ABC$에서 점 D는 $\overline{AC}$의 중점이고, P, Q는
$\overline{BC}$의 삼등분점이다. $\triangle ABC = 72 cm^2$일 때,
□RPQS의 넓이를 구하여라.

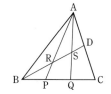

4. 〈그림〉의 평행사변형 ABCD에서 네 점 E, F, G,
H는 차례로 $\overline{AB}$, $\overline{BC}$, $\overline{CD}$, $\overline{DA}$를 $1 : 2$로 내분
하는 점이다.
(1) $\triangle ABP$: □ABCD를 구하여라.
(2) □PQRS : □ABCD를 구하여라.

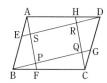

5. $\triangle ABC$의 두 중선 $\overline{AE}$와 $\overline{CD}$의 중점을 각
각 I, H라 한다.
$\triangle ABC$의 넓이가 $120 cm^2$일 때 □DEHI의
넓이를 구하여라.

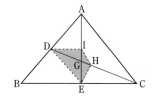

수학은 국력식 공부는 점수에 반영되는 실질적인 실력을 길러 줍니다.

초·중·고	교재 이름	교재의 특장
초 등 수 학	**새내기 중 1 수학**	• 초등학교 6학년 학생들의 선행학습 교재로 편찬한 중1 예비수학입니다.
중 등 수 학	**3000제 꿀꺽수학 1-1, 1-2** **3000제 꿀꺽수학 2-1, 2-2** **3000제 꿀꺽수학 3-1, 3-2** **3000제 실력수학 1-1, 1-2**	• 교과서 문제와 각 학교 중간고사, 기말고사, 연합고사 기출문제를 다단계로 구성하여 학년별로 3000여 문제씩 수록하였습니다.
	헤드 투 헤드 실력수학 1-1, 1-2 **헤드 투 헤드 실력수학 2-1, 2-2** **헤드 투 헤드 고난도 수학 3-1, 3-2**	• 수학 공부의 바른 길을 제시한 중학 수학의 정석입니다. • 기본적인 개념·원리부터 수학 경시대회 수준의 문제까지 방대한 내용을 수록한 책입니다.
	윈윈 e-데이 수학 1-1, 1-2 **윈윈 수학 2500제 2-1, 2-2** **윈윈 수학 2500제 3-1, 3-2**	• 교과서의 모든 내용을 문제로 만들어 패턴별로 정리하였습니다. • 교과서의 개념과 원리-예제·문제·연습·종합문제-기출문제의 순서로 내용을 체계화 하였습니다.
	10주 수학 중 1 (전과정) **10주 수학 중 2 (전과정)** **10주 수학 중 3 (전과정)**	• 중1 수학부터 고1 수학 전과정을 1년에 마스터할 수 있도록 내용을 구성하였습니다. • 대입 수능 수학을 공부하는데 꼭 필요한 기본서로 꾸몄습니다.
고 등 수 학	**10주 수학 고 1 (상권)** **10주 수학 고 1 (하권)**	• 교과서의 기본 개념과 핵심 문제를 빠짐없이 수록하였습니다.
	빌트인 고 1 수학 (상권)	• 고교수학의 기본적인 원리와 개념을 자세히 해설하였습니다. • 핵심적인 문제로 내용을 구성하였습니다.
	라이브 B & A 수학 고 1 (상), (하) **라이브 B & A 수학 Ⅰ (상), (하)** **라이브 수학 Ⅱ (상), (하)** **라이브 수학 (미분과 적분)**	• 우리 나라와 외국의 교과서 문제, 서울 시내 고등학교의 중간·기말고사 문제, 대입 예비고사, 대입 학력고사, 대입 수능 기출문제를 다단계로 구성하였습니다.

HEAD TO HEAD
헤드투헤드

실력수학

중 2-2

전 서울대학교 수학과 교수 **김종식** 감수

오명식 저

수학의 개념과 원리, 그리고 문제 해법을

가장 친절하고 확실하게 해설한 기본서

해설과 정답

HEAD TO HEAD

(주)수학은국력

1. 경우의 수

1. 경우의 수(1)

1. • P → Q → S로 가는 경우
  $2 \times 3 = 6$(가지) ······㉠

  • P → Q → R → S로 가는 경우
  $2 \times 2 \times 2 = 8$(가지) ······㉡

  • P → R → S로 가는 경우
  $3 \times 2 = 6$(가지) ······㉢

  • P → R → Q → S로 가는 경우
  $3 \times 2 \times 3 = 18$(가지) ······㉣

  ㉠, ㉡, ㉢, ㉣에서 모든 경우의 수
  는 $6 + 8 + 6 + 18 = 38$ ← 답

2. $ax = b$에서 $x = \dfrac{b}{a}$ ······㉠

  a, b의 값이 각각 1, 2, 3, 4, 5, 6
  이므로 이 값을 ㉠에 대입하여 x의
  값을 구하면,

  $x = 1, 2, 3, 4, 5, 6, \cdots, \dfrac{1}{6}, \dfrac{5}{6}$

  즉, 해의 개수는 **23개** ← 답

3. 눈의 합이 4인 경우 : 3가지
  눈의 합이 8인 경우 : 5가지
  눈의 합이 12인 경우 : 1가지
  따라서, 구하는 경우의 수는
  9 ← 답

4. 100원, 50원, 10원짜리의 순서로
  (1, 3, 3), (2, 1, 3) ← 답

5. 수험 번호를 **1**, **2**, **3**, **4**, **5**라고
  하면, 먼저 **1**, **2**만 자기 의자에 앉
  는 경우는

  $$\boxed{1} - \boxed{2} - \begin{cases} \boxed{4} - \boxed{5} - \boxed{3} \\ \boxed{5} - \boxed{3} - \boxed{4} \end{cases}$$

  의 2가지이다. 마찬가지로
  (1, 3), (1, 4), (1, 5), (2, 3),
  (2, 4), (2, 5), (3, 4), (3, 5),
  (4, 5)
  가 각각 자기 의자에 앉는 경우도 2
  가지씩이다.
  ∴ $2 \times 10 = 20$ ← 답

1. 철수가 택하는 경우의 수는
  $3 \times 4 = 12$
  순이가 택하는 경우의 수는
  철수가 택한 길을 제외하므로
  $2 \times 3 = 6$
  ∴ $12 \times 6 = 72$ ← 답

2. 동전의 앞면을 H, 뒷면을 T라고 하면

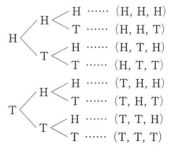

따라서, 구하는 경우의 수는 **3** ← 답

Advice H는 Head(머리), T는 Tail (꼬리)의 머리글자이다.

3. 동전 2개를 던지면 경우의 수는 4
주사위 1개를 던지면 경우의 수는 6
∴ $4 \times 6 = 24$ ← 답

4. 눈의 차가 3인 경우를 구하면
$(1,\ 4)$, $(2,\ 5)$, $(3,\ 6)$, $(6,\ 3)$,
$(5,\ 2)$, $(4,\ 1)$
∴ **6** ← 답

5. $(3,\ 6)$, $(4,\ 5)$, $(4,\ 6)$, $(5,\ 4)$,
$(5,\ 5)$, $(5,\ 6)$, $(6,\ 3)$, $(6,\ 4)$,
$(6,\ 5)$, $(6,\ 6)$
즉, **10** ← 답

6. (2계단을 1회, 1계단을 3회),
(2계단을 2회, 1계단을 1회),
(1계단을 5회)의 3경우에서

• 2계단을 1회, 1계단을 3회 올라갈 경우 :
  $(2,\ 1,\ 1,\ 1)$, $(1,\ 2,\ 1,\ 1)$,
  $(1,\ 1,\ 2,\ 1)$, $(1,\ 1,\ 1,\ 2)$
• 2계단을 2회, 1계단을 1회 올라갈 경우 :
  $(2,\ 2,\ 1)$, $(2,\ 1,\ 2)$, $(1,\ 2,\ 2)$
• 1계단씩 올라갈 경우 : 1가지
따라서, 모든 경우의 수는
8 ← 답

7. 100원짜리를 x개, 50원짜리를 y개
사용해서 800원을 지불한다면
$100x + 50y = 800$
$(1 \leq x < 8,\ 1 \leq y < 16)$
$2x + y = 16$에서 $(x,\ y)$의 순서쌍을
구하면 $(1,\ 14)$, $(2,\ 12)$, $(3,\ 10)$,
$(4,\ 8)$, $(5,\ 6)$, $(6,\ 4)$, $(7,\ 2)$의
7 ← 답

8. (i) 세 점이 모두 원의 호 위에 있을
때 : 1가지
(ii) 두 점이 호 위에 있을 때 : 호 위
에서 두 점을 선택하는 방법은 3
가지이고, 그 각 경우에 대하여
지름 위의 점을 선택하는 방법이
4가지씩 있으므로
$3 \times 4 = 12$(가지)
(iii) 두 점이 지름 위에 있을 때 : 지름
위의 두 점을 선택하는 방법은 6
가지이고, 그 각 경우에 대하여
호 위의 점을 선택하는 방법이 3
가지씩 있으므로
$6 \times 3 = 18$(가지)
∴ $1 + 12 + 18 = \mathbf{31}$ ← 답

p. 16

9. $\overline{\text{AD}}$를 지름으로 하는 삼각형은
△ABD, △ACD, △AED, △AFD의
4개이다.
같은 방법으로 생각하면 $\overline{\text{BE}}$, $\overline{\text{CF}}$를
지름으로 하는 삼각형도 각각 4개씩
있으므로
(구하는 개수) $= 3 \times 4 = \mathbf{12}$(개) ← 답

10. 세 변의 길이를 a, a, b(a, b는
자연수)라고 하면
$2a + b = 25$
이 식을 만족하면서 a, a, b가 삼
각형을 만드는 경우는
$(7,\ 7,\ 11)$, $(8,\ 8,\ 9)$, $(9,\ 9,\ 7)$,
$(10,\ 10,\ 5)$, $(11,\ 11,\ 3)$,
$(12,\ 12,\ 1)$의 **6개**이다. ← 답

11.

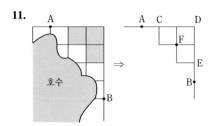

(i) A → C → D → E → B … 1가지

(ii) A → C → F → E → B

$$\left[\begin{array}{l} C → F … 2가지 \\ F → E … 2가지 \end{array}\right]$$

∴ 2×2=4(가지)

위의 (i), (ii)에서 4+1=**5(가지)** ← **답**

12. 색깔로만 짝을 맞추고 있으므로, 짝이 안 맞는 양말의 개수는 각 색깔별로 1개씩, 많아야 4개이다. 14개를 뽑았을 때, 짝이 안 맞는 것의 개수는 많아야 4개이므로, 10개는 5켤레의 짝을 이룬다. 13개를 뽑으면, 13=8+5이므로, 4켤레의 짝 이외에 5개의 양말 속에는 반드시 또한 켤레의 짝이 존재한다. 12개의 양말을 뽑으면 12=8+4이므로 4켤레의 짝만 맞게 되는 경우가 생긴다. 따라서, 구하려는 최소 개수는 **13**이다. ← **답**

13. (x, y, z)는 $(1, 1, 3)$, $(1, 3, 1)$, $(3, 1, 1)$, $(1, 2, 2)$, $(2, 1, 2)$, $(2, 2, 1)$

따라서, 해는 **6쌍** ← **답**

14. (a, b, c)는 $(8, 8, 2)$, $(8, 7, 3)$, $(8, 6, 4)$, $(8, 5, 5)$, $(7, 7, 4)$, $(7, 6, 5)$, $(6, 6, 6)$

따라서, 경우의 수는 **7** ← **답**

15. $(1, 1, 8)$, $(1, 2, 7)$, $(1, 3, 6)$, $(1, 4, 5)$, $(2, 2, 6)$, $(2, 3, 5)$,

$(2, 4, 4)$, $(3, 3, 4)$의 **8**이다. ← **답**

2. 경우의 수 (2)

p. 19

1. (1) 10000의 자리 : 1, 2, 3, 4의 4가지

1000의 자리 : 0, 1, 2, 3, 4 중 10000의 자리에서 안 쓴 4가지

100의 자리 : 위에서 안 쓴 3가지

10의 자리 : 위에서 안 쓴 2가지

1의 자리 : 위에서 안 쓴 1가지

따라서, 구하는 경우의 수는

4×4×3×2×1=**96** ← **답**

(2) (i) 일의 자리에 0이 올 경우 :

1000의 자리 : 4가지

100의 자리 : 3가지

10의 자리 : 2가지

따라서, 4×3×2=24(가지)

(ii) 일의 자리에 2가 올 경우 :

1000의 자리 : 1, 3, 4의 3가지

100의 자리 : 위에서 안 쓴 것 중 3가지

10의 자리 : 위에서 안 쓴 것 중 2가지

따라서, 3×3×2=18(가지)

(iii) 일의 자리에 4가 올 경우 :

위와 같이 생각하면 18가지

∴ 경우의 수는

24+18+18=**60** ← **답**

p. 20

2. 합이 짝수가 되는 것은
(짝수+짝수), (홀수+홀수)
- (짝수+짝수)의 경우 : 처음 짝수를 a, 나중 짝수를 b라고 하면
  a의 가짓수는 50가지
  b의 가짓수는 a를 제외한 49가지
  그런데 $a+b=b+a$이므로
  $50 \times 49 \div 2 = 1225$
- (홀수+홀수)의 경우 : 위와 같이 생각하면 경우의 수는 1225가지
따라서, 구하는 경우의 수는
2450 ← 답

p. 21

3. A → C : 6가지
   C → B : 2가지 　∴ $6 \times 2 = 12$ ← 답

p. 22

1. 십의 자리 : 1, 2, 3, 4의 4가지
   일의 자리 : 0, 1, 2, 3, 4의 5가지
   따라서, 구하는 경우의 수는
   $4 \times 5 = 20$ ← 답

2. c, d를 cd로 묶어서 한 문자로 생각하면 a, b, cd를 한 줄로 배열하는 방법은
   $3 \times 2 \times 1 = 6$(가지)
   a, b, dc를 한 줄로 배열하는 방법은
   $3 \times 2 \times 1 = 6$(가지)
   따라서, 구하는 경우의 수는
   12 ← 답

3. 각 자리의 숫자의 합이 3의 배수이어

야 하므로,
$[0, 1, 2] \rightarrow 102, 120, 201, 210$의
　　　　　4개
$[1, 2, 3] \rightarrow 123, 132, 213, 231,$
　　　　　$312, 321$의 6개
즉, **10개** ← 답

4. a①②③의 꼴로 배열하므로
   ①의 위치에 오는 문자 : 5개
   ②의 위치에 오는 문자 : 4개
   ③의 위치에 오는 문자 : 3개
   따라서, 구하는 경우의 수는
   $5 \times 4 \times 3 = $**60** ← 답

5. $f(2)$: a, b, c, d, e의 5가지
   $f(3)$: a, b, c, d, e의 5가지
   따라서, 구하는 경우의 수는
   $5 \times 5 = $**25** ← 답

6. 각 팀을 a, b, c, d, e, f, g라고 하면 경기를 하는 경우는
   (a, b), (a, c), (a, d), …,
   (f, g)의 42가지 ← (7×6)
   여기서, (a, b)와 (b, a), (a, c)와 (c, a), … 등은 서로 같은 경우이므로
   $42 \div 2 = $**21(번)** ← 답

7. 남자 5명 중 2명을 뽑는 방법은
   $(5 \times 4) \div 2 = 10$(가지)
   여자 3명 중 1명을 뽑는 방법은 3가지
   ∴ $10 \times 3 = $**30** ← 답

p. 23

8. $a+b+c=8$이 되는 (a, b, c)는
   $(1, 1, 6)$, $(1, 2, 5)$, $(1, 3, 4)$,
   $(2, 2, 4)$, $(2, 3, 3)$의 **5** ← 답

9. $[1, 1, 4] \rightarrow (1, 1, 4)$, $(1, 4, 1)$,
   　　　　　$(4, 1, 1)$

$[1, 2, 3] \rightarrow (1, 2, 3),\ (1, 3, 2),$
$\qquad\qquad (2, 1, 3),\ (2, 3, 1),$
$\qquad\qquad (3, 1, 2),\ (3, 2, 1)$
$[2, 2, 2] \rightarrow (2, 2, 2)$ **답 10개**

10. 5개 중에서 2개를 뽑아서 일렬로 세
우는 경우와 같으므로
$5 \times 4 = 20$(가지) ← 답

11.

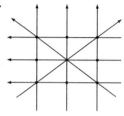

9개 중에서 3개 선택하는 것이므로
$\dfrac{9 \times 8 \times 7}{3 \times 2 \times 1} = 84$
그 중에서 세 점이 직선으로 된 경
우가 〈그림〉과 같이 8가지 있으므로
$84 - 8 = 76$(개) ← 답

Advice 위에서 $9 \times 8 \times 7$을 6으로 나눈
이유 : 9개의 점 중에서 세 점
A, B, C를 선택하여 만든 삼각
형은 ABC, ACB, BAC, BCA,
CAB, CBA의 6개이다. 그런데
이 삼각형은 모두 동일한 삼각
형이다. 따라서, 6으로 나누었
다. (A, B, C를 한 줄로 세울
때 나오는 경우의 수는
$3 \times 2 \times 1 = 6$)

12. 빨간 색종이는 A, B, C가 각각 가질
수 있으므로 3가지의 분배 방법이
있다.
이와 같이 생각하면 각 색종이에 대
하여 모두 3가지씩의 분배 방법이
있으므로
$3 \times 3 \times 3 \times 3 \times 3 = 243$(가지) ← 답

13. 12345, 12354, ……의 나열에서
만자리가 1인 수…$4 \times 3 \times 2 \times 1$
$\qquad\qquad = 24$개 ……㉠
만자리가 2인 수…$4 \times 3 \times 2 \times 1$
$\qquad\qquad = 24$개 ……㉡
만자리가 3인 수…$4 \times 3 \times 2 \times 1$
$\qquad\qquad = 24$개 ……㉢
㉠, ㉡, ㉢에서 72개이므로
73번째 $-$ 41235
74번째 $-$ 41253
75번째 $-$ **41325** ← 답

14. 3장의 카드의 숫자의 합이 3의 배수
가 되는 경우에 그들 세 숫자를 배
열한 세 자리 정수는 3의 배수가 된
다.
따라서, $(0, 1, 2)$, $(0, 2, 4)$,
$(1, 2, 3)$, $(2, 3, 4)$의 경우에 3의
배수가 된다.
(i) $(0, 1, 2)$, $(0, 2, 4)$의 경우
백의 자리에는 0이 올 수 없고,
각각의 경우는 4가지씩이므로
$2 \times 4 = 8$(개)
(ii) $(1, 2, 3)$, $(2, 3, 4)$의 경우
세 숫자가 모두 0이 아니고, 각
각의 경우는 6가지씩이므로
$2 \times 6 = 12$(개)
따라서, 3의 배수의 개수는
$8 + 12 = 20$(개) ← 답

p. 24

1. (1) $2 \times 2 \times 2 \times 2 = 16$ ← 답
(2) H, H, H, T를 배열하면
(H, H, H, T), (H, H, T, H),
(H, T, H, H), (T, H, H, H)
의 **4** ← 답

Advice 동전 4개를 던질 때 앞면의 개수에 대한 경우의 수는 다음과 같다.

앞면의 개수	0	1	2	3	4
경우의 수	1	4	6	4	1

2. $x=\dfrac{b}{a}$에서 b는 a의 배수가 되어야 한다. 이때
$$(a, b)=(1, 1),\ (1, 2),\ (1, 3),$$
$$(1, 4),\ (1, 5),\ (1, 6),$$
$$(2, 2),\ (2, 4),\ (2, 6),$$
$$(3, 3),\ (3, 6),\ (4, 4),$$
$$(5, 5),\ (6, 6)$$
즉, 경우의 수는 **14** ← 답

3. A가 빨강일 때, B는 파랑, 노랑, 초록의 3가지, C는 나머지 2가지, D는 나머지와 B의 색 2가지
A의 경우가 4가지이므로
$$4\times3\times2\times2=48 ← 답$$

4. 10원짜리를 5개 사용하면 지불 방법은 1가지
10원짜리를 4개 사용하면 5원, 1원짜리로 10원을 지불하면 된다. 이때
$$(5원, 1원)=(2, 0),\ (1, 5),\ (0, 10)$$
이므로, 지불 방법은 3가지이다.
따라서, 지불 방법은 **4가지** ← 답

5. 100의 자리—1, 2, 3, 5의 4가지
10의 자리—1, 2, 3, 5 중 100의 자리에서 이용한 것을 제외한 3가지
$$\therefore 4\times3=12 ← 답$$

6. 짝수가 되려면 끝자리의 숫자가 0, 2, 4이어야 한다.
$$\bigcirc\bigcirc\bigcirc0 \rightarrow 5\times4\times3=60$$
$$\bigcirc\bigcirc\bigcirc2 \rightarrow 4\times4\times3=48$$
$$\bigcirc\bigcirc\bigcirc4 \rightarrow 4\times4\times3=48$$
└→(첫째 자리에 0이 올 수 없다.)

$$\therefore 60+48+48=156 ← 답$$

7. B, C, D, E의 4책을 일렬로 배열하는 경우의 수와 같으므로
$$4\times3\times2\times1=24 ← 답$$

p. 25

8. A의 부분에 칠할 수 있는 경우는 5가지, 둘레의 B, C, D, E에 칠할 수 있는 경우는
$$(4\times3\times2)\div4=6(가지)$$
따라서, 모든 경우의 수는
$$5\times6=30 ← 답$$

Advice B, C, D, E에 빨강, 노랑, 녹색, 흰색의 순서로 칠할 경우 바람개비는 돌아가므로

빨강	노랑	녹색	흰색
노랑	녹색	흰색	빨강
녹색	흰색	빨강	노랑
흰색	빨강	노랑	녹색

은 모두 같은 경우이다. B, C, D, E에 노랑, 빨강, 녹색, 흰색의 순서로 칠해도 같은 경우가 4가지 생긴다.
따라서, 4로 나눈 것이다.

9. $\overline{BC}$와 $\overline{CA}$ 위의 점으로 만들어지는 직선의 개수는
$$6\times4=24(개)$$
$\overline{CA}$와 $\overline{AB}$ 위의 점으로 만들어지는 직선의 개수는
$$4\times3=12(개)$$
$\overline{AB}$와 $\overline{BC}$ 위의 점으로 만들어지는 직선의 개수는
$$3\times6=18(개)$$

또, $\overline{BC}$ 위의 점, $\overline{CA}$ 위의 점, $\overline{AB}$ 위의 점으로 만들어지는 직선은 각각 1개씩 있다.

∴ $24+12+18+3=$**57(개)** ← 답

10. 각 바퀴를 차례로 던지면 그 결과는 걸리는 경우와 걸리지 않는 경우의 2가지가 있으므로

$2\times2\times2\times2\times2=32$(가지)

이 중에는 하나도 안걸리는 경우가 1번 있으므로 $32-1=$**31** ← 답

11. 문제의 그림을 다음과 같이 생각하면

$2\times2\times2\times2=$**16** ← 답

12. 십의 자리가 $4-$일의 자리는 6으로 1가지

십의 자리가 $5-$일의 자리는 5를 제외한 모든 수가 올 수 있으므로 5가지

십의 자리가 $6-$일의 자리는 6을 제외한 모든 수가 올 수 있으므로 5가지

따라서, 구하는 수는 **11개** ← 답

13. 4의 배수는 끝 두 자리 수가 4의 배수이므로 12, 16, 24, 28, 32, 36, 48, 52, 56, 64, 68, 72, 76, 84의 14가지

이 각각에 대하여 100의 자리에는 6가지가 올 수 있으므로

$14\times6=$**84(개)** ← 답

14. 상자에 넣을 때

(홀, 짝, 홀, 짝), (홀, 홀, 짝, 짝)의 순서로 넣으면 된다.

이것을 수형도로 나타내면

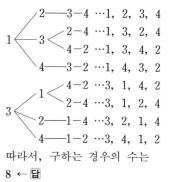

따라서, 구하는 경우의 수는

8 ← 답

15. A, B를 묶어서 한 명(AB)으로 생각하고, C를 제외하여

AB, D, E를 한 줄로 세우면,

$3\times2\times1=6$(가지)

BA, D, E를 한 줄로 세우면

$3\times2\times1=6$(가지)

따라서, 구하는 경우의 수는

12 ← 답

p. 26

1. $y=ax+b$ ……㉠

$y=2ax+3b$ ……㉡

㉡$-$㉠에서

$ax+2b=0$

∴ $x=-\dfrac{2b}{a}$ ……㉢

$ab=6$을 만족하는 순서쌍 $(a,\ b)$는 $(1,\ 6),\ (2,\ 3),\ (3,\ 2),\ (6,\ 1)$의 4가지

이것을 ㉢에 대입하면

$(1,\ 6)$일 때 $x=-12$

$(2,\ 3)$일 때 $x=-3$

$(3,\ 2)$일 때 $x=-\dfrac{4}{3}$

$(6,\ 1)$일 때 $x=-\dfrac{1}{3}$

따라서, 구하는 경우의 수는

2 ← 답

2. (1) 세 개 모두 짝수인 경우 :

$3 \times 3 \times 3 = 27$

빨강이 짝수, 파랑과 노랑이 홀수
인 경우 : $3 \times 3 \times 3 = 27$

파랑이 짝수, 빨강과 노랑이 홀수
인 경우 : $3 \times 3 \times 3 = 27$

노랑이 짝수, 빨강과 파랑이 홀수
인 경우 : $3 \times 3 \times 3 = 27$

따라서, 구하는 경우의 수는

$27 \times 4 = 108$ ← 답

(2) 주사위 3개를 던질 때 나오는 모
든 경우의 수는

$6 \times 6 \times 6 = 216$

눈의 곱이 홀수가 되는 것은 주사
위 세 개가 모두 홀수가 나와야
하므로

$3 \times 3 \times 3 = 27$

따라서, 곱이 짝수가 되는 경우의
수는 $216 - 27 = 189$ ← 답

3. $(f(a),\ f(b),\ f(c)) = (0,\ 0,\ 0),$
$(-1,\ 0,\ 1),\ (-1,\ 1,\ 0),$
$(1,\ 0,\ -1),\ (1,\ -1,\ 0),$
$(0,\ -1,\ 1),\ (0,\ 1,\ -1)$
즉, f의 개수는 **7개** ← 답

4. $f(a),\ f(b),\ f(c),\ f(d)$의 합이 6
이 되려면,
$(f(a),\ f(b),\ f(c),\ f(d))$
$= (1,\ 1,\ 1,\ 3),\ (1,\ 1,\ 3,\ 1),$
$(1,\ 3,\ 1,\ 1),\ (3,\ 1,\ 1,\ 1),$
$(1,\ 1,\ 2,\ 2),\ (1,\ 2,\ 1,\ 2),$
$(2,\ 1,\ 2,\ 1),\ (2,\ 1,\ 1,\ 2),$
$(1,\ 2,\ 2,\ 1),\ (2,\ 2,\ 1,\ 1)$
즉, f의 개수는 **10개** ← 답

5. $y = ax + b$에서 x절편은
$0 = ax + b,\ ax = -b$

$\therefore\ x = -\dfrac{b}{a}$

여기서 $a = b$이면 $x = -1$이므로
$(a,\ b) = (1,\ 1),\ (2,\ 2),\ (3,\ 3),$
$\qquad\qquad (4,\ 4),\ (5,\ 5),\ (6,\ 6)$
따라서, 구하는 경우의 수는

6 ← 답

6. (1) 한 자리 수 : 3(개)
두 자리 수 : $3 \times 3 = 9$(개)
세 자리 수 : $3 \times 3 \times 3 = 27$(개)
네 자리 수 : $3 \times 3 \times 3 \times 3 = 81$(개)
따라서, **120개** ← 답

(2) 5자리의 정수의 개수는
$99999 - 10000 + 1 = 90000$(개)
5자리의 정수 중 0이 없는 정수
의 개수는
$9 \times 9 \times 9 \times 9 \times 9 = 59049$(개)
따라서, 구하는 정수의 개수는
$90000 - 59049 = $**30951(개)** ← 답

p. 27

7. 합이 6의 배수가 되는 경우는
$(0,\ 6),\ (1,\ 5),\ (2,\ 4),\ (3,\ 9),$
$(4,\ 8),\ (5,\ 7)$의 6가지이다.
여기서 $(0,\ 6)$만 한 개의 정수를 만
들고 나머지는 2개의 정수를 만든다.
따라서, 구하는 경우의 수는

11 ← 답

8. (i) 1을 두 번 사용할 때 :
$11\square,\ 1\square1,\ \square11$의 □ 안에 2,
3, 4, 5 중 하나를 각각 넣으면
된다.

$\therefore\ 3 \times 4 = 12$ ⋯ ㉠

(ii) 1을 한 번 사용할 때 :
1, 2, 3, 4, 5 중에서 세 장을 뽑

아 세 자리 수를 만들므로

$5 \times 4 \times 3 = 60$ … ㉡

㉠, ㉡에서 $12 + 60 = 72$ ← **답**

9. 세 수를 n, $n+1$, $n+2$로 놓으면

$n + (n+1) + (n+2) = 15k$

(n, k는 자연수)

$3n + 3 = 15k$, 즉 $n = 5k - 1$

$k = 1, 2, 3, \cdots, 19$

$n = 4, 9, 14, \cdots, 94$

즉, 세 수의 합이 15의 배수인 것은

19묶음이다. ← **답**

10. 세로선 5개 중 2개를 택하는 방법은

$(5 \times 4) \div 2 = 10$(가지)

가로선 3개 중 2개를 택하는 방법은

$(3 \times 2) \div 2 = 3$(가지)

따라서, $10 \times 3 = $**30(개)** ← **답**

11. (1) $A \to B \to C \to F \to I$,

$A \to B \to E \to F \to I$,

$A \to B \to E \to H \to I$,

$A \to D \to E \to F \to I$,

$A \to D \to E \to H \to I$,

$A \to D \to G \to H \to I$

따라서, **6**이다. ← **답**

(2) C에서 만나는 경우 : 1가지

G에서 만나는 경우 : 1가지

E에서 만나는 경우 : P가 2가지

Q가 2가지이므로

$2 \times 2 = 4$(가지)

따라서, 구하는 경우의 수는

6 ← **답**

12. (1) A의 서로 다른 원소에 B의 서로

다른 원소가 대응하는 경우이므로

$4 \times 3 \times 2 = $**24(개)** ← **답**

(2)   A   B

   1 $\longrightarrow$ 4 4 4 5

   2 $\longrightarrow$ 5 5 6 6

   3 $\longrightarrow$ 6 7 7 7

따라서, 구하는 함수의 수는

4개 ← **답**

13. 4회의 합계가 8개이므로 1회에 나르

는 벽돌 수를 기준으로 분류하면

$(1, 1, 3, 3) \to$ 6가지

$(1, 2, 2, 3) \to$ 12가지

$(2, 2, 2, 2) \to$ 1가지

$(2, 3, 3) \to$ 3가지

$\therefore 6 + 12 + 1 + 3 = $**22** ← **답**

p. 28

1. 전부 만들 수 있는 세 자리의 수는

$6 \times 6 \times 6 = 216$(개)

이고 두 숫자가 같은 경우의 수는 총

경우의 수에서(세 숫자가 다른 것) +

(세 숫자가 같은 것)을 제외한 것이

다.

세 숫자가 다른 경우는

$6 \times 5 \times 4 = 120$(개)

세 숫자가 같은 경우는 6개

$\therefore 216 - (120 + 6) = $**90(개)** ← **답**

2. (1) 합이 8이 되는 경우는

$(3, 3, 1, 1) \to$ 3311, 1133,

1313, 3131, 3113, 1331의 6가지

$(3, 2, 2, 1) \to$ 3221, 3212,

3122, 2231, 2213, 2321, 2312,

2123, 2132, 1223, 1232, 1322의

12가지

$(2, 2, 2, 2) \to$ 2222의 1가지

따라서, 구하는 경우의 수는

19 ← **답**

(2) 1111, 1112, 1113, 1122, 1123,

1133, 1222, 1223, 1233, 1333,

2222, 2223, 2233, 2333, 3333

따라서, 경우의 수는 **15** ← **답**

3. 4명에서 책을 한 권씩 주면 3권의 책이 남는다. 이 세 권을 4명에게 분배하는 방법을 생각하자.

A, B, C, D 중 1명에게 3권을 몽땅 주는 방법은 4가지

A, B, C, D 중 1명에게는 2권, 나머지 3명 중 어느 1명에게 1권을 주는 방법은 12가지

A, B, C, D 4명 중 3명에게 1권씩 주는 방법은 4가지

따라서, 경우의 수는

$4+12+4=\mathbf{20}$ ← 답

4. 십의 자리가 1일 때, 1의 자리는 1부터 6까지의 수가 오므로 그 합은

$10\times6+(1+2+3+4+5+6)$

십의 자리가 2일 때, 1의 자리는 1부터 6까지의 수가 오므로 그 합은

$20\times6+(1+2+3+4+5+6)$

이와 같이 생각하여, 십의 자리가 6일 때까지 계산하면

$10\times6+(1+2+3+4+5+6)+$
$20\times6+(1+2+3+4+5+6)+$
$\qquad\cdots\cdots\qquad+$
$60\times6+(1+2+3+4+5+6)$
$=(1+2+3+4+5+6)\times60+$
$\quad(1+2+3+4+5+6)\times6$
$=21\times60+21\times6=\mathbf{1386}$ ← 답

5. 8개의 점에 1부터 8까지의 번호를 붙인다고 생각하면

8개의 정수 중에서 5개의 정수를 뽑아서 한 줄로 늘어 놓는 방법은

$8\times7\times6\times5\times4$(개) ⋯⋯㉠

이 중에서, 이를테면

$(1, 2, 3, 4, 5), (2, 1, 3, 4, 5),$
$(3, 1, 2, 4, 5),\cdots$ 등은 모두 같은 오각형을 나타낸다.

즉, $(1, 2, 3, 4, 5)$로 이루어진 오각형은

$5\times4\times3\times2\times1$(개) ⋯⋯㉡

이며, ㉡의 오각형은 동일한 오각형이다.

∴ $(8\times7\times6\times5\times4)\div(5\times4\times3\times2\times1)$
$=\mathbf{56}$(개) ← 답

6. (1) A$=3$■■, B$=$□■인 경우

· B의 10자리에 올 수 있는 수는 1, 2, 4의 3가지이다.

· A, B의 ■에 올 수 있는 수는 B의 10자리에 온 수와 3을 제외한 수이므로 $3\times2\times1=6$

∴ $3\times6=\mathbf{18}$ ← 답

(2) (i) A$=$□③■, B$=$□■인 경우

· A의 100자리에 올 수 있는 수는 1, 2, 4의 3가지

· B의 10자리에 올 수 있는 수는 A의 100자리에 온 수를 제외한 2가지

· A, B의 ■에 올 수 있는 수는 A의 100자리, B의 10자리에 온 수와 3을 제외한 수이므로 $2\times1=2$

∴ $3\times2\times2=12$ ⋯ ㉠

(ii) A$=$□■■, B$=$③■인 경우

· A의 100자리에 올 수 있는 수는 1, 2, 4의 3가지

· A, B의 ■에 올 수 있는 수는 A의 100자리에 온 수와 3을 제외한 수이므로 $3\times2\times1=6$

∴ $3\times6=18$ ⋯ ㉡

㉠, ㉡에서 $12+18=\mathbf{30}$ ← 답

2. 확 률

1. 확률의 뜻과 그 성질

p. 32

1. 일어날 수 있는 모든 경우의 수는
$6 \times 6 = 36$

(1) 눈의 합이 3 이하인 경우는
$(1, 1), (1, 2), (2, 1)$의 3가지
$\therefore p = \dfrac{3}{36} = \dfrac{1}{12}$ ← 답

(2) 눈의 차가 3 이상인 경우는
$(1, 4), (1, 5), (1, 6), (2, 5),$
$(2, 6), (3, 6), (4, 1), (5, 1),$
$(6, 1), (5, 2), (6, 2), (6, 3)$
의 12가지 $\therefore p = \dfrac{12}{36} = \dfrac{1}{3}$ ← 답

(3) (짝수)＋(짝수) : $3 \times 3 = 9$(가지)
(홀수)＋(홀수) : $3 \times 3 = 9$(가지)
$\therefore p = \dfrac{18}{36} = \dfrac{1}{2}$ ← 답

(4) $(1, 2), (1, 3), (1, 4), (1, 5),$
$(1, 6), (2, 3), (2, 4), (2, 5),$
$(2, 6), (3, 4), (3, 5), (3, 6),$
$(4, 5), (4, 6), (5, 6)$의 15가지
$\therefore p = \dfrac{15}{36} = \dfrac{5}{12}$ ← 답

p. 33

2. 6개의 공 중에서 2개를 꺼내는 경우의 수는 $6 \times 5 \div 2 = 15$
검은 공 4개 중 2개를 꺼내는 경우의 수는 $4 \times 3 \div 2 = 6$

따라서, 검은 공만 나올 확률은
$\dfrac{6}{15} = \dfrac{2}{5}$
그러므로 적어도 한 개가 흰 공일 확률은
$1 - \dfrac{2}{5} = \dfrac{3}{5}$ ← 답

p. 35

1. 모든 경우의 수는 $5 \times 5 = 25$
두 눈의 합이 7, 8, 9, 10일 경우의 수는 차례로 4, 3, 2, 1이므로
구하는 확률은 $\dfrac{10}{25} = \dfrac{2}{5}$ ← 답

Advice $7 = 2 + 5, 5 + 2, 3 + 4, 4 + 3$
$8 = 3 + 5, 5 + 3, 4 + 4$
$9 = 4 + 5, 5 + 4, 10 = 5 + 5$

2. 합이 k인 경우의 수를 x라고 하면
$\dfrac{x}{36} = \dfrac{1}{6}$ $\therefore x = 6$
그런데 두 눈의 합이 7인 경우의 수가 6이다. $\therefore k = 7$ ← 답

3. 주사위를 2회 던질 때, 모든 경우의 수는 $6 \times 6 = 36$
이때 $a = 1$이면 $10 + b$가 3의 배수인 경우는 $b = 2, 5$의 2가지
$a = 2$이면 $20 + b$에서 $b = 1, 4$의 2가지
$a = 3$이면 $30 + b$에서 $b = 3, 6$의 2가지
$a = 4$이면 $40 + b$에서 $b = 2, 5$의 2가지
$a = 5$이면 $50 + b$에서 $b = 1, 4$의 2가지
$a = 6$이면 $60 + b$에서 $b = 3, 6$의 2가지
즉, 3의 배수인 경우는 12가지이다.
따라서, 구하는 확률은
$\dfrac{12}{36} = \dfrac{1}{3}$ ← 답

4. 주어진 방정식을 풀면

$x = \dfrac{b}{a+1}$

x가 정수이어야 하므로

$a=1$일 때, $b=2$, 4, 6 ⇨ 3가지

$a=2$일 때, $b=3$, 6 ⇨ 2가지

$a=3$일 때, $b=4$ ⇨ 1가지

$a=4$일 때, $b=5$ ⇨ 1가지

$a=5$일 때, $b=6$ ⇨ 1가지

따라서, x가 정수가 되는 경우는 8 가지이다.

그러므로 구하는 확률은

$\dfrac{8}{36} = \dfrac{2}{9}$ ← 답

5. 주사위를 세 번 던질 때, 나올 수 있는 모든 경우의 수는

$6×6×6=216$

   (i) 첫 번째 눈의 수가 2의 배수인 경우는 2, 4, 6의 눈이 나올 때이므로 3가지

   (ii) 두 번째 눈의 수가 3의 배수인 경우는 3, 6의 눈이 나올 때의 2가지

   (iii) 세 번째 눈의 수가 5의 배수인 경우는 5의 눈이 나올 때이므로 1가지

   (i), (ii), (iii)에서 모든 경우의 수는

$3×2×1=6$

   따라서, 구하는 확률은

$\dfrac{6}{216} = \dfrac{1}{36}$ ← 답

6. 두 개의 주사위를 던졌을 때, 두 눈의 합이 5인 경우는

$(1, 4)$, $(2, 3)$, $(3, 2)$, $(4, 1)$

   의 4가지이다.

   또, 두 눈의 곱이 6인 경우는

$(1, 6)$, $(2, 3)$, $(3, 2)$, $(6, 1)$

   의 4가지이다.

여기서 조건에 맞는 경우의 수는

$4+4-2=6$

따라서, 구하는 확률은

$\dfrac{6}{36} = \dfrac{1}{6}$ ← 답

7. 모든 경우의 수는 $2×2×2=8$

동전의 앞면을 H, 뒷면을 T라고 하면 40원을 받을 경우는

(H, H, T), (H, T, H), (T, H, H)

의 3가지이다.

따라서, 구하는 확률은 $\dfrac{3}{8}$ ← 답

8. 모든 경우의 수는 $2×2×6=24$

동전은 앞면, 주사위는 3 이상의 눈이 나오는 경우의 수는

HH3, HH4, HH5, HH6의 4

따라서, 구하는 확률은

$\dfrac{4}{24} = \dfrac{1}{6}$ ← 답

p. 36

9. 일어날 수 있는 모든 경우의 수는

$6×6×6=216$

   (1) 경우의 수는

$(1, 1, 1)$, $(2, 2, 2)$, $(3, 3, 3)$

$(4, 4, 4)$, $(5, 5, 5)$, $(6, 6, 6)$

   의 6이므로 구하는 확률은

$\dfrac{6}{216} = \dfrac{1}{36}$ ← 답

   (2) A주사위 ← 1, 2, 3, 4, 5, 6의 6 가지

   B주사위 ← A주사위에서 나온 눈을 제외한 5가지

   C주사위 ← A, B주사위에서 나온 눈을 제외한 4가지

   이때 경우의 수는 $6×5×4$

구하는 확률은

$$\frac{6 \times 5 \times 4}{6 \times 6 \times 6} = \frac{5}{9} \leftarrow 답$$

(3) 경우의 수는 $(1, 1, 1)$, $(1, 2, 1)$, $(2, 1, 1)$, $(1, 1, 2)$의 4

$$\therefore \frac{4}{216} = \frac{1}{54} \leftarrow 답$$

(4) $1 - ($ 모두 같은 눈 $+$ 모두 다른 눈 $)$

$$= 1 - \left(\frac{1}{36} + \frac{5}{9}\right) = \frac{5}{12} \leftarrow 답$$

10. 4장 중 2장을 꺼내는 경우의 수는

$(4 \times 3) \div 2 = 6$(가지)

곱이 음수가 되는 것은

$(-1, 1)$, $(-1, 2)$의 2가지이다.

$$\therefore p = \frac{2}{6} = \frac{1}{3} \leftarrow 답$$

11. 세 변의 길이가 a, b, $c(a < b < c)$ 일 때, 모든 경우의 수는

$(1, 2, 3)$, $(1, 2, 4)$, $(1, 2, 5)$,

$(1, 3, 4)$, $(1, 3, 5)$, $(1, 4, 5)$,

$(2, 3, 4)$, $(2, 3, 5)$, $(2, 4, 5)$,

$(3, 4, 5)$의 10이고 이 중에서 삼각

형의 조건을 만족시키는 것은 3가지 $(a + b > c)$이다.

$$\therefore \boldsymbol{p} = \frac{3}{10} \leftarrow 답$$

12. a, b, c, d, e, f가 한 줄로 서는 경우의 수는

$6 \times 5 \times 4 \times 3 \times 2 \times 1$가지

a, b, c를 묶어서 줄을 세우면 abc, d, e, f가 한 줄로 서는 경우의 수는 $4 \times 3 \times 2 \times 1$가지

또한 묶은 a, b, c가 한 줄로 서는 경우의 수는 $3 \times 2 \times 1$가지

$$\therefore \frac{4 \times 3 \times 2 \times 1 \times 3 \times 2 \times 1}{6 \times 5 \times 4 \times 3 \times 2 \times 1} = \frac{1}{5} \leftarrow 답$$

13. 5명 중에서 2명을 뽑는 경우의 수는

$(5 \times 4) \div 2 = 10$

남자, 여자가 1명씩 뽑히는 경우의 수는 $3 \times 2 = 6$

$$\therefore p = \frac{6}{10} = \frac{3}{5} \leftarrow 답$$

14. 집합 A의 부분집합의 개수는 2^{10}개 이고 $\{a_1, a_2, a_3\}$을 포함하는 부분 집합의 개수는 2^7개이다.

$$\therefore p = \frac{2^7}{2^{10}} = \frac{1}{2^3} = \frac{1}{8} \leftarrow 답$$

15. 5개의 동전을 던질 때 나올 수 있는 모든 경우의 수는

$2 \times 2 \times 2 \times 2 \times 2 = 32$

5개 모두 뒷면이 나올 경우의 수는 1

즉, 모두 뒷면이 나올 확률은 $\frac{1}{32}$이 다.

$$\therefore p = 1 - \frac{1}{32} = \frac{31}{32} \leftarrow 답$$

16. 구하는 확률은

$$\frac{(\text{어두운 부분의 넓이})}{(\text{전체 넓이})} \text{이므로}$$

$$\frac{30 \times 30 - 20 \times 20}{40 \times 40} = \frac{500}{1600} = \frac{5}{16} \leftarrow 답$$

2. 확률의 계산

p. 39

1. 모든 경우의 수는 30

2의 배수는 15개이므로 확률은 $\frac{15}{30}$

짝수가 아닌 소수는 9개이므로

확률은 $\frac{9}{30}$

따라서, 구하는 확률은

$$\frac{15}{30} + \frac{9}{30} = \frac{24}{30} = \frac{4}{5} \leftarrow 답$$

p. 40

2. (i) A, B 두 사람 모두 당첨 제비를
뽑을 확률은 $\dfrac{2}{10}\times\dfrac{1}{9}=\dfrac{1}{45}$

(ii) A는 당첨 제비를 뽑지 못하고,
B는 당첨 제비를 뽑을 확률은

$\dfrac{8}{10}\times\dfrac{2}{9}=\dfrac{8}{45}$

따라서, 구하는 확률은

$\dfrac{1}{45}+\dfrac{8}{45}=\dfrac{9}{45}=\dfrac{1}{5}$ ← 답

p. 41

1. $\dfrac{4}{3+4+5}+\dfrac{5}{3+4+5}=\dfrac{9}{12}=\dfrac{3}{4}$ ← 답

2. $\dfrac{1}{3}\times\dfrac{2}{4}=\dfrac{1}{6}$ ← 답

3. 5개 중 3개를 꺼내는 경우는 5개 중
2개를 남기는 것과 같으므로, 모든
경우의 수는 5개 중 2개를 꺼내는 것
과 같다.

∴ $(5\times4)\div2=10$

흰 공 3개 중에서 2개를 꺼내는 경우
의 수는

$(3\times2)\div2=3$

붉은 공 1개를 꺼내는 경우의 수는 2

∴ $p=\dfrac{3\times2}{10}=\dfrac{3}{5}$ ← 답

4. 빨, 파, 흰 : $\dfrac{2}{4}\times\dfrac{1}{3}\times\dfrac{1}{2}=\dfrac{1}{12}$

빨, 흰, 파 : $\dfrac{2}{4}\times\dfrac{1}{3}\times\dfrac{1}{2}=\dfrac{1}{12}$

파, 빨, 흰 : $\dfrac{1}{4}\times\dfrac{2}{3}\times\dfrac{1}{2}=\dfrac{1}{12}$

파, 흰, 빨 : $\dfrac{1}{4}\times\dfrac{1}{3}\times1=\dfrac{1}{12}$

흰, 빨, 파 : $\dfrac{1}{4}\times\dfrac{2}{3}\times\dfrac{1}{2}=\dfrac{1}{12}$

흰, 파, 빨 : $\dfrac{1}{4}\times\dfrac{1}{3}\times1=\dfrac{1}{12}$

따라서, 구하는 확률은

$\dfrac{1}{12}\times6=\dfrac{1}{2}$ ← 답

5. $y>18-3x$에서

$x=5$일 때 $y=4,\ 5,\ 6$ ∴ $\dfrac{3}{36}$

$x=6$일 때 $y=1,\ 2,\ 3,\ 4,\ 5,\ 6$

∴ $\dfrac{6}{36}$

따라서, 구하는 확률은

$\dfrac{3}{36}+\dfrac{6}{36}=\dfrac{9}{36}=\dfrac{1}{4}$ ← 답

6. (i) $a-b=1 : (a,\ b)$
$=(2,\ 1),\ (3,\ 2),\ (4,\ 3),$
$(5,\ 4),\ (6,\ 5)$이므로

$a+b=3,\ 5,\ 7,\ 9,\ 11$ ∴ $\dfrac{5}{36}$

(ii) $a-b=2 : (a,\ b)$
$=(3,\ 1),\ (4,\ 2),\ (5,\ 3),$
$(6,\ 4)$이므로

$a+b=4,\ 6,\ 8,\ 10$ ∴ $\dfrac{4}{36}$

(iii) $a-b=3 : (a,\ b)$
$=(4,\ 1),\ (5,\ 2),\ (6,\ 3)$
이므로

$a+b=5,\ 7,\ 9$ ∴ $\dfrac{1}{36}$

(iv) $a-b=4 : (a,\ b)$
$=(5,\ 1),\ (6,\ 2)$이므로

$a+b=6,\ 8$ ∴ $\dfrac{1}{36}$

(v) $a-b=5 : (a,\ b)=(6,\ 1)$
이므로 $a+b=7$ ∴ $\dfrac{0}{36}$

∴ $p=\dfrac{5}{36}+\dfrac{4}{36}+\dfrac{1}{36}+\dfrac{1}{36}=\dfrac{11}{36}$ ← 답

7. $\dfrac{3}{6} \times \dfrac{3}{6} = \dfrac{1}{4}$ ← **답**

8. 1, 2, 4, 5가 3의 배수가 아니므로 3 번 모두 3의 배수가 나오지 않을 확 률은 $\dfrac{4}{6} \times \dfrac{4}{6} \times \dfrac{4}{6}$

따라서, 구하는 확률은

$1 - \dfrac{4}{6} \times \dfrac{4}{6} \times \dfrac{4}{6} = \dfrac{19}{27}$ ← **답**

p. 42

9. 짝수의 눈이 나올 확률은 $\dfrac{1}{2}$

홀수의 눈이 나올 확률은 $\dfrac{1}{2}$이고 B가 이길 경우는 2회와 4회뿐이다.

(ⅰ) 2회에서 이길 확률 : 홀 짝 이므로

$\dfrac{1}{2} \times \dfrac{1}{2} = \dfrac{1}{4}$

(ⅱ) 4회에서 이길 확률 :

홀 홀 홀 짝 이므로

$\dfrac{1}{2} \times \dfrac{1}{2} \times \dfrac{1}{2} \times \dfrac{1}{2} = \dfrac{1}{16}$

$\therefore \dfrac{1}{4} + \dfrac{1}{16} = \dfrac{5}{16}$ ← **답**

10. 갑이 가위, 바위, 보를 내는 각각에 대하여 을이 가위, 바위, 보를 내는 경우는 각각 세 가지씩 있으므로 모 든 경우의 수는 $3 \times 3 = 9$

(1) (갑, 을) = (가위, 보), (바위, 가위), (보, 바위)의 세 가지

$\therefore p = \dfrac{3}{9} = \dfrac{1}{3}$ ← **답**

(2) 을이 이길 확률도 $\dfrac{1}{3}$이므로

비길 확률은 $1 - \left(\dfrac{1}{3} + \dfrac{1}{3} \right)$

$= \dfrac{1}{3}$ ← **답**

11. A, B가 가위 바위 보를 할 때 생기 는 모든 경우의 수는 $3 \times 3 = 9$

A가 이기는 경우는 가위를 낼 때, 바위를 낼 때, 보를 낼 때의 3가지 이므로

A가 이길 확률은 $\dfrac{3}{9} = \dfrac{1}{3}$

B가 이길 확률은 $1 - \dfrac{1}{3} = \dfrac{2}{3}$

A가 2번 이기는 경우는

(A, A, B), (B, A, A), (A, B, A)

이고 각 확률은

$\dfrac{1}{3} \times \dfrac{1}{3} \times \dfrac{2}{3} = \dfrac{2}{27}$

따라서, 구하는 확률은

$\dfrac{2}{27} \times 3 = \dfrac{2}{9}$ ← **답**

12. 모든 경우의 수는 $6 \times 5 = 30$

41 이상인 경우의 수는

$3 \times 5 = 15 \qquad \therefore \dfrac{15}{30} \qquad \cdots\cdots \text{㉠}$

36인 경우의 수는 1 $\quad \therefore \dfrac{1}{30} \quad \cdots\cdots \text{㉡}$

㉠, ㉡에서 $\dfrac{15}{30} + \dfrac{1}{30} = \dfrac{8}{15}$ ← **답**

13. 모든 경우의 수는

$(9 \times 8) \div 2 = 36$

(홀수, 짝수) 또는 (짝수, 홀수) 가 나올 경우의 수는

$5 \times 4 = 20 \qquad \therefore \dfrac{20}{36} = \dfrac{5}{9}$ ← **답**

14. $a + b$가 짝수가 되는 것은 a와 b가 모두 짝수이거나 홀수일 때이므로

$\dfrac{1}{2} \times \dfrac{2}{3} + \left(1 - \dfrac{1}{2} \right) \times \left(1 - \dfrac{2}{3} \right)$

$= \dfrac{1}{2}$ ← 답

15. $(1-0.6) \times (1-0.7) = 0.12$ ← 답

p. 43

1. 두 수의 곱이 12 이하인 경우
$(1, 2), (1, 3), (1, 4), (1, 5),$
$(1, 6), (1, 7), (1, 8), (1, 9),$
$(2, 3), (2, 4), (2, 5), (2, 6),$
$(3, 4)$의 13가지

$\therefore p = \dfrac{13}{36}$ ← 답

2. (1) $c=2$일 때, $(a, b)=(1, 1)$
$c=3$일 때, $(a, b)=(2, 1), (1, 2)$
$c=4$일 때, $(a, b)=(3, 1),$
$\qquad\qquad\qquad (2, 2), (1, 3)$
$c=5$일 때, $(a, b)=(4, 1),$
$\qquad\qquad (3, 2), (2, 3), (1, 4)$
$c=6$일 때, $(a, b)=(5, 1),$
$\qquad\qquad\qquad (4, 2), (3, 3),$
$\qquad\qquad\qquad (2, 4), (1, 5)$

$\therefore p = \dfrac{15}{216} = \dfrac{5}{72}$ ← 답

(2) 위의 (1)에 다음을 추가한다.
$c=4$일 때, $(a, b)=(1, 1)$
$c=6$일 때, $(a, b)=(1, 1),$
$\qquad\qquad\qquad (1, 2), (2, 1)$

$\therefore p = \dfrac{15+4}{216} = \dfrac{19}{216}$ ← 답

3. 8명 중에서 2명을 뽑는 경우의 수는
$(8 \times 7) \div 2 = 28$
A, B, C, D, E 중에서 1명을 뽑고,
F, G, H 중에서 1명을 뽑는 경우의
수는 $5 \times 3 = 15$

$\therefore p = \dfrac{15}{28}$ ← 답

4. 3개의 주머니에서 꺼낼 수 있는 경우
의 수는 $3 \times 3 \times 3 = 27$
서로 다른 색의 구슬이 나오는 경우
의 수는 $3 \times 2 \times 1 = 6$

$\therefore p = \dfrac{6}{27} = \dfrac{2}{9}$ ← 답

5.

합	-1	-1	$+1$	$+1$	$+1$	$+1$
-1	-2	-2	0	0	0	0
-1	-2	-2	0	0	0	0
$+1$	0	0	2	2	2	2
$+1$	0	0	2	2	2	2
$+1$	0	0	2	2	2	2
$+1$	0	0	2	2	2	2

합이 0일 확률은 $\dfrac{16}{36} = \dfrac{4}{9}$ ← 답

6. $\begin{cases} y=2x-a \\ y=-x+b \end{cases}$ 에서

$2x-a = -x+b, \ 3x = a+b$

$x = \dfrac{a+b}{3} = 2$ $\quad \therefore a+b=6$

따라서, 이를 만족하는 (a, b)는
$(1, 5), (2, 4), (3, 3), (4, 2),$
$(5, 1)$의 5가지이다.

$\therefore$ (구하는 확률)$= \dfrac{5}{36}$ ← 답

7. B주머니에 붉은 구슬이 x개라면 흰
구슬은 $(10-x)$개이므로 이 중에서
1개를 꺼냈을 때, 그것이 붉은 구슬
일 확률은 $\dfrac{x}{10}$이다. A주머니와 B주
머니의 구슬을 모두 섞으면 여기에는
붉은 구슬이 아닌 구슬이 $(15-x)$개
들어 있으므로, 1개를 꺼낼 때 그것
이 붉은 구슬이 아닐 확률은 $\dfrac{15-x}{15}$

이다.

붉은 구슬일 확률이 붉은 구슬이 아

닐 확률보다 $\frac{1}{6}$ 크므로

$$\frac{x}{10}=\frac{15-x}{15}+\frac{1}{6} \qquad \therefore \ x=7$$

답 7개

p. 44

8. 두 사람이 모두 흰 공을 꺼낼 확률 :

$$\frac{2}{3}\times\frac{2}{3}=\frac{4}{9}$$

두 사람이 모두 검은 공을 꺼낼 확

률 : $\frac{1}{3}\times\frac{1}{3}=\frac{1}{9}$

$$\therefore \ \frac{4}{9}+\frac{1}{9}=\frac{5}{9} \ \leftarrow 답$$

9. 5개 중 2개를 꺼내는 경우의 수는

$(5\times4)\div2=10$

붉은 구슬 3개 중 2개를 꺼내는 경우

의 수는 $(3\times2)\div2=3$

$$\therefore \ p=\frac{3}{10} \ \leftarrow 답$$

10. ㉠, ㉡에서 $\frac{x}{a}=x-b$

교점의 x좌표가 4이므로

$4=a(4-b)$

$b=2$일 때 $a=2$

$b=3$일 때 $a=4$

$$\therefore \ p=\frac{2}{6\times6}=\frac{1}{18} \ \leftarrow 답$$

11. 모든 경우의 수는

$6\times6\times6=216$

$M-m>1$인 경우는

$M-m\leq1$인 경우의 여사건이다.

(i) $M-m=0$인 경우는 $(1,\ 1,\ 1)$,

$(2,\ 2,\ 2),\ \cdots,\ (6,\ 6,\ 6)$의 6가

지이다.

(ii) $M-m=1$인 경우는 $M=2$, $m=1$

일 때 $(1,\ 1,\ 2)$, $(1,\ 2,\ 1)$,

$(2,\ 1,\ 1)$, $(1,\ 2,\ 2)$, $(2,\ 1,\ 2)$,

$(2,\ 2,\ 1)$의 6가지이고, 마찬가

지로 $M=3$, 4, 5, 6일 때도 각

각 6가지씩의 경우가 생긴다.

따라서, $M-m=1$인 경우의 수

는 $6\times5=30$

(i), (ii)에서 $M-m\leq1$인 경우의 수

는 36이다.

따라서, 구하는 확률은

$$1-\frac{36}{216}=1-\frac{1}{6}=\frac{5}{6} \ \leftarrow 답$$

12. $(\overline{OB}$의 기울기$)=\frac{1}{2}$

$(\overline{OA}$의 기울기$)=2$

따라서, $\frac{b}{a}<\frac{1}{2}$, $\frac{b}{a}>2$

일 확률을 구한다.

(i) $\frac{b}{a}<\frac{1}{2}$인 경우 :

$(a,\ b)=(3,\ 1),\ (4,\ 1),$

$(5,\ 1),\ (5,\ 2),$

$(6,\ 1),\ (6,\ 2)$

(ii) $\frac{b}{a}>2$인 경우 :

$(a,\ b)=(1,\ 3),\ (1,\ 4),$

$(1,\ 5),\ (1,\ 6),$

$(2,\ 5),\ (2,\ 6)$

(i), (ii)에서 구하는 확률은

$$\frac{6}{36}+\frac{6}{36}=\frac{12}{36}=\frac{1}{3} \ \leftarrow 답$$

13. (1) 일어날 수 있는 모든 경우의 수

는 $3\times3\times3\times3=81$

어느 특정한 한 사람이 이기는

경우는 가위, 바위, 보의 3가지

이므로 네 사람 중 한 사람이 이

기는 경우의 수는 $4 \times 3 = 12$

$\therefore$ (확률) $= \dfrac{12}{81} = \dfrac{4}{27}$ ← 답

(2) 네 사람 중 승자 2인을 정하는 경우의 수는 $4 \times 3 \div 2 = 6$

그런데 각 사람이 이기는 경우의 수는 가위, 바위, 보의 3가지씩 이므로 2인의 승자가 결정되는 경우의 수는 $6 \times 3 = 18$

$\therefore$ (확률) $= \dfrac{18}{81} = \dfrac{2}{9}$ ← 답

(3) 승자가 세 사람이 정해질 확률은 패자가 한 사람만 정해질 확률과 같다. 그런데 패자가 한 사람만 정해질 확률은 위 (1)의 확률과 같다.

따라서, 구하는 확률은

$1 - \left(\dfrac{4}{27} + \dfrac{2}{9} + \dfrac{4}{27} \right) = \dfrac{13}{27}$ ← 답

14. B팀은 ①을 뽑아야 하고, A, B 두 팀이 모두 1회전에서 이겨야 한다.

B가 ①을 뽑을 확률은 $\dfrac{2}{7}$

A, B팀이 1회전에서 이길 확률은

$\dfrac{1}{2} \times \dfrac{1}{2} = \dfrac{1}{4}$

$\therefore \dfrac{2}{7} \times \dfrac{1}{4} = \dfrac{1}{14}$ ← 답

p. 45

1. (1) $5 \times 4 \times 3 \times 2 = 120$ ← 답

(2) B, C, D의 세 사람이 나머지 네 의자에 앉으면 된다.

이때의 경우의 수는

$4 \times 3 \times 2 = 24$

$\therefore p = \dfrac{24}{120} = \dfrac{1}{5}$ ← 답

2. $y = ax + b$가 점 $(1, 1)$을 지난다면 $a + b = 1$이 된다.

그런데 $a + b = 1$이 되는 것은

$(a, b) = (2, -1), (-1, 2),$

$(1, 0), (0, 1)$

의 4가지 경우가 있고 각각의 확률의 합을 구하면

$\dfrac{1}{6} \times \dfrac{1}{5} + \dfrac{1}{6} \times \dfrac{1}{5} + \dfrac{1}{3} \times \dfrac{2}{5} + \dfrac{1}{3} \times \dfrac{2}{5}$

$= \dfrac{1}{3}$ ← 답

3. (1) 합이 짝수가 되려면 세 수가 모두 짝수이거나 두 수가 홀수이고 한 수가 짝수이어야 한다.

3개 모두 짝수인 경우 : 4장 $(2, 4, 6, 8)$ 중에서 3장을 뽑는 경우의 수는 4

2개는 홀수이고 1개는 짝수인 경우 : 5장 $(1, 3, 5, 7, 9)$ 중에서 2장을 뽑고 짝수 4장 중에서 한 장을 뽑는 경우의 수는

$\{(5 \times 4) \div 2\} \times 4 = 40$

따라서, 구하는 경우의 수는

$4 + 40 = 44$ ← 답

Advice 4장 중에서 3장을 뽑는 경우의 수는 4장 중에서 1장을 뽑는 경우의 수와 같다.

(2) $45 = 5 \times 9$이고

5의 배수는 1의 자리 수가 5의 배수, 9의 배수는 각 자리의 수의 합이 9의 배수가 되어야 한다.

따라서, 135, 315, 495, 945, 675, 765의 6가지

또한 모든 경우의 수는 $9 \times 8 \times 7$

$\therefore p = \dfrac{6}{9 \times 8 \times 7} = \dfrac{1}{84}$ ← 답

4. $(a+1)x=2-b$에서 $x=\dfrac{2-b}{a+1}$

a에 1, 3, 5, 7, 9

b에 2, 4, 6, 8, 10을 대입하여 해를 구하면 다음 표와 같다.

b \ a	1	3	5	7	9
2	0	0	0	0	0
4	-1	$-\dfrac{1}{2}$	$-\dfrac{1}{3}$	$-\dfrac{1}{4}$	$-\dfrac{1}{5}$
6	-2	-1	$-\dfrac{2}{3}$	$-\dfrac{1}{2}$	$-\dfrac{2}{5}$
8	-3	$-\dfrac{3}{2}$	-1	$-\dfrac{3}{4}$	$-\dfrac{3}{5}$
10	-4	-2	$-\dfrac{4}{3}$	-1	$-\dfrac{4}{5}$

따라서, 해가 정수일 확률은

$\dfrac{13}{25}$ ← 답

5. (1) 4명을 4개의 방에 배정하는 경우의 수는 4명을 한 줄로 세우는 경우의 수와 같으므로

$4\times3\times2\times1=24$

4명이 모두 전과 같은 방에 배정받는 경우의 수는 1가지

따라서, 구하는 확률은 $\dfrac{1}{24}$ ← 답

(2) 전에 A, B, C, D가 각각 a방, b방, c방, d방에 배정 받았다면 이들을 모두 전과는 다른 방에 배정하는 방법은

A　B　C　D　(A B C D)

$b \Big\langle \begin{array}{l} a \to d \to c \quad (b,a,d,c) \\ c \to d \to a \quad (b,c,d,a) \\ d \to a \to c \quad (b,d,a,c) \end{array}$

$c \Big\langle \begin{array}{l} a \to d \to b \quad (c,a,d,b) \\ d \to a \to b \quad (c,d,a,b) \\ d \to b \to a \quad (c,d,b,a) \end{array}$

$d \Big\langle \begin{array}{l} a \to b \to c \quad (d,a,b,c) \\ c \to a \to b \quad (d,c,a,b) \\ c \to b \to a \quad (d,c,b,a) \end{array}$

의 9가지가 있으므로

구하는 확률은 $\dfrac{9}{24}=\dfrac{3}{8}$ ← 답

6. 동전의 중심이 검게 칠한 정사각형의 내부에 있을 때가 구하는 확률이므로

$\dfrac{1\times1}{3\times3}=\dfrac{1}{9}$ ← 답

3 cm

p. 46

7. (1) 4회 모두 1 또는 2의 눈이 나와야 한다.

$\therefore p=\dfrac{2\times2\times2\times2}{6\times6\times6\times6}=\dfrac{1}{81}$ ← 답

(2) 4회 중 2회는 우측으로, 2회는 위쪽으로 움직여야 한다. 이때의 경우의 수는

(우, 우, 위, 위),

(우, 위, 우, 위),

(우, 위, 위, 우),

(위, 우, 우, 위),

(위, 우, 위, 우),

(위, 위, 우, 우)

의 6이므로

$p=\dfrac{(2\times2\times2\times2)\times6}{6\times6\times6\times6}$

$=\dfrac{2}{27}$ ← 답

(3) $y=-x+4$가 되는 경우는

$(x,\ y)=(0,\ 4),\ (1,\ 3),$
$\qquad (2,\ 2),\ (3,\ 1),$
$\qquad (4,\ 0)$

$(0,\ 4),\ (4,\ 0)$인 경우는 각각 $2\times2\times2\times2$가지이다.

또, $(2,\ 2)$인 경우는

$6\times2\times2\times2\times2$가지이고,

$(1,\ 3),\ (3,\ 1)$인 경우는 각각 $4\times2\times2\times2\times2$가지이다.

따라서, 모든 경우의 수는

$2^4+2^4+6\times2^4+4\times2^4+4\times2^4$
$=2^4(1+1+6+4+4)$
$=2^4\times16$

$\therefore\ p=\dfrac{2^4\times16}{6\times6\times6\times6}=\dfrac{16}{81}\ \leftarrow$ 답

8. (1) $x=y$일 경우의 수는 9

$\therefore\ p=\dfrac{9}{9\times9}=\dfrac{1}{9}\ \leftarrow$ 답

(2) $x=1$일 때, $y=1\to1$가지

$x=2,\ 3,\ 5,\ 7$일 때,
$\qquad y=1,\ x\to$ 각각 2가지

$x=4$일 때, $y=1,\ 2,\ 4\to3$가지

$x=6$일 때,
$\qquad y=1,\ 2,\ 3,\ 6\to4$가지

$x=8$일 때,
$\qquad y=1,\ 2,\ 4,\ 8\to4$가지

$x=9$일 때, $y=1,\ 3,\ 9\to3$가지

$\therefore\ p=\dfrac{23}{81}\ \leftarrow$ 답

Advice $\left.\begin{array}{l}x=2\text{이면 } y=1,\ 2\\ x=3\text{이면 } y=1,\ 3\\ x=5\text{이면 } y=1,\ 5\\ x=7\text{이면 } y=1,\ 7\end{array}\right\}$ 각각 2가지

(3) $x=1$이면 $y\leq\dfrac{9}{2}$

$\therefore\ y=1,\ 2,\ 3,\ 4$

즉, 4가지

$x=2$이면 $y\leq3$ $\therefore\ y=1,\ 2,\ 3$

즉, 3가지

$x=3$이면 $y\leq\dfrac{3}{2}$ $\therefore\ y=1$

즉, 1가지 $\therefore\ p=\dfrac{8}{81}\ \leftarrow$ 답

9. (1) 직선 OA의 기울기는 a

직선 OB의 기울기는 $\dfrac{b}{2}$

O, A, B가 일직선 위에 있으려면

$a=\dfrac{b}{2}$에서 $b=2a$

즉, $(a,\ b)=(1,\ 2),\ (2,\ 4),$
$\qquad\qquad (3,\ 6)$

$\therefore\ p=\dfrac{3}{36}=\dfrac{1}{12}\ \leftarrow$ 답

(2) x축과 평행하면 $a=b$이어야 하므로

$(a,\ b)=(1,\ 1),\ (2,\ 2),$
$\qquad\qquad (3,\ 3),\ (4,\ 4),$
$\qquad\qquad (5,\ 5),\ (6,\ 6)$

따라서, x축에 평행하지 않을 확률은 $p=1-\dfrac{6}{36}=\dfrac{5}{6}\ \leftarrow$ 답

10. (1) $\dfrac{3}{5}\times\left(1-\dfrac{1}{3}\right)\times\left(1-\dfrac{1}{4}\right)=\dfrac{3}{10}\ \leftarrow$ 답

(2) 합격을 ○, 불합격을 ×로 나타낼 때, A, B, C에 대하여 ○○×, ○×○, ×○○일 확률을 구하면 된다.

$\therefore\ \left(\dfrac{3}{5}\times\dfrac{1}{3}\times\dfrac{3}{4}\right)+\left(\dfrac{3}{5}\times\dfrac{2}{3}\times\dfrac{1}{4}\right)$
$\quad+\left(\dfrac{2}{5}\times\dfrac{1}{3}\times\dfrac{1}{4}\right)=\dfrac{17}{60}\ \leftarrow$ 답

11. A, B는 당첨되고 C는 당첨되지 않을 확률은 $\dfrac{3}{5}\times\dfrac{2}{4}\times\dfrac{2}{3}=\dfrac{1}{5}$

특정인 2명만 당첨될 확률은 $\dfrac{1}{5}$인데, 2명이 당첨되는 경우는 AB,

BC, AC의 3가지가 있으므로

$$p=\frac{1}{5}\times3=\frac{3}{5} \leftarrow \boxed{답}$$

12. 6개의 꼭짓점 중에서 3개의 꼭짓점
을 택하는 경우의 수는

$(6\times5\times4)\div(3\times2)=20 \quad\cdots\cdots\bigcirc$

따라서, 모든 경우의 수는 20

이 중에서 이등변삼각형은 정육각형
의 한 꼭짓점과 이웃하는 두 변으로
이루어지는 삼각형의 6개와 정삼각
형 2개가 있으므로 모두 8개이다.

$$\therefore p=\frac{8}{20}=\frac{2}{5} \leftarrow \boxed{답}$$

p. 47

1. (1) 세 사람이 낼 수 있는 모든 경우
의 수는 $1\times3\times3=9$

A가 이기는 경우는

「A만 이김, A, B가 이김, A, C
가 이김」의 세 가지 경우가 되므
로 $p=\frac{3}{9}=\frac{1}{3} \leftarrow \boxed{답}$

(2) 세 명이 모두 바위를 내는 경우는
1가지이고, 세 명이 모두 다르게
내는 경우는 2가지이므로,

$$\therefore p=\frac{3}{9}=\frac{1}{3} \leftarrow \boxed{답}$$

(3) A와 B, A와 C, B와 C가 이기는
경우이므로

$$\frac{3}{9}=\frac{1}{3} \leftarrow \boxed{답}$$

2. (1) 홀수가 3회면 9점

홀수가 2회, 짝수가 1회면 5점

홀수가 1회, 짝수가 2회면 1점

짝수가 3회면 −3점

따라서, **4가지** ← $\boxed{답}$

(2) A는 3회 모두 짝수가 나왔다.

B가 3회 던질 때 짝수나 홀수가
나오는 경우의 수는 $2\times2\times2=8$

이 중에서 3회 모두 짝수가 나오
는 것을 제외하면, B의 득점이 A
보다 많으므로

$$p=\frac{7}{8} \leftarrow \boxed{답}$$

3. 7개의 제품을 a, b, c, d, e, f, g
라 하고 불량품을 a, b라 하자.

(1) 2회의 검사를 할 때의 경우의 수
는 $7\times6=42$

2회에 검사를 종료하려면 (a, b)
나 (b, a)가 나와야 하므로

$$p=\frac{2}{42}=\frac{1}{21} \leftarrow \boxed{답}$$

(2) 4회의 검사를 할 때의 경우의 수
는 $7\times6\times5\times4$

4회째 검사를 마치려면 4회째는
a(또는 b), 그 전의 3회 동안 한
회는 b(또는 a)가 나와야 한다.

이때의 경우의 수는 2

또한 나머지 2회는 우량품 5개 중
2개를 꺼내는 경우가 된다.

따라서, 이때의 경우의 수는
$3\times(5\times4)$

$$\therefore p=\frac{3\times5\times4\times2}{7\times6\times5\times4}=\frac{1}{7} \leftarrow \boxed{답}$$

4. (1) 12명 중에서 2명을 뽑는 경우의
수는

$(12\times11)\div2=66$(가지)

이 중에서 부부가 뽑히는 경우는
6가지

$$\therefore p=\frac{6}{66}=\frac{1}{11} \leftarrow \boxed{답}$$

(2) 남자 1명을 뽑는 경우의 수는 6가지
각각에 대하여 여자를 뽑는 경우
의 수는 6가지

$$\therefore \ p = \frac{36}{66} = \frac{6}{11} \ \leftarrow \boxed{\text{답}}$$

5. 가로의 3개의 점 중에 2개를 택하고, 세로의 3개의 점 중에 2개를 택하면 하나의 직사각형이 된다.

3개의 점 중에 2개를 택하는 방법은 3가지이므로 경우의 수는 $3 \times 3 = 9$

그런데 점을 사선으로 연결할 때, 하나의 직사각형이 생기므로 모든 경우의 수는 10이고, 정사각형은 6가지이다.

$$\therefore \ p = \frac{6}{10} = \frac{3}{5} \ \leftarrow \boxed{\text{답}}$$

6. 주사위를 두 번 던질 때의 경우의 수는 $6 \times 6 = 36$

이 중에서 두 번째 시행 후 P가 A에 있는 경우는 2회에 걸쳐 나온 눈의 수의 합이 4, 8, 12일 때이다.

즉, $(1, 3)$, $(2, 2)$, $(3, 1)$,
$\quad (2, 6)$, $(3, 5)$, $(4, 4)$,
$\quad (5, 3)$, $(6, 2)$, $(6, 6)$,

따라서, 그 경우의 수는 9이므로

$$p = \frac{9}{36} = \frac{1}{4} \ \leftarrow \boxed{\text{답}}$$

3. 삼각형의 성질

1. 명제

p. 50

1. (1) 홀수는 소수이다. **(거짓)**

(2) ab가 홀수이면 a, b는 홀수이다. **(거짓)**

(3) 8의 약수는 4의 약수이다. **(거짓)**

Advice (1) 9는 홀수이지만 소수가 아니다.

(2) 15는 홀수이지만
$15 = -3 \times (-5)$에서 -3과 -5는 홀수가 아니다.

경고 명제 「ab가 홀수이면 a, b는 홀수이다.」를 참이라고 주장하는 학교 수학선생님도 가끔 계신다. 그러므로 이 명제의 참, 거짓을 여러분 학교 선생님께 질문하여 꼭 확인하라. (시험에 잘 나오는 문제이다.)

p. 51

2. (1) 명제 : $2x > -3 - 3$에서
$\quad x > -3$이다. (거짓)

역 : $x > 0$이면 $2x + 3 > -3$이다.
(참)

(2) 명제 : 정사각형은 직사각형이다.
(참)

역 : 직사각형은 정사각형이다.
(거짓)

(3) 명제와 역이 모두 참이다.

(4) 명제 : 넓이가 같다고 해서 합동이
되는 것은 아니다. (거짓)

역 : 두 삼각형이 합동이면 넓이가
같다. (참)　　　　**답** (3)

---

p. 52

1. (3)은 거짓인 명제, (4)는 참인 명제이
다.　　　　　　　　　　**답** 2개

2. (1) $a>b$의 양변에서 c를 빼면
$a-c>b-c$

(2) 이등변삼각형 중 둔각삼각형도 있
다.

(3) 모든 다각형의 외각의 크기의 합
은 360°이다.

(4) {평행사변형}⊂{사다리꼴}
⊂{사각형}　　　**답** (1), (4)

3. (1) {2, 4, 6, 8, 10, 12,…}⊃
{6, 12, 18,…}

(2) 20의 약수는
1, 2, 4, 5, 10, 20
10의 약수는 1, 2, 5, 10

(3) 모든 정삼각형은 닮음이다.

(4) 정다각형은 모두 선대칭도형이다.
　　　　　　　답 (1), (2), (3)

4. ① $a+b$가 자연수이면 a, b도 자연
수이다. ➡ $a+b$가 자연수라고
해서 반드시 a, b도 자연수인 것
은 아니다. (거짓)

② $n(n+1)$이 짝수이면 자연수 n은
짝수이다. ➡ $n(n+1)$이 짝수이
면 n이 홀수, $n+1$이 짝수일 수
도 있다. (거짓)

③ $x>0$이면 $x+5=2x-1$이다. ➡
$x=1$일 때 $x+5\neq2x-1$ (거짓)

④ 유리수는 정수이다. ➡ 유리수
0.7은 정수가 아니다. (거짓)

⑤ 두 내각의 크기가 같은 삼각형은
정삼각형이다. (거짓)　**답** 없다

5. ① 명제 : $x=5$이면 $x^2=25$이다.
$x=5$이면 $5^2=25$이다. (참)

역 : $x^2=25$이면 $x=5$이다.
$(-5)^2=25$, $5^2=25$이므로
$x^2=25$라고 해서 반드시
$x=5$는 아니다. (거짓)

② 명제 : $a>b$이면 $a^2>b^2$이다.
$a>b>0$일 때만 $a^2>b^2$
이다. (거짓)

역 : $a^2>b^2$이면 $a>b$이다.
$(-5)^2>(-3)^2$이지만
$-5>-3$은 아니다. (거짓)

③ 명제 : 두 수의 합이 음수이면 둘
중의 하나는 반드시 음수가
되어야 한다. (참)

역 : $x<0$ 또는 $y<0$이면
$x+y<0$이다.
두 수 중 하나가 음수라고 해
서 두 수의 합이 꼭 음수가
되는 것은 아니다. (거짓)

④ 명제 : 두 수가 양수이면 그 합과
곱은 양수가 된다. (참)

역 : $a+b>0$, $ab>0$이면 $a>0$,
$b>0$이다.
$ab>0$에서 a, b는 같은 부호
이다. 이때, $a<0$, $b<0$이면
$a+b>0$이 안되므로
$a>0$, $b>0$이어야 한다. (참)

⑤ 명제 : $a^2+b^2\neq0$이면 a, b 중에
는 반드시 0이 아닌 수가
있다.
즉, $a\neq0$ 또는 $b\neq0$ (참)

역 : $a\neq0$ 또는 $b\neq0$이면

$a^2+b^2\neq0$이다.

a, b중에 0이 아닌 수가 있
으면 $a^2+b^2\neq0$이 된다. (참)

답 ④, ⑤

3. 이등변삼각형과 직각삼각형

p. 58

1. △APC와 △ABQ에서
 $\overline{AP}=\overline{AB}$, ∠PAC=∠BAQ,
 $\overline{AC}=\overline{AQ}$
 ∴ △APC≡△ABQ (SAS 합동)
 따라서, $\overline{PC}=\overline{BQ}$

p. 59

2. △EBC와 △FDC에서
 $\overline{BC}=\overline{DC}$, ∠ECB=∠FCD, $\overline{EC}=\overline{FC}$
 ∴ △EBC≡△FDC (SAS 합동)
 따라서, $\overline{BE}=\overline{DF}$

p. 60

3. △DBE와 △DBC에서
 ∠DEB=∠DCB=90°
 $\overline{DB}$(빗변)는 공통, $\overline{EB}=\overline{CB}$
 ∴ △DBE≡△DBC (RHS 합동)
 ∠DBE=∠DBC

Advice 직각(Right angle),
 빗변(Hypotenuse),

각(Angle), 변(Side)의 영문 첫
글자를 따서 RHS 합동,
RHA 합동이라고 한다.

p. 61

1. △ABC에서
 ∠CAB=180°−2×50°=80°
 △BDA에서
 $\angle DAB=\dfrac{180°-50°}{2}=65°$
 ∴ ∠CAD=80°−65°=**15°** ← 답

2. ∠ADE=x라고 하면
 ∠ACD=$x-11°$
 ∠BAD=$x+11°-(x-11°)$
 　　　=**22°** ← 답

3. $\overline{DE}\,/\!/\,\overline{BC}$이므로
 $y=$**60°** ← 답
 $x=\angle C$
 　$=180°-(40°+70°)$
 　$=$**70°** ← 답

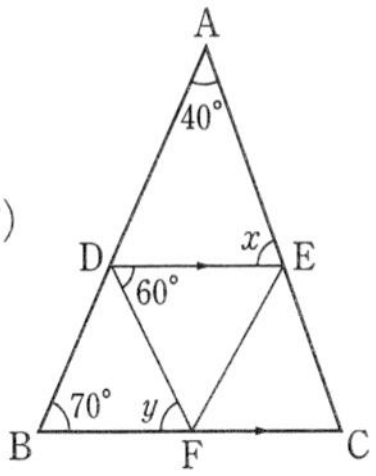

4. ∠A=x라 놓으면
 ∠ABD=∠A=x
 △ABD에서
 ∠BDC=∠ABD+∠A=$2x$
 $\overline{BD}=\overline{BC}$이므로
 ∠BCD=∠BDC=$2x$
 $\overline{AB}=\overline{AC}$이므로
 ∠ABC=∠ACB=$2x$
 삼각형의 세 내각의 크기의 합은
 180°이므로
 $x+2x+2x=180°$
 ∴ $x=\angle A=$**36°** ← 답

5.

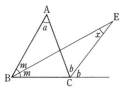

<그림>에서 $a+2m=2b$

$b=m+\dfrac{1}{2}a$ ……㉠

$x+m=b$ ……㉡

㉠, ㉡에서

$x+m=m+\dfrac{1}{2}a$

$\therefore\ x=\dfrac{1}{2}a$ ←**답**

p. 62

6.

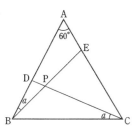

△ABE와 △BCD에서

$\overline{AB}=\overline{BC}$

$\overline{AE}=\overline{BD}$

$\angle A=\angle DBC$

$\therefore\ \triangle ABE\equiv\triangle BCD$ (SAS합동)

$\angle ABE=\angle BCD=a$라고 하면

$\angle BDC=180°-(60°+a)=120°-a$

$\angle DPB=180°-(a+\angle BDC)=60°$

$\therefore\ \angle CPE=\angle DPB=\mathbf{60°}$ ←**답**

7. (1) △AQB와 △APC에서

$\overline{AB}=\overline{AC}$ ……㉠

$\overline{AQ}=\overline{AP}$ ……㉡

또한,

$\angle QAB=60°-\angle BAP$

$\angle PAC=60°-\angle BAP$

$\therefore\ \angle QAB=\angle PAC$ ……㉢

㉠, ㉡, ㉢에서

$\triangle AQB\equiv\triangle APC$ (SAS합동)

(2) $\overline{AC}=\overline{BC}$이므로 $\overline{AB}$의 수직이등분
선은 $\angle ACB$를 이등분한다.

$\therefore\ \angle ABQ=\angle ACP=\mathbf{30°}$ ←**답**

8. $\angle BOC=50°$, $\overline{OC}\,/\!/\,\overline{AB}$에서

$\angle OBA=50°$

△OAB는 이등변삼각형이므로

$y=180°-2\times50°=\mathbf{80°}$ ←**답**

△OAC에서

$\angle AOC=130°$, $\angle OAC=25°$

△OAB에서

$\angle OAB=\angle OBA=50°$

$\therefore\ x=50°-25°=\mathbf{25°}$ ←**답**

9. 밑변의 길이를 $2a$, 높이를 h라고 하
면

(처음 삼각형의 넓이)

$$=\dfrac{1}{2}\cdot2a\cdot h=ah$$

(나중 삼각형의 넓이)

$$=\dfrac{1}{2}\left(\dfrac{9}{10}\cdot2a\right)\cdot\left(\dfrac{11}{10}h\right)$$

$$=\dfrac{99}{100}ah$$

$\therefore\ ah-\dfrac{99}{100}ah=\dfrac{1}{100}ah$

따라서, **1% 감소한다.** ←**답**

10. △MAD와 △MCE에서

$\angle MDA=\angle MEC=90°$, $\overline{AM}=\overline{CM}$

$\overline{MD}=\overline{ME}$

$\therefore\ \triangle MAD\equiv\triangle MCE$ (RHS 합동)

$\angle A=\angle C$

$\therefore\ \angle C=\dfrac{1}{2}\times(180°-50°)=\mathbf{65°}$ ←**답**

11. △ADC와 △EDC에서
∠DAC=∠DEC=90°,
$\overline{DC}$는 공통, ∠ACD=∠ECD
∴ △ADC≡△EDC(RHA 합동)
△ADC=△EDC=2△DBE
△ABC=△ADC+△EDC
　　　+△DBE=5△DBE
∴ **△ADC : △ABC=2 : 5** ← 답

p. 63

1. △ABE와 △ACE에서
$\overline{AB}=\overline{AC}$, ∠BAE=∠CAE,
$\overline{AE}$는 공통
∴ △ABE≡△ACE
따라서, $\overline{BE}=\overline{CE}$

2. △ABC에서 $\overline{DE}\,/\!/\,\overline{BC}$이므로
∠ADE=∠ABC=∠ACB=∠AED
∴ $\overline{AD}=\overline{AE}$
△DBE와 △ECD에서
$\overline{DB}=\overline{EC}$
(∵ $\overline{AB}=\overline{AC}$, $\overline{AD}=\overline{AE}$)
∠BDE=∠CED
(∵ ∠ADE=∠AED)
$\overline{DE}$는 공통
∴ △DBE≡△ECD
∴ $\overline{BE}=\overline{CD}$

3. B와 P, B와 Q를 연결하면
△BPC와 △BQC에서
$\overline{CP}=\overline{CQ}$　　　……㉠
$\overline{BC}$는 공통　　　……㉡
$\overline{AB}=\overline{AC}$에서
∠ABC=∠PCB　　　……㉢
$\overline{AB}\,/\!/\,\overline{CD}$에서
∠ABC=∠QCB　　　……㉣
㉢, ㉣에서

∠PCB=∠QCB　　　……㉤
㉠, ㉡, ㉤에서
△BPC≡△BQC (SAS합동)
∴ $\overline{BP}=\overline{BQ}$

4. △AEC와 △ADB에서
∠AEC=∠ADB=90°
$\overline{AC}=\overline{AB}$
∠A는 공통
∴ △AEC≡△ADB(RHA합동)
∴ $\overline{AE}=\overline{AD}$

5. △BCG와 △DCE에서 정사각형의 각 변의 길이는 같으므로
$\overline{BC}=\overline{DC}$　　　……㉠
$\overline{CG}=\overline{CE}$　　　……㉡
또한, ∠BCG=90°−∠GCD
∠DCE=90°−∠GCD
∴ ∠BCG=∠DCE　　　……㉢
㉠, ㉡, ㉢에서
△BCG≡△DCE(SAS합동)
∴ $\overline{BG}=\overline{DE}$

p. 64

6. △AEB와 △CDB에서
$\overline{EB}=\overline{DB}$, $\overline{AB}=\overline{CB}$,
∠EBA=∠DBC=60°
∴ △AEB≡△CDB(SAS합동)
∴ $\overline{AE}=\overline{CD}$

7. △ABD와 △BCE에서
$\overline{AB}=\overline{BC}$, $\overline{BD}=\overline{CE}$,
∠ABD=∠BCE=60°
∴ △ABD≡△BCE(SAS합동)
∴ $\overline{AD}=\overline{BE}$

8. (1) △ABD와 △CAE에서
$\overline{AB}=\overline{CA}$　　　……㉠
∠ADB=∠CEA=90°　　　……㉡

또한, $\angle BAD + \angle ABD = 90°$

$\angle BAD + \angle CAE = 90°$

$\therefore \ \angle ABD = \angle CAE$ ······ㄷ

ㄱ, ㄴ, ㄷ에서

$\triangle ABD \equiv \triangle CAE$

(2) $\triangle ABD \equiv \triangle CAE$이므로

$\overline{BD} = \overline{AE}, \ \overline{CE} = \overline{AD}$

따라서,

$\overline{DE} = \overline{AD} + \overline{AE}$

$\quad = \overline{BD} + \overline{CE}$

9. $\overline{AB} = \overline{AC}$ (가정) ······ㄱ

또, $\angle ACE = \angle DCE$ (가정)

$\angle DCE = \angle AEC$ (평행선과 엇각)

$\therefore \ \angle ACE = \angle AEC$

$\therefore \ \overline{AC} = \overline{AE}$ ······ㄴ

ㄱ, ㄴ에서 $\overline{AB} = \overline{AE}$

10. $\triangle ABC = \dfrac{1}{2} ah$ ······ㄱ

$\triangle ABC = \dfrac{1}{2} ax + \dfrac{1}{2} ay + \dfrac{1}{2} az$

$\quad = \dfrac{1}{2} a(x + y + z)$ ······ㄴ

ㄱ, ㄴ에서 $h = x + y + z$

---

p. 65

1. ① $c > 0$일 때만

$a > b$이면 $ac > bc$

② $a > b$이면 $-a < -b$이므로

$c - a < c - b$

③ $a - b > 0$이면 $a > b$이다.

⑤ 두 쌍의 대변이 평행한 사각형도

사다리꼴이다.

답 ④

2. $\angle ABC = 60°, \ \angle ABD = a°$이므로

$\angle DBF = 60° - a°$

그런데

$\angle DFC = \angle BDF + \angle DBF$이므로

$\angle DFC = 60° + 60° - a°$

$\quad = 120° - a° \leftarrow$ 답

3.

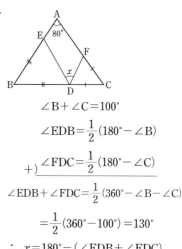

$\angle B + \angle C = 100°$

$\angle EDB = \dfrac{1}{2}(180° - \angle B)$

$+) \ \angle FDC = \dfrac{1}{2}(180° - \angle C)$

$\overline{\qquad\qquad\qquad\qquad}$

$\angle EDB + \angle FDC = \dfrac{1}{2}(360° - \angle B - \angle C)$

$\quad = \dfrac{1}{2}(360° - 100°) = 130°$

$\therefore \ x = 180° - (\angle EDB + \angle FDC)$

$\quad = 180° - 130° = 50° \leftarrow$ 답

4. $\angle A = 36°$이므로

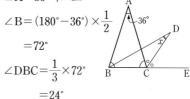

$\angle B = (180° - 36°) \times \dfrac{1}{2}$

$\quad = 72°$

$\angle DBC = \dfrac{1}{3} \times 72°$

$\quad = 24°$

$\angle DCA = (180° - 72°) \times \dfrac{1}{2} = 54°$

$\angle D = 180° - (24° + 72° + 54°)$

$\quad = 30° \leftarrow$ 답

5. 사각형 ABCD

는 정사각형,

$\triangle EBC$는 정삼

각형이므로

$\overline{CE} = \overline{CD}$

$\angle CDE = \angle CED$

$\angle EDB = x$라고 하면

$\angle DBC = 45°$이므로

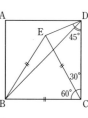

$\angle$CDE$=\angle$CED$=x+45°$

또, $\angle$DCE$=90°-60°=30°$

∴ $2(x+45°)+30°=180°$

따라서, $x=\angle$EDB$=$**30°** ← 답

p. 66

6. $\angle$CAB$=\angle$CBA$=75°$이므로

$\angle$A$=\angle$ODA$=\angle$OEB$=\angle$B$=75°$

즉, $\angle$AOD$=\angle$BOE$=30°$

따라서, $\angle$DOE$=120°$

∴ (부채꼴 DOE)$=\pi\times6^2\times\dfrac{1}{3}$

$\qquad\qquad\qquad=$**12π(cm^2)** ← 답

7. $\triangle$BAE는 $\angle$ABE$=30°$이고

$\overline{BA}=\overline{BE}$인 이등변삼각형이다.

$\triangle$CDE는 $\angle$DCE$=30°$이고

$\overline{CD}=\overline{CE}$인 이등변삼각형이다.

즉, $\angle$BEA$=\angle$CED

$\qquad=\dfrac{180°-30°}{2}=75°$

∴ $\angle$AED$=360°-(75°\times2+60°)$

$\qquad\quad=$**150°** ← 답

8. 삼각형의 내각과 외각의 성질에서

$\triangle$BED에서

$\angle$B$=\angle$ADE$-\angle$BED

$\triangle$CFE에서

$\angle$C$=\angle$BEF$-\angle$CFE

이것을 a, b, c, $60°$를 써서 나타내

면 $\angle$B$=60°+c-a$

$\qquad\angle$C$=60°+a-b$

따라서, $\angle$B$=\angle$C에서

2$a=b+c$ ← 답

9. 다음 그림과 같이 $\overline{AP}+\overline{PC}$가 최소일

때, $\overline{DC}=\overline{DC'}$인 점 C'을 잡으면,

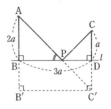

$\overline{BB'}=\overline{DC'}=a$에서

$\overline{AB'}=\overline{B'C'}=3a$

즉, $\triangle$AB'C'은 직각이등변삼각형이

므로 $\angle$APB$=\angle$AC'B'$=$**45°** ← 답

10. $\overline{AB}$와 $\overline{CD}$의 연장선의 교점을 E라

고 하자.

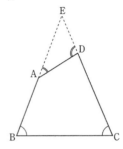

$a=(\angle$A의 외각)$+(\angle$D의 외각)

$\quad=\angle$EAD$+\angle$EDA

$\quad=180°-\angle$E

$b=\angle$B$+\angle$C$=180°-\angle$E

∴ $a=b$ ← 답

p. 67

1. $\angle$BAC$=3x$라고 하면

$\angle$ACB$=\dfrac{180°-3x}{2}$

$\qquad\qquad=90°-\dfrac{3}{2}x$

∴ $\angle$ACE$=77°-\dfrac{3}{2}x$

$\triangle$ACE에서

$$2x+77°-\frac{3}{2}x=90°$$

$$\frac{1}{2}x=13°\quad\therefore\ x=26°$$

$$\therefore\ \angle BAC=3x=\mathbf{78°}\ \leftarrow \boxed{답}$$

2. (1) △ABE와 △CBE에서

$\overline{BE}$는 공통, $\overline{AB}=\overline{CB}$,

$\angle ABE=\angle CBE=45°$

$\therefore$ △ABE≡△CBE(SAS합동)

즉, $\angle BAE=\angle BCE$ ······㉠

또, $\overline{AB}/\!/\overline{DC}$에서

$\angle BAE=\angle AFD$ ······㉡

㉠, ㉡에서 $\angle BCE=\angle AFD$

(2) △ADE≡△CDE (SAS 합동)에서

$\angle DAE=\angle DCE=22°$

또, $\angle CDE=45°$

$\angle BEC=\angle DCE+\angle CDE$

$$=22°+45°=67°$$

$$\therefore\ \angle BEC=\mathbf{67°}\ \leftarrow \boxed{답}$$

3. △BAE와 △CAD에서

$\overline{BA}=\overline{BE}=\overline{CA}=\overline{CD}$,

$\angle B=\angle C$이므로

△BAE≡△CAD(SAS합동)

$\therefore\ \overline{AD}=\overline{AE}$

$\therefore\ \angle AED=\angle ADE$

$$=(180°-36°)\div 2=72°$$

$\angle EAB=\angle AEB$이므로

$\angle ABC=180°-72°\times 2=\mathbf{36°}\ \leftarrow \boxed{답}$

또 $\angle ABC=\angle ACB$이므로

$\angle BAC=180°-36°\times 2=\mathbf{108°}\ \leftarrow \boxed{답}$

4. △ABD와 △CBE에서

$\overline{AB}=\overline{CB}$ ······㉠

$\overline{BD}=\overline{BE}$ ······㉡

또한, $\angle ABD=60°-\angle DBF$

$\angle CBE=60°-\angle DBF$

$\therefore\ \angle ABD=\angle CBE$ ······㉢

㉠, ㉡, ㉢에서

△ABD≡△CBE(SAS 합동)

따라서, $\overline{AD}=\overline{CE}$ $\boxed{답}\ \overline{CE}$

5. △ABP와 △QBP에서

$\angle A=\angle BQP=90°$

$\angle ABP=\angle QBP$

$\overline{BP}$는 공통

$\therefore$ △ABP≡△QBP(RHA 합동)

따라서, $\overline{AP}=\overline{PQ}$ ······㉠

△PQC는 직각이등변삼각형이므로

$\overline{PQ}=\overline{QC}$ ······㉡

㉠, ㉡에서 $\overline{AP}=\overline{PQ}=\overline{QC}$

$\boxed{답}\ \overline{PQ},\ \overline{QC}$

---

p. 68

1. $\angle ABP=\angle ACP$

$$=90°-28°=62°$$

이므로 △ABC는 $\overline{AB}=\overline{AC}$인 이등변

삼각형이고, $\overline{AP}\perp\overline{BC}$이므로

$\overline{BP}=\overline{CP}$

△HBP와 △HCP에서

$\overline{BP}=\overline{CP}$, $\overline{HP}$는 공통,

$\angle HPB=\angle HPC=90°$

$\therefore$ △HBP≡△HCP(SAS 합동)

$\therefore\ \angle CHP=\angle BHP=90°-28°$

$$=\mathbf{62°}\ \leftarrow \boxed{답}$$

2. △PBQ와 △QCD에서

$\angle PBQ=\angle QCD=90°$

$$\overline{BQ}=\frac{2}{3}\overline{BC}$$

$$=\frac{2}{3}\times\frac{3}{2}\overline{AB}=\overline{AB}=\overline{CD}$$

$$\overline{PB}=\frac{1}{2}\overline{AB}=\frac{1}{2}\overline{BQ}=\overline{QC}$$

△PBQ≡△QCD(SAS 합동)

$\therefore\ \overline{PQ}=\overline{QD}$ ······㉠

$\angle BQP=\angle CDQ$ ······㉡

$\overline{AD} /\!/ \overline{BC}$이므로

∠ADP+∠BQP=∠DPQ　......ⓒ

㉠에서 ∠DPQ=∠PDQ　......ⓔ

ⓛ, ⓒ, ⓔ에서

∠ADC=∠ADP+∠PDQ+∠QDC

　　　=∠ADP+(∠ADP

　　　　+∠BQP)+∠BQP

　　　=2(∠ADP+∠BQP)=90°

∴ **∠ADP+∠BQP=45°** ←답

3. ∠ABC의 이등분선과 $\overline{AC}$와의 교점을 D라 하고, $\overline{BC}$의 중점을 M이라고 하면

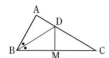

∠DBC=∠DCB이므로

$\overline{DB}=\overline{DC}$

∴ ∠DMB=90°　......㉠

△ABD와 △MBD에서

$\overline{BC}=2\overline{AB}$, $\overline{BC}=2\overline{BM}$이므로

$\overline{AB}=\overline{MB}$

또, $\overline{BD}$는 공통

∠ABD=∠MBD

∴ △ABD≡△MBD(SAS 합동)

∠BAD=∠BMD=90°

∴ **∠A=90°** ←답

4. $\overline{CD}$의 연장선 위에 $\overline{BP}=\overline{DR}$가 되게 R를 잡고 점 A와 연결한다.

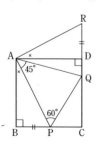

△BAP와 △DAR에서

$\overline{AB}=\overline{AD}$, $\overline{BP}=\overline{DR}$

∠B=∠ADR

∴ △BAP≡△DAR(SAS합동)

따라서, $\overline{AP}=\overline{AR}$, ∠BAP=∠DAR

또, △APQ와 △ARQ에서 $\overline{AP}=\overline{AR}$

$\overline{AQ}$는 공통

∠QAP=∠RAQ

∴ △APQ≡△ARQ(SAS합동)

따라서, ∠AQP=∠AQR

　　　　=180°-(45°+60°)

　　　　=**75°** ←답

Advice 위의 그림에서

　　　∠BAP+∠QAD=45°

　　　∠DAR+∠QAD=45°

∴ ∠QAP=∠RAQ=45°

5. (1) 두 점 C와 E는 선분 AD에 대하여 대칭이므로

∠DAE=∠DAC

　　　=∠BAC-∠DAB

　　　=3∠DAB-∠DAB

　　　=2∠DAB

∴ ∠EAB=∠DAE-∠DAB

　　　　=2∠DAB-∠DAB

　　　　=∠DAB

또한, ∠DAB=$\dfrac{1}{3}$∠BAC

　　　　　=$\dfrac{1}{3}$(180°-54°×2)

　　　　　=24°

따라서, ∠EAB=**24°** ←답

(2) 점 C, E는 선분 AD에 대하여 대칭이므로, △AEC는 $\overline{AE}=\overline{AC}$,

∠EAC=4∠EAB=96°인 이등변삼각형이다.

∴ ∠ACE=(180°-96°)÷2

　　　　=42°

따라서,

$\angle ECB = \angle ACD - \angle ACE$

$\qquad = 54° - 42° = 12°$ ← 답

4. 삼각형의 외심과 내심

1. 삼각형의 외심

p. 71

1. $\overline{AO}$의 연장선이 변 BC와 만나는 점을 D라 하면,

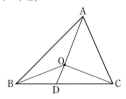

△AOC에서 $\angle OAC = \angle OCA = a$
로 놓으면 $\angle COD = 2a$
△AOB에서 $\angle OAB = \angle OBA = b$
로 놓으면 $\angle BOD = 2b$
$\therefore \angle BOC = 2a + 2b = 2(a+b) = 2\angle A$

p. 72

2. △OAB에서 $\angle ABO = \angle BAO = 40°$
$\therefore \angle AOB = 100°$
△OBC에서 $\angle OBC = \angle OCB = 10°$
$\therefore \angle BOC = 160°$
$\therefore \angle AOC = 60°$
△OAC에서 $\angle OAC = 60°$

$\therefore \angle A = 40° + 60° = 100°$ ← 답

p. 73

1. (1) △OAB에서
$\angle OAB = \angle OBA = 20°$
$\angle BOC = 2\angle A$이므로
$150° = 2(20° + x)$
$150° = 40° + 2x$
$\therefore \angle x = 55°$ ← 답
(2) $\angle AOC = 2\angle B = 88°$
$\therefore \angle x = (180° - 88°) \div 2$
$\qquad = 46°$ ← 답

2. $\angle BOC = 180° - (15° + 15°) = 150°$
$\angle A = \dfrac{1}{2} \angle BOC = 75°$ ← 답

3. $2x + 2y + 2z = 180°$
$\therefore x + y + z = 90°$ ← 답

4. $\overline{OA} = \overline{OB} = \overline{OC}$
(1) $\angle BOC = 2\angle A = 132°$
$\therefore \angle OBC = (180° - 132°) \div 2 = 24°$
$\therefore \angle OBA = 48° - 24° = 24°$ ← 답
(2) $\angle C = 180° - (66° + 48°) = 66°$
$\therefore \angle OCA = 66° - \angle OCB$
$\qquad = 66° - 24° = 42°$ ← 답

5. $\angle OBA = \angle OAB = 15°$
$\angle OCA = \angle OAC = 20°$
$\therefore a = \angle OAB + \angle OAC = 35°$ ← 답
$b = 2a = 70°$ ← 답

2. 삼각형의 내심

p. 76

1. $\angle BIC = 180° - (\angle IBC + \angle ICB)$

$$=180°-\frac{1}{2}(\angle B+\angle C)$$

$$=180°-\frac{1}{2}(180°-\angle A)$$

$$=180°-90°+\frac{1}{2}\angle A$$

$$=90°+\frac{1}{2}\angle A$$

p. 77

2. 점 I는 △FDH의 외심이므로,

$\overline{ID}=\overline{IH}=\overline{IF}$

이때, △IDC와 △IHC에서

$\overline{IC}$는 공통, $\overline{ID}=\overline{IH}$

또, $\angle DIC=\angle HIC$

(∵ I가 △FDH의 외심)

따라서, △IDC≡△IHC (SAS 합동)

∴ $\angle IHC=\angle IDC=90°$

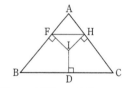

$\angle AHF=\angle AHI-\angle IHF$

$=90°-40°=\mathbf{50°}$ ← 답

p. 78

3.

$$A \quad 13\,cm \quad B \quad E \quad D \quad C \quad F \quad O$$

△OBE≡△OBD (RHS 합동)

이므로 $\overline{BE}=\overline{BD}$

△OCD≡△OCF (RHS 합동)

이므로 $\overline{CD}=\overline{CF}$

△OAE≡△OAF (RHS 합동)

이므로 $\overline{AE}=\overline{AF}$

(△ABC의 둘레의 길이)

$=\overline{AB}+\overline{BC}+\overline{AC}$

$=\overline{AB}+\overline{BD}+\overline{DC}+\overline{AC}$

$=\overline{AB}+\overline{BE}+\overline{CF}+\overline{AC}$

$=\overline{AE}+\overline{AF}=2\,\overline{AE}=34$

∴ $\overline{AE}=17$

$\overline{BD}=\overline{BE}=17-13=\mathbf{4}\,(cm)$ ← 답

p. 79

1. (1) $\angle ABI=\angle CBI=25°$

$\angle ACI=\angle BCI=30°$

$\angle BAI=\angle CAI=x$

∴ $2x=180°-(50°+60°)=70°$

∴ $\angle \boldsymbol{x}=\mathbf{35°}$ ← 답

(2) $\angle CAI=\angle BAI=a,$

$\angle CBI=\angle ABI=b$라 하면

$a+b=180°-124°=56°$

∴ $2(a+b)=112°$

∴ $\angle x=180°-2(a+b)$

$=\mathbf{68°}$ ← 답

Advice (2) $124°=90°+\frac{1}{2}\angle x$에서

$$\frac{1}{2}\angle x=34°$$

∴ $\angle x=68°$

2. (1) $\overline{AD}=\overline{AF}=4$, $\overline{BD}=\overline{BE}=6$

∴ $x=4+(12-6)=\mathbf{10}$ ← 답

(2) B와 I, C와 I를 연결하면

$\overline{DE}\,/\!/\,\overline{BC}$이므로

∠DIB=∠IBC,
∠EIC=∠ICB
I는 내심이므로
∠DBI=∠IBC,
∠ECI=∠ICB
따라서, △DBI에서
$\overline{BD}=\overline{DI}=5$
△ECI에서 $\overline{IE}=\overline{EC}=4$
∴ $x=5+4=9$ ← 답

3. (1) ∠CAH=90°−∠C=10° ← 답
　(2) ∠DAC=∠DAB=25°
　　∴ ∠DAH=∠DAC−∠CAH
　　　　　=25°−10°
　　　　　=**15°** ← 답
　(3) ∠B=180°−(50°+80°)=50°
　　∴ ∠ABI=25°
　　∠BID=∠BAI+∠ABI
　　　　=25°+25°
　　　　=**50°** ← 답

4. △ABC=5×12÷2=30
원 I의 반지름을 r라고 하면
△ABC=△IAB+△IBC+△IAC
　　=$\frac{1}{2}(13r+12r+5r)=15r$
즉, $15r=30$
∴ $r=2$
따라서, 반지름의 길이는 **2** ← 답

5. $\overline{AD}=\overline{AF}=7$cm
　∴ $\overline{BD}=\overline{BE}=16$cm−7cm=9cm
　　$\overline{CF}=\overline{CE}=14$cm−7cm=7cm
　　$\overline{BC}=\overline{BE}+\overline{CE}=$**16cm** ← 답

p. 80

1.

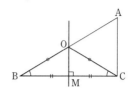

∠C=90°인 삼각형 ABC에서 변 BC
의 수직이등분선이 빗변과 만나는 점
을 O라 하면,
$\overline{OB}=\overline{OC}$ ……㉠
∴ ∠OBC=∠OCB
또한, ∠OBC+∠OAC=90°
　∠OCB+∠OCA=90°
따라서, ∠OAC=∠OCA
그러므로 △OCA는 이등변삼각형이
다.
∴ $\overline{OA}=\overline{OC}$ ……㉡
㉠, ㉡에서 $\overline{OA}=\overline{OB}=\overline{OC}$
따라서, 직각삼각형의 외심은 빗변의
중점이다.

2.

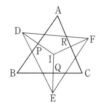

$\overline{ID}$와 $\overline{AB}$, $\overline{IE}$와 $\overline{BC}$, $\overline{IF}$와 $\overline{AC}$의 교
점을 차례로 P, Q, R라고 하면
$\overline{IP}\perp\overline{AB}$, $\overline{IQ}\perp\overline{BC}$, $\overline{IR}\perp\overline{AC}$
I는 △ABC의 내심이므로
$\overline{IP}=\overline{IQ}=\overline{IR}$
즉, $\overline{ID}=\overline{IE}=\overline{IF}$
∴ I는 △DEF의 외심이 된다.

3.

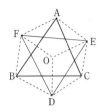

점 O와 점 F는 $\overline{AB}$에 대한 대칭점이
므로 $\overline{AB}$는 $\overline{OF}$의 수직이등분선이다.
한편, 점 O는 △ABC의 외심이므로
$\overline{FO}$는 $\overline{AB}$를 이등분한다.
즉, □AFBO는 마름모이다.
∴ $\overline{FB}=\overline{AO}$, $\overline{FB} /\!/ \overline{AO}$
같은 방법으로
$\overline{AO}=\overline{EC}$, $\overline{AO} /\!/ \overline{EC}$
따라서, $\overline{FB}=\overline{EC}$, $\overline{FB} /\!/ \overline{EC}$
∴ □FBCE는 평행사변형이다.
∴ $\overline{FE}=\overline{CB}$
이와 같은 방법으로 생각하면
$\overline{FD}=\overline{CA}$, $\overline{DE}=\overline{AB}$
∴ △DEF≡△ABC

Advice 다음 단원에서 배우겠지만 이
　　　　문제에서 사용된 평행사변형의
　　　　성질은 다음과 같다.
　　　　❶ 사각형에서 대각선이 서로
　　　　　다른 것을 수직이등분하면
　　　　　그 사각형은 마름모이다.
　　　　❷ 사각형에서 한 쌍의 대변이
　　　　　같고 평행하면 그 사각형은
　　　　　평행사변형이다.

4. <그림>에서
$\overline{DE} /\!/ \overline{BC}$이므로
∠DIB=∠CBI …㉠
점 I는 △ABC의
내심이므로
∠DBI=∠CBI …㉡
㉠, ㉡에서

∠DIB=∠DBI
따라서, △DBI는 이등변삼각형이므
로 $\overline{DB}=\overline{DI}$
마찬가지 방법으로 하면
$\overline{CE}=\overline{IE}$
∴ $\overline{BD}+\overline{CE}=\overline{DI}+\overline{IE}=\overline{DE}$

5.

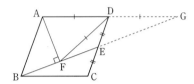

$\overline{AD}$, $\overline{BE}$의 연장선의 교점을 G라고
하면
$\overline{CE}=\overline{DE}$, ∠BEC=∠GED,
∠ECB=∠EDG
∴ △EBC≡△EGD
∴ $\overline{GD}=\overline{BC}$
또한, $\overline{BC}=\overline{AD}$에서 D는 직각삼각형
AFG의 빗변의 중점이므로 이 삼각
형의 외심이다.
∴ $\overline{DF}=\overline{DA}$

p. 81

1. ① 호 AB 위에 한 점 C를 잡는다.
② $\overline{AC}$, $\overline{BC}$의 수직이등분선을 긋고
　그 교점을 O라고 한다.
③ $\overline{OA}=\overline{OB}=\overline{OC}$이므로 $\overline{OA}$를 반지
　름으로 하는 원을 그린다.

2. (1) $\angle BAC = \angle OAB + \angle OAC$

$\qquad = \angle OAB + \angle OCA = 50°$

$\qquad \therefore \ \angle OBC + 50° = 90°$

$\qquad \therefore \ \angle OBC = 40° \leftarrow$ 답

(2) 위와 같이 생각하면

$\qquad 70° + \angle OCA = 90°$

$\qquad \therefore \ \angle OCA = 20° \leftarrow$ 답

(3) $\angle OAB = 50° - 20° = 30° \leftarrow$ 답

3. $\angle BOA = 2 \times 2 \times 35° = 140°$

$\quad \therefore \ \angle BAO = (180° - 140°) \div 2$

$\qquad\qquad\qquad = 20° \leftarrow$ 답

4. $\angle A = 80°$이므로

$\quad x = 2\angle A = 160° \leftarrow$ 답

$\quad y = \angle BIC = 90° + \dfrac{1}{2} \times 80°$

$\qquad = 130° \leftarrow$ 답

5. $\angle BIC = 90° + \dfrac{1}{2}\angle A$

$\quad 110° = 90° + \dfrac{1}{2}\angle A$

$\quad \therefore \ \angle A = 40° \leftarrow$ 답

$\quad \angle AIB = 90° + \dfrac{1}{2}\angle C$

$\quad 135° = 90° + \dfrac{1}{2}\angle C$

$\quad \therefore \ \angle C = 90° \leftarrow$ 답

$\quad \angle B = 180° - (40° + 90°) = 50° \leftarrow$ 답

p. 82

6. (1) $\angle BPC = 90° + \dfrac{1}{2} \times 64°$

$\qquad = 122° \leftarrow$ 답

(2) $\triangle PCQ$에서 $\angle PCQ = 90°$

$\qquad \therefore \ \angle BQC = 122° - 90° = 32° \leftarrow$ 답

7. $\triangle ABC = \triangle OAB + \triangle OBC + \triangle OCA$

$\quad \triangle OAB = \dfrac{1}{2} \times 5 \times r = \dfrac{5}{2}r$

$\triangle OBC = \dfrac{1}{2} \times 4 \times r = 2r$

$\triangle OCA = \dfrac{1}{2} \times 3 \times r = \dfrac{3}{2}r$

이므로

$\dfrac{1}{2} \times 3 \times 4 = \dfrac{5}{2}r + 2r + \dfrac{3}{2}r, \ r = 1$

$\therefore \ (지름) = 2 \leftarrow$ 답

8. $\overline{BC} = a, \ \overline{AC} = b, \ \overline{AB} = c$라 하면

$\dfrac{1}{2}(3a + 3b + 3c) = 36$

$3a + 3b + 3c = 72$

$\therefore \ a + b + c = 24$

따라서, $\triangle ABC$의 둘레의 길이는

24cm $\leftarrow$ 답

9. 내접원의 반지름의 길이를 r라 하면

$\triangle ABC = \dfrac{1}{2}(7 + 9 + 6) \times r = 11r$

$\triangle IBC = \dfrac{1}{2} \times 9r = \dfrac{9}{2}r$

$\therefore \ \triangle ABC : \triangle IBC = 11 : \dfrac{9}{2}$

$\qquad\qquad\qquad = 22 : 9 \leftarrow$ 답

10. 정삼각형

Advice 1°

점 O를 $\triangle ABC$의 내심이라 하면

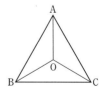

$\left.\begin{array}{l} \angle BAO = \angle OAC \\ \angle ABO = \angle OBC \\ \angle ACO = \angle OCB \end{array}\right\} \quad \cdots\cdots \ \bigcirc$

또, 점 O가 $\triangle ABC$의 외심이므로

$\overline{OA} = \overline{OB} = \overline{OC}$

가 되어서 △OAB, △OBC, △OCA는 모두 이등변삼각형이 된다.

따라서

$$\left.\begin{array}{l} \angle OAB = \angle OBA \\ \angle OBC = \angle OCB \\ \angle OAC = \angle OCA \end{array}\right\} \quad \cdots\cdots \unicode{0x24C1}$$

㉠과 ㉡에서

$$\angle BAO = \angle OAC = \angle OCA$$
$$= \angle OCB = \angle OBC$$
$$= \angle ABO$$
$$\therefore \ \angle A = \angle BAO + \angle OAC$$
$$= \angle ABO + \angle OBC$$
$$= \angle B$$

마찬가지로 ∠B=∠C이다.

따라서 삼각형의 세 내각의 크기가 모두 같으므로 이 삼각형은 **정삼각형**이 된다. ← 🖪

Advice 2°

이등변삼각형의 내심과 외심은 그 삼각형의 꼭지각의 이등분선 위에 있다.

11. 이 책 78쪽의 〔유제 2〕에 의하여
$$\overline{AD} = \overline{AE}, \ \overline{BH} = \overline{BD}, \ \overline{CH} = \overline{CE}$$
$$\overline{AB} + \overline{BC} + \overline{AC}$$
$$= \overline{AB} + \overline{BH} + \overline{CH} + \overline{AC}$$
$$= \overline{AB} + \overline{BD} + \overline{CE} + \overline{AC}$$
$$= \overline{AD} + \overline{AE}$$
$$= 2\overline{AE} = 36$$
$$\therefore \ \overline{AE} = 18 \ \leftarrow \text{🖪}$$

Advice △OBD≡△OBH(RHA합동)
$$\therefore \ \overline{DB} = \overline{BH}, \ \overline{OD} = \overline{OH}$$
$$\qquad\qquad\qquad \cdots\cdots \unicode{0x24BF}$$
△OCH≡△OCE(RHA합동)
$$\therefore \ \overline{CH} = \overline{CE}, \ \overline{OH} = \overline{OE}$$
$$\qquad\qquad\qquad \cdots\cdots \unicode{0x24C1}$$

△OAD와 △OAE에서
$$\angle ODA = \angle OEA = 90°,$$
$$\overline{AO}\text{는 공통}, \ \overline{OD} = \overline{OE}$$
$$\therefore \ \triangle OAD \equiv \triangle OAE \,(\text{RHS 합동})$$
$$\therefore \ \overline{AD} = \overline{AE} \qquad \cdots\cdots \unicode{0x24B8}$$
$$\overline{AB} + \overline{BC} + \overline{CA}$$
$$= \overline{AB} + (\overline{BH} + \overline{CH}) + \overline{CA}$$
$$= \overline{AB} + (\overline{BD} + \overline{CE}) + \overline{CA}$$
$$(\because \ \unicode{0x24BF}, \ \unicode{0x24C1}\text{에서})$$
$$= (\overline{AB} + \overline{BD}) + (\overline{CE} + \overline{CA})$$
$$= \overline{AD} + \overline{AE} = 2\overline{AE}$$
$$(\because \ \unicode{0x24B8}\text{에서})$$
한편, $\overline{AB} + \overline{BC} + \overline{CA} = 36$
$$\therefore \ 2\overline{AE} = 36$$
$$\therefore \ \overline{AE} = 18 \ \leftarrow \text{🖪}$$

p. 83

1. 점 I가 내심이므로
$$\angle EAI = \angle IAB = y,$$
$$\angle DBI = \angle IBA = x\text{로 놓으면}$$

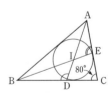

$$2x + 2y = 180° - 80° = 100°$$
$$\therefore \ x + y = 50°$$
$$\angle ADB = 180° - (2x + y)$$
$$\angle AEB = 180° - (2y + x)$$
$$\therefore \ \angle ADB + \angle AEB$$
$$= 360° - 3(x + y)$$
$$= 360° - 150° = \mathbf{210°} \ \leftarrow \text{🖪}$$

2. △ABC의 내심과 외심이 일직선 위에 있으므로 △ABC는 $\overline{AB}=\overline{AC}$인 이등변삼각형이다.

즉, $\angle ABC = \angle ACB$

$\overline{AM} \perp \overline{BC}$

$\angle AOB = 100°$이므로

$\angle OAB = \angle OBA$

$\quad = (180° - 100°) \div 2 = 40°$

$\therefore \angle ABM = 90° - 40° = 50°$

$\angle ABI = \angle CBI = 25°$

따라서, $\angle IBO = 40° - 25° = \mathbf{15°} \leftarrow$ 🖪

3.

내접원의 반지름의 길이를 r라 하면

$\dfrac{1}{2} \times 6 \times r + \dfrac{1}{2} \times 6 \times r + \dfrac{1}{2} \times 6 \times r$

$= 9r = 15.3 \qquad \therefore r = 1.7$

정삼각형의 내심과 외심은 일치하므로, 외접원의 반지름의 길이를 x라 하면, $\dfrac{1}{2} \times 6 \times (1.7 + x) = 15.3$

$\therefore \boldsymbol{x = 3.4 \ (cm)} \leftarrow$ 🖪

4. $\overline{AF} = \overline{AE} = x$, $\overline{BF} = \overline{BD} = y$,
$\overline{CD} = \overline{CE} = z$이므로

$x + y = 12 \ \cdots\text{㉠}$, $\ y + z = 14 \ \cdots\text{㉡}$

$z + x = 10 \ \cdots\text{㉢}$

㉠＋㉡＋㉢ : $2(x + y + z) = 36$

$\therefore x + y + z = 18 \qquad \cdots\cdots\text{㉣}$

㉣－㉡ : $x = 18 - 14 = \mathbf{4} \leftarrow$ 🖪

㉣－㉢ : $y = 18 - 10 = \mathbf{8} \leftarrow$ 🖪

㉣－㉠ : $z = 18 - 12 = \mathbf{6} \leftarrow$ 🖪

5. 원 I의 반지름을 r라고 하면

$\triangle IBC = \dfrac{1}{2} \times 5 \times r = a$

$\therefore r = \dfrac{2a}{5} \text{(cm)}$

(1) $\triangle IAB = \dfrac{1}{2} \times 7 \times \dfrac{2a}{5}$

$\quad = \dfrac{7}{5}\boldsymbol{a}\text{(cm}^2) \leftarrow$ 🖪

(2) $\triangle IAC = \dfrac{1}{2} \times 6 \times \dfrac{2a}{5}$

$\quad = \dfrac{6}{5}\boldsymbol{a}\text{(cm}^2) \leftarrow$ 🖪

6. $\overline{AB}$의 연장선 위에 D를 잡고, $\overline{AC}$의 연장선 위에 E를 잡자.

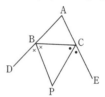

$\angle ABC + \angle ACB = 180° - \angle A = 92°$

$\therefore \angle DBC + \angle ECB$

$\quad = (180° - \angle ABC)$

$\qquad + (180° - \angle ACB)$

$\quad = 360° - 92° = 268°$

$\angle PBC + \angle PCB + \angle BPC = 180°$

$\dfrac{1}{2}\angle DBC + \dfrac{1}{2}\angle ECB + \angle BPC = 180°$

$\dfrac{1}{2}(\angle DBC + \angle ECB) + \angle BPC = 180°$

$\dfrac{1}{2} \times 268° + \angle BPC = 180°$

$\therefore \boldsymbol{\angle BPC = 46°} \leftarrow$ 🖪

Advice 1°

위의 〈그림〉에서

$\angle A = 2a$, $\angle B = 2b$, $\angle C = 2c$ 라고 하자.

$\angle DBC = 180° - 2b$

$\therefore \angle PBC = 90° - b$

$\angle ECB = 180° - 2c$

$\therefore \angle PCB = 90° - c$

∴ ∠P

$= 180° - (90° - b + 90° - c)$

$= b + c$

△ABC에서 $2a + 2b + 2c = 180°$

∴ $a + b + c = 90°$

∴ $b + c = 90° - a = 90° - \dfrac{1}{2}∠A$

즉, $∠BPC = 90° - \dfrac{1}{2}∠A$

Advice 2°

〔6번〕을 위의 공식을 이용하여 풀면

$∠PBC = 90° - \dfrac{1}{2} × 88$

$= 90° - 44° = 46°$

p. 84

1. △ABC의 넓이를 S라고 하면

$S = \dfrac{1}{2}\overline{AB} × \overline{CF}$

$= \dfrac{1}{2}\overline{BC} × \overline{AD}$

$= \dfrac{1}{2}\overline{AC} × \overline{BE}$에서

$\overline{CF} = \dfrac{2S}{\overline{AB}} = \dfrac{2S}{3}$

$\overline{AD} = \dfrac{2S}{\overline{BC}} = \dfrac{2S}{4}$

$\overline{BE} = \dfrac{2S}{\overline{AC}} = \dfrac{2S}{3}$

∴ $\overline{AD} : \overline{BE} : \overline{CF} = \dfrac{1}{2} : \dfrac{2}{3} : \dfrac{2}{3}$

$= 3 : 4 : 4$ ← 답

2. 원의 반지름의 길이를 r cm라 하자.

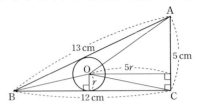

$△ABC = △OAB + △OBC + △OAC$

$\dfrac{12 × 5}{2} = \dfrac{13r}{2} + \dfrac{12r}{2} + \dfrac{25r}{2}$

$30 = 25r$ ∴ $r = 1.2$ 답 **1.2 cm**

3. 내심과 외심이 일직선 위에 있으므로 △ABC는 $\overline{AB} = \overline{AC}$인 이등변삼각형 이다.

△OAC에서 $\overline{AE} = \overline{CE}$이므로

$\overline{OE} \perp \overline{AC}$

(∵ △OAC는 $\overline{OA} = \overline{OC}$인 이등변삼 각형)

△ABC에서

$∠B = ∠C = (180° - 68°) ÷ 2 = 56°$

I는 내심이므로

$∠ACI = ∠BCI = 56° ÷ 2 = 28°$

△PCE에서

$∠EPC = 90° - 28° = 62°$ ← 답

4. △ABD는 직각삼각형이므로

$∠ABD = 90°$

∴ $△ABD ∽ △BED$

즉, $∠EBD = ∠BAD$

또한, $∠ABI = ∠IBE$

(∵ 내심의 성질)

$∠BID = ∠BAD + ∠ABI$

$= ∠EBD + ∠IBE$

$∠IBD = ∠EBD + ∠IBE$

∴ $∠BID = ∠IBD$

∴ $\overline{BD} = \overline{ID}$

한편, $\overline{ID} = r - d$이므로

$\overline{BD} = r - d$ ← 답

5. 점 O는 △IGH의 외심이므로

$$\angle IGH = \frac{1}{2}\angle IOH \qquad \cdots \text{㉠}$$

□ADOF에서 $\angle ADO = \angle AFO = 90°$

$\therefore \angle DOF = 180° - 76° = 104°$

$\overset{\frown}{DI} = \overset{\frown}{FI}$ 이므로

$\angle DOI = \angle FOI = 52°$

□OECF에서 $\angle OEC = \angle OFC = 90°$

$\angle C = 180° - (76° + 44°) = 60°$

$\therefore \angle FOE = 180° - 60° = 120°$

$\overset{\frown}{EH} = \overset{\frown}{FH}$ 이므로

$\angle EOH = \angle FOH = 60°$

$\therefore \angle IOH = \angle FOI + \angle FOH = 112°$

$\qquad \cdots \text{㉡}$

㉠, ㉡에서

$\angle IGH = 112° \div 2 = 56°$ ← 답

5. 사각형의 성질

1. 평행사변형의 성질

p. 89

1. $\angle AEB = 180° - 140° = 40°$

$\angle ABE = \angle EBC = \angle AEB = 40°$

$\angle ABC = 80°, \ \angle BCD = 100°$

$\therefore \angle DCH = 50°$

$\overline{HB} /\!/ \overline{DC}$ 이므로

$\angle H = \angle DCH = 50°$ ← 답

p. 90

2. 접은 각으로 $\angle BDC = \angle QDB$

$\overline{QB} /\!/ \overline{DC}$ 이므로 $\angle QBD = \angle BDC$

$\therefore \angle QDB = \angle QBD$

△QBD에서

$\angle QDB = (180° - 86°) \div 2 = 47°$

$\therefore \angle BDC = 47°$ ← 답

p. 91

3.

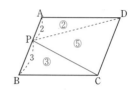

△PBC와 △PCD의 높이가 같으므로

$△PBC : △PCD = 3 : 5$

△PBC와 △APD의 높이가 같으므로

$△PBC : △APD = 3 : 2$

$□PCDA = △APD + △PCD$

$\therefore □PCDA$는 $△PBC$의 $\dfrac{7}{3}$배 ← 답

p. 92

4. 평행사변형 ABCD의 대각선의 교점을 P라 하면 대각선 AC의 중점은

$$P\left(\frac{2+x}{2}, \ \frac{y+2}{2}\right)$$

대각선 BD의 중점은

$$P\left(\frac{3-1}{2}, \ \frac{1+5}{2}\right)$$

$$\frac{2+x}{2} = 1, \ \frac{y+2}{2} = 3$$

에서 $x = 0, \ y = 4$

∴ A$(2, 4)$, C$(0, 2)$
직선 AC의 방정식을 $y=ax+b$라고
하면,
$a=\dfrac{2-4}{0-2}=\dfrac{-2}{-2}=1$
$y=x+b$가 A$(2, 4)$를 지나므로
$4=2+b$, $b=2$
∴ $\boldsymbol{y=x+2}$ ← 답

---

p. 93

1. ∠BED$=$∠CDE$=32°$
   또한, ∠ADE$=$∠CDE$=32°$
   ∴ ∠**ABC**$=$∠**ADC**$=$**64°** ← 답
2. $\overline{AD}=\overline{AE}$이므로 $\overline{BE}=$**2cm** ← 답
3. ∠BAC$=$∠ACD$=70°$
   ∴ $y=70°-30°=40°$
   ∠B$=$∠D$=180°-(80°+30°)=70°$
   ∴ ∠ABF$=70°-25°=45°$
   ∴ $x=180°-(70°+45°)=65°$
   즉, $x=$**65°**, $y=$**40°** ← 답
4. ∠D의 이등분선과 $\overline{AE}$의 교점을 H
   라 하면
   $∠ADH=\dfrac{1}{2}∠D=\dfrac{1}{2}∠B=28°$
   $∠BEA=∠DAE=90°-28°$
   $\qquad\qquad\qquad =\boldsymbol{62°}$ ← 답
5. $\overline{AD}=\overline{BC}=4$이므로
   D의 x좌표는 $x=4$
   A, D의 y좌표는 같으므로 $y=3$
   ∴ **D$(4, 3)$** ← 답
6. 점 P를 지나 $\overline{AD}$, $\overline{AB}$에 평행선을
   긋고 생각하면
   $△\mathbf{ABP}+△\mathbf{CDP}=\dfrac{1}{2}□\mathbf{ABCD}$
   $\qquad\qquad\qquad =\mathbf{24cm^2}$ ← 답

---

p. 94

1. △OBF와 △ODE에서
   O는 평행사변형 ABCD의 대각선의
   교점이므로 $\overline{OB}=\overline{OD}$
   맞꼭지각으로 ∠FOB$=$∠EOD
   $\overline{AD}/\!/\overline{BC}$이므로 ∠FBO$=$∠EDO
   ∴ △OBF≡△ODE(ASA 합동)
   ∴ $\overline{OE}=\overline{OF}$　　　……㉠
   △OBG와 △ODH에서
   맞꼭지각으로 ∠BOG$=$∠DOH
   $\overline{AB}/\!/\overline{DC}$이므로 ∠GBO$=$∠HDO
   위에서 $\overline{OB}=\overline{OD}$이므로
   ∴ △OBG≡△ODH(ASA합동)
   ∴ $\overline{OG}=\overline{OH}$　　　……㉡
   ㉠, ㉡에서 □EGFH는 평행사변형이
   다.
2. △AEH와 △CGF에서
   $\overline{AD}=\overline{BC}$이므로,
   $\overline{AH}=\overline{AD}-\overline{DH}$
   　　$=\overline{BC}-\overline{BF}=\overline{CF}$
   또, $\overline{AE}=\overline{CG}$, ∠A$=$∠C
   ∴ △AEH≡△CGF
   즉, $\overline{EH}=\overline{GF}$　　　……㉠
   같은 방법으로
   △BEF≡△DGH
   즉, $\overline{EF}=\overline{HG}$　　　……㉡
   ㉠, ㉡에서 □EFGH는 평행사변형이
   다.
3. $\overline{AS}=\overline{QC}$, $\overline{AS}/\!/\overline{QC}$이므로
   □AQCS는 평행사변형이다.
   $\overline{AQ}/\!/\overline{SC}$　　　……㉠
   $\overline{AP}=\overline{RC}$, $\overline{AP}/\!/\overline{RC}$이므로
   □APCR는 평행사변형이다.
   ∴ $\overline{AR}/\!/\overline{PC}$　　　……㉡
   ㉠, ㉡에서 □AECF는 평행사변형이
   다.

4. $\overline{PB}=\dfrac{2}{3}\overline{AB}$, $\overline{DR}=\dfrac{2}{3}\overline{AB}$에서

$\overline{PB}=\overline{DR}$, 또한 $\overline{PB}\,/\!/\,\overline{DR}$

즉, □PBRD는 평행사변형

$\therefore\ \overline{EH}\,/\!/\,\overline{FG}$ ······ ㉠

같은 방법으로 □AQCS도 평행사변형이므로 $\overline{EF}\,/\!/\,\overline{HG}$ ······ ㉡

㉠, ㉡에서 □EFGH는 평행사변형이다.

5. $\overline{AC}\,/\!/\,\overline{RQ}$, $\overline{RA}\,/\!/\,\overline{QC}$이므로 □ARQC는 평행사변형이다.

$\therefore\ \overline{RQ}=\overline{AC}$ ······ ㉠

또, $\overline{AC}\,/\!/\,\overline{PS}$, $\overline{AP}\,/\!/\,\overline{CS}$이므로 □APSC는 평행사변형이다.

$\therefore\ \overline{PS}=\overline{AC}$ ······ ㉡

㉠, ㉡에서 $\overline{RQ}=\overline{PS}$ ······ ㉢

㉢의 양변에서 $\overline{PQ}$를 빼면 $\overline{PR}=\overline{QS}$

p. 95

6. △ABE와 △FDA에서 살펴 보자.

□ABCD는 평행사변형이므로

$\overline{AB}=\overline{DC}$

또, △FCD는 정삼각형이므로

$\overline{DC}=\overline{FD}$ $\therefore\ \overline{AB}=\overline{FD}$ ······ ㉠

△EBC는 정삼각형이므로 $\overline{BE}=\overline{BC}$

또, □ABCD는 평행사변형이므로

$\overline{AD}=\overline{BC}$ $\therefore\ \overline{BE}=\overline{DA}$ ······ ㉡

평행사변형 ABCD의 대각으로

$\angle ABC=\angle CDA$

정삼각형의 내각으로

$\angle EBC=\angle CDF=60°$

따라서,

$\angle ABE=\angle ABC-\angle EBC$

$=\angle CDA-\angle CDF=\angle FDA$ ······ ㉢

㉠, ㉡, ㉢에서

△ABE≡△FDA

$\therefore\ \overline{AE}=\overline{AF}$

7. $\overline{AD}\,/\!/\,\overline{BE}$이므로

$\angle DAE=\angle AEC$

또한, $\angle CAE=\angle DAE$

$\therefore\ \angle CAE=\angle AEC$

따라서, △AEC에서 $\overline{CA}=\overline{CE}$

8. 가정에서 $\angle EAD=\angle DAC$

또한, $\overline{AC}\,/\!/\,\overline{ED}$에서

$\angle ADE=\angle DAC$

$\therefore\ \angle EAD=\angle ADE$

$\therefore\ \overline{AE}=\overline{DE}$ ······ ㉠

한편, $\overline{EF}\,/\!/\,\overline{DC}$, $\overline{DE}\,/\!/\,\overline{CF}$에서

□DCFE는 평행사변형이다.

$\therefore\ \overline{DE}=\overline{CF}$ ······ ㉡

㉠, ㉡에서 $\overline{AE}=\overline{CF}$

9. △ABE와 △FDA에서

$\overline{AB}=\overline{CD}=\overline{FD}$

$\overline{BE}=\overline{CB}=\overline{DA}$

$\angle ABE=\angle ABC+60°$

$=\angle CDA+60°=\angle FDA$

$\therefore\ \triangle ABE\equiv\triangle FDA$

$\therefore\ \overline{AE}=\overline{FA}$ ······ ㉠

△FCE와 △ABE에서

$\overline{FC}=\overline{DC}=\overline{AB}$, $\overline{CE}=\overline{BE}$

$\angle FCE=360°-60°\times2-\angle BCD$

$=60°+180°-\angle BCD$

$=60°+\angle ABC=\angle ABE$

$\therefore\ \triangle FCE\equiv\triangle ABE$

$\therefore\ \overline{AE}=\overline{FE}$ ······ ㉡

㉠, ㉡에서 △AEF는 정삼각형이다.

10. 꼭짓점 B에서 $\overline{AC}$에 수선 BD를 긋고, 점 P에서 $\overline{BD}$에 수선 PS를 긋는다.

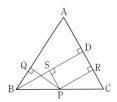

이때, $\overline{SP} /\!/ \overline{AC}$이므로
$\angle SPB = \angle ACB$ ...... ㉠
또, △ABC는 이등변삼각형이므로
$\angle QBP = \angle ACB$ ...... ㉡
㉠, ㉡에서
$\angle QBP = \angle SPB$ ...... ㉢
△QBP와 △SPB에서
$\angle BQP = \angle PSB = 90°$,
빗변 BP는 공통
㉢에서 $\angle QBP = \angle SPB$
∴ △QBP≡△SPB(ASA합동)
∴ $\overline{PQ} = \overline{BS}$ ...... ㉣
그런데 □PRDS는 직사각형이므로
$\overline{PR} = \overline{SD}$ ...... ㉤
㉣, ㉤으로부터
$\overline{PQ} + \overline{PR} = \overline{BS} + \overline{SD}$
$= \overline{BD}$(일정)

11. △ABC와 △ECB에서
$\overline{CD} = \overline{CE}$이므로
$\angle CDE = \angle CED$ ...... ㉠
$\overline{AD} /\!/ \overline{BC}$이므로
$\angle CED = \angle ECB$ ...... ㉡
□ABCD는 평행사변형이므로
$\angle CDE = \angle ABC$,
$\overline{AB} = \overline{CD}$ ...... ㉢
㉠, ㉡, ㉢에서 $\overline{BA} = \overline{CE}$
또, $\overline{BC}$는 공통

$\angle ABC = \angle ECB$
∴ △ABC≡△ECB ∴ $\overline{CA} = \overline{BE}$

12. $\overline{DE} /\!/ \overline{AC}$에서 $\overline{DE} /\!/ \overline{AF}$ ...... ㉠
또, $\angle DEB = \angle ACB = \angle ABC$
$= \angle DBE$
$\overline{DE} = \overline{DB}$, $\overline{DB} = \overline{AF}$
∴ $\overline{DE} = \overline{AF}$ ...... ㉡
㉠, ㉡에서 □AFDE는 평행사변형이다. ∴ $\overline{EG} = \overline{FG}$

2. 여러 가지 사각형

p. 100

1. $\overline{AD} : \overline{AB} = 3 : 2$이므로
$\overline{AD} = \overline{BC} = 3k$라 하면
$\overline{AB} = \overline{DC} = 2k$이다.
$\angle ADE = \angle CDE = \angle DEC$
∴ $\overline{DC} = \overline{EC} = 2k$, $\overline{BE} = k$
∴ $\square ABED = \dfrac{(k+3k) \cdot 2k}{2} = 4k^2$
$\triangle DEC = \dfrac{2k \cdot 2k}{2} = 2k^2$
∴ $\square ABED : \triangle DEC = 4k^2 : 2k^2$
$= 2 : 1$ ← 답

p. 101

2.

$\angle ABD = \angle DBC$(가정)
$\angle ADB = \angle DBC$

∴ ∠ABD＝∠ADB

따라서, △ABD에서 $\overline{AB}=\overline{AD}$

∴ $\overline{AB}=\overline{BC}=\overline{CD}=\overline{DA}$

즉, □ABCD는 **마름모**이다. ←답

---

p. 102

3.

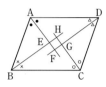

∠A＋∠B＝180°이므로

$\frac{1}{2}(∠A＋∠B)=90°$

∴ ∠HEF＝90°

∠B＋∠C＝180°이므로

$\frac{1}{2}(∠B＋∠C)=90°$

∴ ∠EHG＝90°

∠D＋∠C＝180°이므로

$\frac{1}{2}(∠D＋∠C)=90°$

∴ ∠FGH＝90°

∠A＋∠D＝180°이므로

$\frac{1}{2}(∠A＋∠D)=90°$

∴ ∠EFG＝90°

따라서, □EFGH는

직사각형이다. ←답

---

p. 103

4. ∠BAF＝45°÷2＝22.5°

∠AFB＝90°－22.5°＝67.5°

△EBF에서

∠PEF＝45°＋67.5°＝**112.5°** ←답

---

p. 104

1. (1) $\overline{AB}=\overline{CD}$, $\overline{BC}=\overline{AD}$

그런데 $\overline{AB}=\overline{BC}$이므로

$\overline{AB}=\overline{BC}=\overline{CD}=\overline{DA}$

∴ **마름모** ←답

(2) ∠A＝∠C＝90°

∠B＝∠D＝180°－∠A＝90°

∴ ∠A＝∠B＝∠C＝∠D

∴ **직사각형** ←답

(3) $\overline{AB}=\overline{BC}=\overline{CD}=\overline{DA}$

∠A＝∠B＝∠C＝∠D＝90°

∴ **정사각형** ←답

(4) ∠A＋∠B＝180°

∴ ∠A＝∠B＝90°

∴ ∠A＝∠B＝∠C＝∠D

∴ **직사각형** ←답

2.

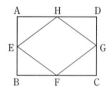

직사각형 ABCD의 각 변의 중점을

각각 E, F, G, H라고 하면

$\overline{AE}=\overline{EB}=\overline{DG}=\overline{CG}$

$\overline{AH}=\overline{DH}=\overline{BF}=\overline{CF}$

∠A＝∠B＝∠C＝∠D

∴ △AEH≡△BEF≡△CGF

　　　≡△DGH

∴ $\overline{HE}=\overline{FE}=\overline{FG}=\overline{HG}$

즉, □EFGH는 **마름모**이다. ←답

3. △ABM과 △DCM에서

$\overline{AB}=\overline{DC}$, $\overline{AM}=\overline{DM}$,

$\overline{MB}=\overline{MC}$

∴ △ABM≡△DCM

∴ ∠A=∠D ······ ㉠

□ABCD는 평행사변형이므로

∠A=∠C, ∠B=∠D ······ ㉡

㉠, ㉡에 의하여

∠A=∠B=∠C=∠D

따라서, □ABCD는

직사각형이다. ← 답

4. $\overline{BP}=\overline{DP}$, $\overline{BO}=\overline{DO}$

$\overline{PO}$는 공통이므로

△PBO≡△PDO

∴ ∠AOB=∠AOD=90°

대각선이 수직이등분하므로

□ABCD는 **마름모**이다. ← 답

5. □ABNM은 정사각형이므로

$\overline{PM}=\overline{PN}$, ∠MPN=90°

□MNCD는 정사각형이므로

$\overline{MQ}=\overline{NQ}$, ∠MQN=90°

또, $\overline{MP}=\overline{NP}=\overline{NQ}=\overline{MQ}$이므로

□MPNQ는 **정사각형**이다. ← 답

6. ∠ABE=∠EBC=∠AEB이므로

$\overline{AE}=\overline{AB}=16\text{cm}$

∴ $\overline{ED}=12\text{cm}$

∠BCF=∠FCD=∠CFD이므로

$\overline{CD}=\overline{DF}=16\text{cm}$

∴ $\overline{AF}=12\text{cm}$

따라서, $\overline{EF}=\textbf{4cm}$ ← 답

p. 105

7. ∠AEB=90°−24°=66°

∠FEC가 ∠FEA로 겹쳤으므로

∠FEC=∠FEA

66°+2∠FEC=180°

∴ ∠**FEC**=**57°** ← 답

8. $\overline{BA}=\overline{BC}$이므로 ∠BCA=60°

∠EAD=∠ECD=40°

∠DCA=(180°−140°)÷2=20°

∠ECA=40°−20°=20°

∴ ∠**ECB**=60°−20°=**40°** ← 답

9. △ADE와 △CDG에서

$\overline{AD}=\overline{CD}$, ∠ADE=∠CDG=60°

$\overline{DE}=\overline{DG}$

∴ △ADE≡△CDG

∠AED=∠CGD

$\qquad$=180°−(40°+60°)=80°

∴ ∠**CGF**=90°−80°=**10°** ← 답

10. ∠DBC=∠BDA=30°

△EDH에서

∠EDH+∠DEH=45°

30°+∠DEH=45°

∴ ∠**DEH**=**15°** ← 답

11. $\overline{EC}=x$ cm하면 $\overline{BE}=(10-x)$ cm

$\square ABED=\dfrac{(10-x+5)\overline{AB}}{2}$ $\qquad$··· ㉠

$\triangle DEC=\dfrac{x\,\overline{AB}}{2}$ $\qquad$··· ㉡

㉠, ㉡에서

$(15-x)\,\overline{AB}=x\,\overline{AB}$

$15-x=x$, $x=7.5$ $\qquad$ 답 **7.5 cm**

3. 평행선과 넓이

p. 107

1. 작도의 순서

① $\overline{AC}$를 긋는다.

② B를 지나 $\overline{AC}$에 평행한 직선을 긋고 $\overline{CD}$의 연장선과 만나는 점을 F라 한다.

③ A, F를 연결한다.

④ $\overline{AD}$를 긋는다.

⑤ E를 지나 $\overline{AD}$에 평행한 직선을 긋고 $\overline{CD}$의 연장선과 만나는 점을 G라 한다.

⑥ A, G를 연결한다.

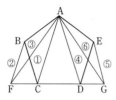

증명 $\overline{AC}/\!/\overline{BF}$이므로 $\triangle ABC = \triangle AFC$

$\overline{AD}/\!/\overline{EG}$이므로 $\triangle AED = \triangle GAD$

∴ (오각형 ABCDE) $= \triangle AFG$

---

p. 108

2. 사다리꼴 ABCD의 넓이를 S라고 하면

$\triangle ABD : \triangle DBC = 2 : 3$

$\triangle DBC = \dfrac{3}{5}S, \quad \triangle BCG = \dfrac{1}{2}S$

∴ $\triangle BGD = \dfrac{3}{5}S - \dfrac{1}{2}S = \dfrac{1}{10}S$

$\overline{CG} : \overline{DG} = \triangle BCG : \triangle BDG$

$= \dfrac{1}{2}S : \dfrac{1}{10}S = 5 : 1$

$\overline{BC} : \overline{DF} = \overline{CG} : \overline{GD} = 5 : 1$

∴ $\overline{DF} = \dfrac{1}{5}\overline{BC} = \dfrac{3}{5}$ cm ← **답**

---

p. 109

1. ① P, M을 연결한다.

② A를 지나 $\overline{PM}$에 평행한 직선을 긋고 $\overline{BC}$와의 교점을 Q라 한다.

③ P, Q를 연결한다.

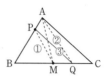

2. ① P, B를 연결한다.

② A를 지나 $\overline{PB}$에 평행선을 긋고 $\overline{CB}$와 만나는 점을 Q라고 한다.

③ P, Q를 연결한다.

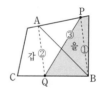

3. D, C를 연결하면

$\overline{DE}/\!/\overline{BC}$에서

$\overline{AE} : \overline{EC} = \overline{AD} : \overline{DB} = 3 : 4$

∴ $\triangle ADE : \triangle DCE = 3 : 4$

따라서, $\triangle DCE = \dfrac{4}{3} \times 9 = 12$

∴ $\square DFCE = 24cm^2$ ← **답**

Advice 위에서 $\overline{DE}/\!/\overline{BC}$이면

$\overline{AE} : \overline{EC} = \overline{AD} : \overline{DB}$

가 됨을 다음 단원에서 자세히 배운다.

4.

$\overline{AP} : \overline{PC} = 2 : 1$이므로

$\triangle APB : \triangle PCB = 2 : 1$

$\therefore \triangle PCB = \dfrac{1}{3} \triangle ABC$ ··· ㉠

$\overline{BQ} : \overline{QC} = 1 : 2$이므로

$\triangle BQP : \triangle QCP = 1 : 2$

$\therefore \triangle QCP = \dfrac{2}{3} \triangle PCB$ ··· ㉡

㉠, ㉡에서

$\triangle QCP = \dfrac{2}{3} \times \dfrac{1}{3} \triangle ABC = \dfrac{2}{9} \triangle ABC$

$\qquad = \dfrac{2}{9} \times 36 = 8(\mathbf{cm^2})$ ← 답

5. $\overline{AG} \ /\!/ \ \overline{BF}$에서

$\triangle AFG = \triangle AOG$

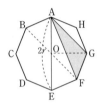

$\triangle AOG = r \times r \div 2 = \dfrac{1}{2} r^2$

$\therefore \triangle \mathbf{AFG} = \dfrac{1}{2} \mathbf{\mathit{r}^2}$ ← 답

6. $\overline{AB} \ /\!/ \ \overline{CD}$이므로,

$\triangle ABC = \triangle ABD$

$\therefore \triangle AED = \triangle ABD - \triangle ABE$

$\qquad\qquad = \triangle ABC - \triangle ABE$

$\qquad\qquad = \dfrac{1}{2} \times 12 \times 12 - \dfrac{1}{2} \times 12 \times 9$

$\qquad\qquad = 18(\mathbf{cm^2})$ ← 답

p. 110

1. ① 한 쌍의 대변의 길이가 같고 평행하
므로 □ABCD는 평행사변형이다.
② $\overline{AB} = \overline{DC}$인 등변사다리꼴이다.
③ 두 쌍의 대각의 크기가 각각 같으
므로 □ABCD는 평행사변형이다.
④ $\overline{AB} \ /\!/ \ \overline{DC}$인 등변사다리꼴이다.
⑤ $\overline{AD} \ /\!/ \ \overline{BC}$인 사다리꼴이다.
⑥ $\angle A + \angle B = 180°$에서 $\overline{AD} \ /\!/ \ \overline{BC}$
$\angle B + \angle C = 180°$에서 $\overline{AB} \ /\!/ \ \overline{DC}$
따라서, □ABCD는 평행사변형이
다.
⑦ $\overline{AC}$와 $\overline{BD}$의 교점이 각각의 중점
이 아닐 때는 평행사변형이 아니
다.
⑧ 두 대각선이 서로 다른 것을 이등
분하므로 □ABCD는 평행사변형
이다.

답 ①, ③, ⑥, ⑧

2. $\triangle ABM$과 $\triangle ECM$에서

$\overline{BM} = \overline{CM}$

$\angle AMB = \angle EMC$ (맞꼭지각)

$\angle ABM = \angle ECM$ (엇각)

$\therefore \triangle ABM \equiv \triangle ECM$

$\therefore \overline{CE} = \overline{AB} = 6cm$

$\overline{DE} = \overline{DC} + \overline{CE}$

$\qquad = \overline{AB} + \overline{CE} = \mathbf{12cm}$ ← 답

3. $\angle ABC = 180° - 65° = 115°$

$x = 115° - 85° = \mathbf{30°}$ ← 답

4. $\angle D = 180° - 110° = 70°$

$\therefore \angle ADP = 35°$

$\angle DAP = 90° - 35° = 55°$

$\therefore \angle \mathbf{BAP} = \mathbf{55°}$ ← 답

5. 정사각형의 개수를 x개라 하면

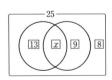

$13 + 9 - x + 8 = 25$

$\therefore \ \mathbf{\mathit{x} = 5(개)}$ ← 답

p. 111

6. $\overline{AD}$의 중점을 H라 하고, $\overline{HQ}$와 $\overline{PR}$의 교점을 G라고 하면

$$\triangle MQG = \frac{1}{8}\square ABQH$$

$$\triangle NQG = \frac{1}{8}\square HQCD$$

$$\begin{aligned}
\square ABCD &= \square ABQH + \square HQCD \\
&= 8\triangle MQG + 8\triangle NQG \\
&= 8(\triangle MQG + \triangle NQG) \\
&= \mathbf{200(cm^2)} \leftarrow \boxed{답}
\end{aligned}$$

7. $\triangle AFG = \square ABCD - \triangle ABF$
$$\qquad\qquad - \triangle GFC - \triangle AGD$$

$$\triangle ABF = \square ABCD \times \frac{1}{2} \times \frac{2}{3} = 20\,(cm^2)$$

$$\begin{aligned}
\triangle GFC &= \square ABCD \times \frac{1}{2} \times \frac{1}{3} \times \frac{1}{2} \\
&= 5\,(cm^2)
\end{aligned}$$

$$\triangle AGD = \square ABCD \times \frac{1}{2} \times \frac{1}{2} = 15\,(cm^2)$$

$$\therefore \;\mathbf{\triangle AFG = 20(cm^2)} \leftarrow \boxed{답}$$

8. $\overline{AD} /\!/ \overline{BC}$이므로

$$\angle CFD = \angle ADF = \angle CDF$$

따라서, $\overline{CD} = \overline{CF}$

마찬가지로 $\overline{AB} = \overline{BE}$

그러므로 $\overline{EF} = \overline{BE} + \overline{CF} - \overline{BC}$
$$\qquad\qquad = 2\overline{AB} - \overline{BC} = \mathbf{6} \leftarrow \boxed{답}$$

9. $\triangle OAE$와 $\triangle OCF$에서

$\overline{OA} = \overline{OC}$, $\angle O$는 맞꼭지각,

$\angle OAE = \angle OCF$(엇각)이므로

$\triangle OAE \equiv \triangle OCF$(ASA합동)

$\square AFCE$는 두 대각선이 서로 다른 것을 수직이등분하므로 마름모이다.

따라서

$$4 \times (8-5) = \mathbf{20} \leftarrow \boxed{답}$$

Advice $\square AFCE$
$$\qquad = \square ABCD - \triangle ABF - \triangle CDE$$

$$= 8 \times 4 - \frac{1}{2} \times 4 \times 3 - \frac{1}{2} \times 4 \times 3$$
$$= 20$$

10. $\triangle OCD = \triangle DBC - \triangle OBC$
$$\qquad\quad\;\; = \triangle ABC - \triangle OBC$$
$$\qquad\quad\;\; = \mathbf{15} \leftarrow \boxed{답}$$

11. $\overline{AB} /\!/ \overline{DE}$이므로

$$\triangle ADE = \triangle BDE$$
$$\Rightarrow \triangle ADP = \triangle BEP$$

또

$$\triangle ABD = \triangle ABE$$

모두 **3쌍**이다. $\leftarrow \boxed{답}$

p. 112

1. 평행선의 동측내각으로

$$\angle D + 110° = 180°$$
$$\therefore \;\angle D = 70°$$

$\triangle ADE$에서

$$\angle x + 26° + 70° = 180°$$
$$\therefore \;\angle \boldsymbol{x} = \mathbf{84°} \leftarrow \boxed{답}$$

2.

$\triangle DAE$와 $\triangle CBF$에서

$$\angle DEA = \angle CFB = 90° \;\cdots\cdots \text{㉠}$$
$$\overline{AD} = \overline{BC} \qquad\qquad\;\cdots\cdots \text{㉡}$$
$$\angle GAE = \angle ABF, \;\angle GAD = \angle ABC$$
$$\therefore \;\angle DAE = \angle CBF \;\;\cdots\cdots \text{㉢}$$

㉠, ㉡, ㉢에서 $\triangle DAE \equiv \triangle CBF$

$$\therefore \;\overline{DE} = \overline{CF} = \overline{CC'} - \overline{BB'}$$
$$\qquad\quad = 4 - 3 = 1\,(cm)$$

한편, $\square AA'D'E$에서 $\overline{AA'} = \overline{ED'}$이므로

$$\overline{DD'}=\overline{DE}+\overline{ED'}=\overline{DE}+\overline{AA'}$$
$$=1+5=6(cm) \;\;\leftarrow \boxed{답}$$

3. $\triangle APM \equiv \triangle DCM$

$\triangle BQN \equiv \triangle CDN$

$\therefore \;\; \triangle OPQ = \square ABCD + \triangle OCD$

$\triangle OCD = \dfrac{1}{8} \square ABCD$

$$=\dfrac{50}{8}=\dfrac{25}{4}=6.25(cm^2)$$

$\therefore \;\; \triangle OPQ = 56.25cm^2 \;\; \leftarrow \boxed{답}$

4. P가 출발한지 t초 후에 $\overline{AQ} /\!/ \overline{PC}$가 된다고 하자. 이때,

$\overline{AP}=4t, \;\; \overline{CQ}=7(t-9)$

$\overline{AQ} /\!/ \overline{PC}$이면 $\square APCQ$는 평행사변형이므로 $\overline{AP}=\overline{CQ}$

$4t=7(t-9) \;\; \therefore \;\; t=21$

따라서, Q가 출발한지

12초 후이다. $\leftarrow \boxed{답}$

5. $\triangle ABM$과 $\triangle CDF$에서

$\overline{AB}=\overline{CD}$ ⋯⋯ ㉠

$\angle ABM = \angle CDF$ ⋯⋯ ㉡

$\angle AMB = \angle CFD = 90°$

$\therefore \;\; \triangle ABM \equiv \triangle CDF$

$\therefore \;\; \overline{BM}=\overline{DF}$ ⋯⋯ ㉢

같은 방법으로

$\triangle BCE \equiv \triangle DAG$

$\therefore \;\; \overline{CE}=\overline{AG}$ ⋯⋯ ㉣

㉠, ㉣로부터 $\overline{BG}=\overline{DE}$ ⋯⋯ ㉤

㉡, ㉢, ㉤에서

$\triangle GBM \equiv \triangle EDF$

$\therefore \;\; \overline{MG}=\overline{FE}$ ⋯⋯ ㉥

$\angle BMG = \angle DFE$ ⋯⋯ ㉦

㉦과 $\overline{BC} /\!/ \overline{AD}$에서

$\overline{MG} /\!/ \overline{FE}$ ⋯⋯ ㉧

㉥, ㉧에서 **$\square MEFG$는 평행사변형**이다. $\leftarrow \boxed{답}$

p. 113

6. $\angle ABD = \angle BDC$이고,

$\angle ABE = \angle DBE$,

$\angle CDF = \angle BDF$이므로

$\angle DBE = \angle BDF$

$\therefore \;\; \overline{EB} /\!/ \overline{DF}$ ⋯⋯ ㉠

$\square ABCD$는 직사각형이므로

$\overline{ED} /\!/ \overline{BF}$ ⋯⋯ ㉡

㉠, ㉡에서 $\square EBFD$는 평행사변형이다.

그런데 조건에서 $\overline{BE}=\overline{BF}$이므로

$\square EBFD$는 마름모이다.

$\therefore \;\; \angle EDB = \angle BDF$

$\qquad = \angle FDC = 30° \;\; \leftarrow \boxed{답}$

7. $\triangle OAE$와 $\triangle ODF$에서

$\overline{OA}=\overline{OD}, \;\; \angle AOE = \angle DOF$,

$\angle OAE = \angle ODF$이므로

$\triangle OAE \equiv \triangle ODF$

$\therefore \;\; \overline{AE}=\overline{DF}$

따라서, $\overline{AD}=8cm$

$\square ABCD = 8^2 = 64(cm^2) \;\; \leftarrow \boxed{답}$

Advice $\;\; \angle EOF = 90°, \;\; \angle AOD = 90°$

$\qquad \angle AOE = \angle EOF - \angle AOF$

$\qquad\qquad = \angle AOD - \angle AOF$

$\qquad\qquad = \angle DOF$

8. 〈그림〉의 삼각형은 합동인 4개의 직각이등변삼각형으로 나누었으므로 전체의 넓이는

$36 \times 2 = 72(cm^2)$

〈그림〉의 삼각형은 합동인 9개의 직각이등변삼각형으로 나누었으므로 구하는 넓이는

$72 \times \dfrac{4}{9} = 32 \text{(cm}^2) \leftarrow$ 답

9. △ABE＝□DBEF에서

△ADE＝△FDE ∴ $\overline{\text{DE}} /\!/ \overline{\text{AC}}$

$\overline{\text{BE}} : \overline{\text{EC}} = \overline{\text{BD}} : \overline{\text{DA}} = 5 : 3$

즉, $\overline{\text{BE}} : \overline{\text{BC}} = 5 : 8$이므로

△ABE : △ABC＝5 : 8

$\triangle\text{ABE} = 16 \times \dfrac{5}{8} = 10$

∴ □DBEF＝10 ← 답

10. $\dfrac{\overline{\text{DC}}}{\overline{\text{FC}}} = \dfrac{5}{3}$이므로

$\dfrac{\triangle\text{DEC}}{\triangle\text{FEC}} = \dfrac{5}{3}$ ...... ㉠

$\overline{\text{EF}} /\!/ \overline{\text{BC}}$에서

△FEB＝△FEC ...... ㉡

$\overline{\text{AD}} /\!/ \overline{\text{BC}}$에서

△ABE＝△DEC ...... ㉢

㉠, ㉡, ㉢에서

$\triangle\text{ABE} = \dfrac{5}{3} \triangle\text{EBF}$

따라서, $\dfrac{5}{3}$배가 된다. ← 답

---

p. 114

1. 평행사변형은
대각의 크기
가 같으므로
$2a = 180° - 2b$
∴ $a + b = 90°$
선분 AE와
선분 DC의 교점을 F라고 하면
$\overline{\text{AB}} /\!/ \overline{\text{CD}}$이므로
∠BAF＝∠AFD＝∠EFC＝a
∴ ∠AEC＝180°－(a+b)＝180°－90°
$\qquad = 90°$ ← 답

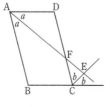

2. 직선 AB의 기울기는 −1이다.
C$(x,\ y)$라고 하면
$\left(\dfrac{-3+x}{2},\ \dfrac{7+y}{2}\right) = \left(\dfrac{7}{2},\ \dfrac{9}{2}\right)$
∴ $x = 10,\ y = 2$
따라서, 기울기가 −1이고 점
(10, 2)를 지나는 직선은
$y = -x + b$ ...... ㉠
㉠에 점 (10, 2)를 대입하면
$2 = -10 + b$ ∴ $b = 12$
∴ $y = -x + 12$ ← 답

3. (1) $\dfrac{\triangle\text{ADE}}{\triangle\text{ABC}} = \dfrac{\overline{\text{AD}} \times \overline{\text{AE}}}{\overline{\text{AB}} \times \overline{\text{AC}}}$

$= \dfrac{\overline{\text{AD}}}{\overline{\text{AB}}} \times \dfrac{\overline{\text{AE}}}{\overline{\text{AC}}} = \dfrac{1}{4} \times \dfrac{2}{3} = \dfrac{1}{6}$

∴ △ADE : △ABC＝1 : 6 ← 답

(2) △ADP＝x, △AEP＝y라고 하
면

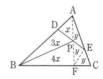

△PDB＝$3x$

△BPF＝△BPA＝$4x$

△PEF＝△AEP＝y

$\triangle\text{EFC} = \dfrac{1}{2} \triangle\text{AFE} = y$

(1)에서 $x + y = \dfrac{1}{6}(8x + 3y)$

즉, $2x = 3y$, $y = \dfrac{2}{3}x$

∴ △ABC＝$8x + 3y = 10x$

∴ △DBP : △ABC＝3 : 10 ← 답

4. △AFE : △CFE＝3 : 2이므로

$\triangle\text{AFE} = \dfrac{3}{2}$, $\triangle\text{AFC} = \dfrac{5}{2}$

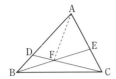

$\triangle BFC = x\,cm^2$라고 하면

$\dfrac{5}{2} : x = 5 : 2,\ 5x = 5 \qquad x = 1$

$\triangle CEF = \triangle CBF = 1$이므로

$\overline{BF} = \overline{FE}$

$\therefore \triangle ABF = \triangle AEF = \dfrac{3}{2}$

$\therefore \triangle ABC = \dfrac{3}{2} + \dfrac{3}{2} + 1 + 1$

$\qquad = 5(cm^2)$ ← 답

5. (1) $\triangle BCD = b + c$

$\triangle CDA = c + d$

$\triangle DAB = a + d$

즉, $b + c = 32$ ...... ㉠

$c + d = 21$ ...... ㉡

$a + d = 24$ ...... ㉢

㉠+㉢−㉡에서

$\triangle ABC = a + b = 35$ ← 답

(2) $\triangle ABD : \triangle BCD = 24 : 32$

$\qquad\qquad\qquad = 3 : 4$

$\therefore \overline{AO} : \overline{OC} = 3 : 4$

따라서, $\overline{AO} : \overline{AC} = 3 : 7$

$\therefore \triangle OAB : \triangle ABC = 3 : 7$

(1)에서 $\triangle ABC = 35$이므로

$\triangle OAB = 15$ ← 답

---

6. 도형의 닮음

1. 닮은 도형

p. 119

1. $\overline{AB} : \overline{CE} = \overline{BC} : \overline{EF}$이므로

$24 : 16 = \overline{BC} : 12$

$\therefore \overline{BC} = 18(cm)$ ← 답

p. 120

1. $\overline{BC} : \overline{EF} = \overline{AB} : \overline{DE}$이므로

$12 : 6 = \overline{AB} : a$

$\therefore \overline{AB} = 2a$ ← 답

2. $\overline{AB} : \overline{A'B'} = \overline{BC} : \overline{B'C'}$이므로

$5 : 6 = x : 10 \qquad \therefore x = \dfrac{25}{3}\,cm$ ← 답

$\overline{AB} : \overline{A'B'} = \overline{AC} : \overline{A'C'}$

$5 : 6 = 8 : y \qquad \therefore y = \dfrac{48}{5}\,cm$ ← 답

3. $\overline{OC} : \overline{OF} = 3 : 5$이므로

$6 : \overline{OF} = 3 : 5,\ \overline{OF} = 10\,cm$

$\therefore \overline{CF} = 4\,cm$ ← 답

4. □ABCD와 □A'B'C'D'의 닮음비는

$12 : (12 + 6) = 2 : 3$이므로

□A'B'C'D'의 둘레의 길이를 $l\,cm$라

고 하면

$2 : 3 = 40 : l \qquad \therefore l = 60$

답 60 cm

5. □ABCD와 □EFGH의 닮음비는

$2 : 1$이다.

$5 : \overline{EH} = 2 : 1$에서 $\overline{EH} = 2.5\,cm$

$7 : \overline{FG} = 2 : 1$에서 $\overline{FG} = 3.5\,cm$

□EFGH의 둘레의 길이는

$2.5+3+3.5+5=14\,(cm)$

□ABCD의 둘레의 길이를 l cm라고 하면

$l : 14=2 : 1, \quad l=28$

$\therefore \ 14+28=\mathbf{42(cm)} \leftarrow$ 답

2. 삼각형의 닮음 조건

p. 124

1. 점 D를 지나서 $\overline{BE}$에 평행한 직선이 $\overline{AC}$와 만나는 점을 F라고 하면

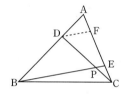

$\overline{DF} /\!/ \overline{BE}$이므로

△ADF ∽ △ABE (AA닮음)

$\overline{AD} : \overline{AB}=\overline{AF} : \overline{AE}=\overline{DF} : \overline{BE}$
$\qquad =1 : 3$

$\overline{AD} : \overline{BD}=\overline{AF} : \overline{FE}=1 : 2$

$\overline{CE} : \overline{AE}=1 : 3$이므로 $\overline{AF}=\overline{CE}$

$\overline{PE} /\!/ \overline{DF}$이므로 △CPE ∽ △CDF

$\overline{PE} : \overline{DF}=\overline{CE} : \overline{CF}=1 : 3$

$\overline{DF} : \overline{BE}=1 : 3, \quad \overline{DF} : \overline{PE}=3 : 1$이므로 $\overline{BE} : \overline{PE}=9 : 1$

$\therefore \ \overline{\mathbf{BP}} : \overline{\mathbf{PE}}=\mathbf{8 : 1} \leftarrow$ 답

p. 125

2. △ABH∽△CAH (AA닮음)에서

$\overline{AH}^2=\overline{BH}\cdot\overline{CH}=8\times2=16=4^2$

$\therefore \ \overline{AH}=4$

또, 점 M은 △ABC의 외심이므로

$\overline{AM}=\overline{BM}=\overline{CM}=5$

△AQH∽△AHM (AA닮음)이므로,

$\overline{AH}^2=\overline{AQ}\cdot\overline{AM}$

즉, $4^2=x\times5 \quad \therefore \ x=\dfrac{16}{5}$

따라서, $\overline{\mathbf{AQ}}=\dfrac{\mathbf{16}}{\mathbf{5}} \leftarrow$ 답

p. 126

3. △FAD와 △FCE에서

∠A=∠ECB=60°, ∠F는 공통

$\therefore$ △FAD∽△FCE (AA닮음)

$\overline{AC} : \overline{CB}=2 : 1$이므로 $\overline{CB}=a$

이때, $\overline{BF}=x$라고 하면

$\overline{FC} : \overline{FA}=\overline{CE} : \overline{AD}$에서

$(a+x) : (3a+x)=1 : 2$

$2a+2x=3a+x \quad \therefore \ x=a$

따라서, $\overline{\mathbf{BF}}=\boldsymbol{a} \leftarrow$ 답

p. 127

1. △ABC ∽ △DFE (AA닮음)이다.

∠D=60°이므로

$\overline{AB}$의 대응변은 $\overline{DF}$

$\overline{BC}$의 대응변은 $\overline{FE}$

$\overline{AC}$의 대응변은 $\overline{DE}$

(1) $\overline{AC} : \overline{DE}=\overline{BC} : \overline{FE}$에서

$\overline{AC} : b=8 : 16$

$16\,\overline{AC}=8b \quad \therefore \ \overline{\mathbf{AC}}=\dfrac{\mathbf{1}}{\mathbf{2}}\boldsymbol{b} \leftarrow$ 답

(2) $\overline{AB} : \overline{DF}=\overline{BC} : \overline{FE}$에서

$a : \overline{DF}=8 : 16$

$8\,\overline{DF}=16a \quad \therefore \ \overline{\mathbf{DF}}=\mathbf{2}\boldsymbol{a} \leftarrow$ 답

2. 원기둥의 높이를
x라고 하면
$(8-x):8=2:4$
$4(8-x)=16$
∴ $x=4$(cm) ← 답

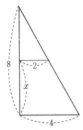

3. (1) △ADB∽△ABC (AA닮음)
$\overline{AB}:\overline{AC}=\overline{AD}:\overline{AB}$
$6:(x+4)=4:6$
$4(x+4)=36$ ∴ $x=5$ ← 답

(2) △BDE∽△BCA (AA닮음)
$\overline{BE}:\overline{BA}=\overline{BD}:\overline{BC}$
$4:9=6:(4+x)$
$4(4+x)=54$ ∴ $x=9.5$ ← 답

4. (1) △EAD∽△BAC (AA닮음)
$5:10=3:x$
∴ $x=6$ ← 답

(2) △BAD∽△BCA (SAS 닮음)
$6:9=3:x$
∴ $x=4.5$ ← 답

5. $\overline{PC}:\overline{PA}=\overline{PA}:\overline{PB}=\overline{AC}:\overline{AB}$
$\overline{PC}=x$, $\overline{PA}=y$라고 하면
$x:y=4:8=y:(x+7)$
∴ $\begin{cases} 4y=8x & \cdots\cdots ㉠ \\ 8y=4(x+7) & \cdots\cdots ㉡ \end{cases}$
㉠, ㉡에서 $16x=4x+28$
∴ $x=\overline{PC}=\dfrac{7}{3}$ ← 답

p. 128

6. $\overline{AE}/\!/\overline{BC}$이므로
△AFE∽△CFD (AA닮음)
$\overline{AE}=\overline{BD}$이므로
$\overline{AF}:\overline{CF}=\overline{BD}:\overline{CD}=2:3$

따라서, $\overline{EF}:\overline{DF}=\overline{AF}:\overline{CF}=2:3$
$\overline{AB}/\!/\overline{ED}$이므로
△AFE:△FBD$=\overline{EF}:\overline{DF}=2:3$
∴ △AFE$=\dfrac{2}{3}$△FBD   답 $\dfrac{2}{3}$배

7. $\overline{MN}/\!/\overline{BC}$이므로
∠ANM=∠ACB
∴ △ADE∽△ANM (AA닮음)
$6:(9+3x)=9:18=1:2$
$9+3x=12$ ∴ $x=1$ ← 답

8. △CRQ∽△CAB(AA닮음)이므로
$\overline{RQ}:\overline{AB}=\overline{CQ}:\overline{CB}$
$x:a=(b-x):b$
$bx=ab-ax$, $(a+b)x=ab$
∴ $x=\dfrac{ab}{a+b}$ ← 답

9. ∠B=∠BEA=∠C=∠CDE이므로
△ABE∽△ECD (AA닮음)
∴ $\overline{AB}:\overline{BE}=\overline{EC}:\overline{CD}$
$\overline{AB}=9$, $\overline{BE}=\overline{EC}=6$이므로
$\overline{CD}=\dfrac{\overline{BE}\cdot\overline{EC}}{\overline{AB}}$
$=\dfrac{6\times6}{9}$
$=4$(cm) ← 답

10. 대각선 $\overline{BD}$의 중점을 G라고 하면
△ABD와 △GED에서
∠ADB=∠GDE
∠A=∠EGD=90°
∴ △ABD∽△GED (AA닮음)
따라서, $\dfrac{\overline{AB}}{\overline{AD}}=\dfrac{\overline{GE}}{\overline{GD}}$ 이므로
$\dfrac{6}{8}=\dfrac{\overline{GE}}{5}$
$\overline{GE}=\dfrac{5\times6}{8}=\dfrac{15}{4}$
∴ $\overline{EF}=2\overline{GE}=\dfrac{15}{2}$ (cm) ← 답

11. △ABD와 △CBE에서

$\angle ADB = \angle CEB = 90°$, $\angle B$는 공통

$\therefore \triangle ABD \backsim \triangle CBE$ (AA닮음)

$\overline{AB} : \overline{BC} = \overline{BD} : \overline{BE}$ 에서

$\overline{BD} = 9 - 3 = 6$(cm) 이므로

$8 : 9 = 6 : \overline{BE}$, $8\overline{BE} = 54$

$\therefore \overline{BE} = \dfrac{54}{8} = \dfrac{27}{4} = \mathbf{6.75(cm)}$ ← 답

p. 129

1. ②, ④, ⑥, ⑨

2. $\overline{AC} : \overline{DF} = \overline{OA} : \overline{OD} = 2 : 5$

$\therefore 6 : x = 2 : 5$ $\therefore x = 15$

즉, $\overline{DF} = \mathbf{15cm}$ ← 답

3. $\angle ABC = \angle C = 2a$ 라고 하면

$\angle CBD = \angle A$

$\triangle BCD$에서 $\angle C = \angle BDC$가 되어야

한다. 즉, $\angle BDC = 2a$

$\therefore a + 2a + 2a = 180°$

$5a = 180°$ $\therefore a = 36°$

따라서, $\angle C = 2a = \mathbf{72°}$ ← 답

4. $\triangle BAC \backsim \triangle BCD$ (AA닮음)

$\therefore \overline{BA} : \overline{BC} = \overline{AC} : \overline{CD}$

$\overline{BA} : 3 = 4 : 2 = 2 : 1$

$\therefore \overline{BA} = 6$

$\overline{BC} : \overline{BD} = 3 : \overline{BD} = 2 : 1$ 에서

$\overline{BD} = 1.5$

$\therefore \overline{AD} = \overline{AB} - \overline{BD} = \mathbf{4.5}$ ← 답

5. (1) $\triangle ABC$와 $\triangle ADB$에서

$\angle ABC = 2\angle C$이고

$\angle ABD = \angle CBD$이므로

$\angle C = \angle ABD$ ...... ㉠

$\angle A$는 공통 ...... ㉡

㉠, ㉡에서

$\triangle ABC \backsim \triangle ADB$ (AA닮음)

$\therefore \overline{AC} : \overline{AB} = \overline{AB} : \overline{AD}$

$8 : 6 = 6 : \overline{AD}$

$\therefore \overline{AD} = \mathbf{4.5}$ ← 답

(2) $\triangle DBC$는 이등변삼각형이므로

$\overline{BD} = \overline{DC}$

$\overline{DC} = \overline{AC} - \overline{AD} = 8 - 4.5 = 3.5$

$\overline{BC} : \overline{BD} = 4 : 3$

$\overline{BC} : 3.5 = 4 : 3$

$3\overline{BC} = 14$

$\therefore \overline{BC} = \dfrac{14}{3}$ ← 답

6. $\triangle LMC \backsim \triangle BAC$ (AA닮음) 이므로

$\overline{LM} : \overline{BA} = \overline{MC} : \overline{AC}$

$\overline{LM} : 6 = 5 : 8$

$\therefore \overline{LM} = \dfrac{15}{4}$ ← 답

p. 130

7. (1) $\triangle DEF \backsim \triangle BCF$ (AA닮음) 이므로

두 삼각형의 높이의 비는 닮음비

2 : 3과 같다.

$\therefore \overline{FH} = 15 \times \dfrac{3}{2+3} = \mathbf{9}$ ← 답

(2) $\triangle FBH \backsim \triangle DBC$ (AA닮음) 에서

$\overline{BH} : 24 = 9 : 15$, $\overline{BH} = 14.4$

$\therefore \overline{CH} = 24 - 14.4 = 9.6$

따라서, $\overline{CH} : \overline{ED} = 9.6 : 16$

$= \mathbf{3 : 5}$ ← 답

8. $\overline{AM} = \dfrac{3}{4}\overline{AO} = \dfrac{3}{4} \times \dfrac{1}{2}\overline{AC} = \dfrac{3}{8}\overline{AC}$

$\therefore \overline{AM} : \overline{MC} = 3 : 5$

$\triangle AME \backsim \triangle CMD$ (AA닮음) 이므로

$\overline{AE} : \overline{CD} = \overline{AM} : \overline{CM}$

$\overline{AE} : 20 = 3 : 5$

$\therefore \overline{AE} = \mathbf{12(cm)}$ ← 답

9. $\triangle EBF \backsim \triangle DCF$ (AA닮음)

$\overline{EB} = (x-3)$ cm

$\overline{BF} = (4-y)\,cm$

이므로 $\overline{EB} : \overline{DC} = \overline{BF} : \overline{CF}$에서

$(x-3) : 3 = (4-y) : y$

$y(x-3) = 3(4-y)$

$\therefore \boldsymbol{xy=12}$ ← 답

10. $\overline{AB} /\!/ \overline{DP}$이므로

$\triangle ABQ \backsim \triangle PDQ$ (AA닮음)

$\overline{AB} : \overline{DP} = 3 : 2$이므로

$\overline{BQ} : \overline{QD} = 3 : 2$

$\overline{OQ} = \left(\dfrac{3}{5} - \dfrac{1}{2}\right)\overline{BD} = \dfrac{1}{10}\overline{BD}$

$\therefore \triangle AOQ = \dfrac{1}{10}\triangle ABD$

$= \dfrac{1}{20}\square ABCD = \dfrac{1}{20}\times 40 = \boldsymbol{2}$ ← 답

11. $\triangle ECF \backsim \triangle DAF$ (AA닮음)이고,

$\overline{EF} : \overline{FD} = 2 : 3$이므로

$\overline{CF} : \overline{AF} = 2 : 3$

따라서, $\overline{CF} : \overline{CA} = 2 : 5$

$\therefore \triangle FEC : \triangle AEC = 2 : 5$

$\triangle FEC = 8$일 때, $\triangle AEC = 20$

또한, $\overline{EC} : \overline{DA} = 2 : 3$이고,

$\overline{BC} = \overline{AD}$, $\overline{EC} : \overline{BC} = 2 : 3$

$\therefore \overline{EC} : \overline{BE} = 2 : 1$

따라서, $\triangle AEC : \triangle ABE = 2 : 1$

그런데 $\triangle AEC = 20$이므로

$\triangle \boldsymbol{ABE = 10cm^2}$ ← 답

12. $\overline{EF} /\!/ \overline{BD}$이므로

$\triangle CEF \backsim \triangle CBD$ (AA닮음)

$\triangle CEF = \dfrac{1}{9}\triangle CBD$

$= \dfrac{1}{9}\times\dfrac{1}{2}\square ABCD$

$= \dfrac{1}{18}\times 36 = 2$

$\triangle ABE = \triangle AFD$

$= \dfrac{2}{3}\times\triangle ACD$

$= \dfrac{2}{3}\times\dfrac{1}{2}\times\square ABCD = 12$

$\therefore \triangle AEF = \square ABCD - \triangle ABE$

$\qquad - \triangle ECF - \triangle AFD$

$= 36 - 12 - 2 - 12$

$= \boldsymbol{10(cm^2)}$ ← 답

<p. 131>

1. $\overline{AD} : \overline{DC} = 2 : 3$이므로

$\triangle AED : \triangle DEC = 2 : 3$

$\therefore \triangle AED = 2$, $\triangle AEC = 5$

여기서 $\overline{AB} /\!/ \overline{DE}$이고,

$\overline{AD} : \overline{DC} = 2 : 3$이므로

$\overline{BE} : \overline{EC} = 2 : 3$

따라서, $\triangle ABE : \triangle AEC = 2 : 3$이므로

$\triangle ABE = \dfrac{2}{3}\triangle AEC = \dfrac{2}{3}\times 5 = \dfrac{\boldsymbol{10}}{\boldsymbol{3}}$ ← 답

2. (1) $\triangle AED$는 이등변삼각형이고

$\angle ADE = \angle AED$ ······ ㉠

$\angle ABE = \angle CBD$ ······ ㉡

$\triangle ABE$에서

$\angle BAE = \angle AED - \angle ABE$

$\triangle CBD$에서

$\angle BCD = \angle ADE - \angle CBD$

㉠, ㉡에서 $\angle BCD = \boldsymbol{\angle BAE}$ ← 답

(2) 위에서 $\triangle ABE \backsim \triangle CBD$ (AA닮음)

따라서, $\overline{CD} = x$라고 하면,

$\overline{AE} = \overline{AD} = 3 - x$

$\overline{AB} : \overline{CB} = \overline{AE} : \overline{CD}$에서

$4 : 5 = (3-x) : x$

$4x = 5(3-x)$ $\qquad \therefore x = \dfrac{5}{3}$

$\therefore \overline{\boldsymbol{CD}} = \dfrac{\boldsymbol{5}}{\boldsymbol{3}}\,\boldsymbol{cm}$ ← 답

3. $\triangle ACO'$과 $\triangle ABO$에서

$\angle CAO' = \angle BAO$

$\angle\mathrm{CO'A}=\angle\mathrm{BOA}=90°$

$\triangle\mathrm{ACO'}\backsim\triangle\mathrm{ABO}$ (AA닮음)

$\dfrac{\overline{\mathrm{AO'}}}{\overline{\mathrm{AO}}}=\dfrac{\overline{\mathrm{CO'}}}{\overline{\mathrm{BO}}}$

$\dfrac{6}{9}=\dfrac{\overline{\mathrm{CO'}}}{6}$

$\therefore\ \overline{\mathrm{CO'}}=4\mathrm{cm}$

따라서, 구하는 원뿔의 부피는

$\dfrac{1}{3}\times4^2\times\pi\times6=\mathbf{32\boldsymbol{\pi}(cm^3)}\ \leftarrow$ 답

4. (△ADE의 둘레의 길이)

$\quad$: (△ABC의 둘레의 길이)

$=(7.1+8.5):(7.1+10.4+8.5)$

$=15.6:26=3:5$

$\triangle\mathrm{ADE}\backsim\triangle\mathrm{ABC}$ (AA닮음)에서

$\overline{\mathrm{AE}}:\overline{\mathrm{AC}}=3:5$

$\overline{\mathrm{IE}}=\overline{\mathrm{EC}}$에서

$\overline{\mathrm{AE}}=\overline{\mathrm{AC}}-\overline{\mathrm{EC}}=\overline{\mathrm{AC}}-\overline{\mathrm{IE}}$

$(8.5-\overline{\mathrm{IE}}):8.5=3:5$

$5(8.5-\overline{\mathrm{IE}})=3\times8.5$

$\therefore\ \overline{\mathbf{IE}}=\mathbf{3.4cm}\ \leftarrow$ 답

5. $\triangle\mathrm{BMP}\backsim\triangle\mathrm{BCA}$ (AA닮음)에서

$\overline{\mathrm{BM}}:\overline{\mathrm{BC}}=\overline{\mathrm{PM}}:\overline{\mathrm{AC}}$

$\overline{\mathrm{MC}}=x$라고 하면,

$(4-x):4=\overline{\mathrm{PM}}:3$

$\therefore\ \overline{\mathrm{PM}}=\dfrac{3}{4}(4-x)$

즉, $2x+2\times\dfrac{3}{4}(4-x)\leq7$

$4x+12-3x\leq14,\ x\leq2$

따라서, $\overline{\mathbf{MC}}$는 **2cm 이하**이다. $\leftarrow$ 답

p. 132

6. $\triangle\mathrm{ABC}\backsim\triangle\mathrm{BDC}$ (AA닮음)

$\therefore\ \overline{\mathrm{AC}}:\overline{\mathrm{BC}}=\overline{\mathrm{BC}}:\overline{\mathrm{DC}}$

$10:6=6:\overline{\mathrm{DC}}$

$\therefore\ \overline{\mathrm{DC}}=3.6$

$\angle\mathrm{CEB}=\angle\mathrm{BAE}+\angle\mathrm{ABE}$,

$\angle\mathrm{CBE}=\angle\mathrm{DBC}+\angle\mathrm{DBE}$

이므로 $\angle\mathrm{CEB}=\angle\mathrm{CBE}$

$\therefore\ \overline{\mathrm{CE}}=\overline{\mathrm{CB}}$

$\therefore\ \overline{\mathrm{DE}}=\overline{\mathrm{CE}}-\overline{\mathrm{CD}}=\overline{\mathrm{BC}}-\overline{\mathrm{CD}}$

$\qquad=6-3.6=\mathbf{2.4(cm)}\ \leftarrow$ 답

7. $\overline{\mathrm{DE}}=y\,(\mathrm{cm})$라 하면,

$\overline{\mathrm{CE}}=\overline{\mathrm{EF}}=4-y\,(\mathrm{cm})$

$\overline{\mathrm{BF}}=\overline{\mathrm{BC}}=x+2\,(\mathrm{cm})$

$\triangle\mathrm{ABF}\backsim\triangle\mathrm{DFE}$ (AA닮음)이므로

$(x+2):(4-y)=4:2$

$\qquad x+2y=6\qquad\cdots\cdots$ ㉠

$\qquad x:y=4:2$

$\qquad x=2y\qquad\cdots\cdots$ ㉡

㉡을 ㉠에 대입하면 $\boldsymbol{x=3}\ \leftarrow$ 답

8. $\triangle\mathrm{ABE}=\square\mathrm{DBEF}$이므로

$\triangle\mathrm{FGE}=\triangle\mathrm{ADG}\quad\therefore\ \overline{\mathrm{AC}}\,/\!/\,\overline{\mathrm{DE}}$

따라서, $\triangle\mathrm{BDE}\backsim\triangle\mathrm{BAC}$ (AA닮음)

$\overline{\mathrm{BD}}:\overline{\mathrm{BA}}=\overline{\mathrm{BE}}:\overline{\mathrm{BC}}=3:5$

$\overline{\mathrm{BD}}:\overline{\mathrm{DA}}=\overline{\mathrm{BE}}:\overline{\mathrm{EC}}=3:2$

$\therefore\ \triangle\mathrm{ABE}:\triangle\mathrm{ACE}=3:2$

$\triangle\mathrm{ABE}=10\times\dfrac{3}{3+2}=6$

따라서, $\square\mathrm{DBEF}=\mathbf{6}\ \leftarrow$ 답

9. 원뿔대의 전개도에서

위쪽 부분의 호의 길이는 8π

아래쪽 부분의 호의 길이는 12π

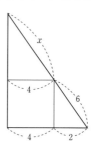

〈그림〉에서

$x : (x+6) = 4 : 6$

$6x = 4x + 24, \quad x = 12$

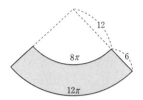

원뿔대의 옆넓이는

$\dfrac{1}{2} \times 18 \times 12\pi - \dfrac{1}{2} \times 12 \times 8\pi$

$= 60\pi \leftarrow$ 달

10. △FBE와 △DCE에서 $\overline{AB} = \overline{AC}$이므로

$\angle FBE = \angle DCE,$

$\angle BEF = \angle CED = 90°$

∴ △FBE∽△DCE (AA닮음)

∴ $\angle BFE = \angle CDE$ ······ ㉠

$\angle CDE = \angle ADF$ ······ ㉡

㉠, ㉡에서 $\angle AFD = \angle ADF$

∴ $\overline{AD} = \overline{AF} = 8 - 5 = 3$

$\overline{DC} = 5 - 3 = 2$

$\overline{FB} : \overline{DC} = \overline{FE} : \overline{DE}$이므로

$8 : 2 = 5 : \overline{DE} \quad ∴ \overline{DE} = 1.25$

∴ $\overline{FD} = 5 - 1.25 = \mathbf{3.75(cm)} \leftarrow$ 달

11.

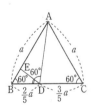

△ABC는 정삼각형이므로

$\angle EBD = \angle ACD = 60°,$

$\angle ADE = 60°$에서

$\angle BDE + \angle CDA = 180° - 60°$

$= 120°$ ······ ㉠

또, $\angle CAD + \angle CDA = 120°$ ······ ㉡

㉠, ㉡에서

$\angle BDE = \angle CAD$

△BDE∽△CAD(AA닮음)

$\overline{BE} : \overline{BD} = \overline{CD} : \overline{CA}$에서

$\overline{BE} : \dfrac{2}{5}a = \dfrac{3}{5}a : a$

$a\overline{BE} = \dfrac{6a^2}{25} \quad ∴ \overline{BE} = \dfrac{6}{25}a \leftarrow$ 달

p. 133

1. R에서 $\overline{AB}$에 내린 수선의 발을 H라 한다.

(i) 빛이 C를 지날 때

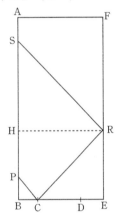

△PBC∽△REC∽△SHR (AA닮음) 이고 모두 직각이등변삼각형이므로

$\overline{BH} = \overline{ER} = 3a$

$\overline{SH} = \overline{BE} = 4a \quad ∴ \overline{BS} = 7a$

(ii) 빛이 D를 지날 때 :

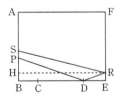

$\triangle PBD\backsim\triangle RED\backsim\triangle SHR$ (AA닮음)

$\overline{BD}:\overline{ED}:\overline{HR}=\overline{PB}:\overline{RE}:\overline{SH}$

$\qquad\qquad\qquad =3:1:4$

$a:\overline{RE}:\overline{SH}=3:1:4$

$\overline{RE}=\dfrac{1}{3}a$, $\overline{SH}=\dfrac{4}{3}a$ $\quad\therefore\overline{BS}=\dfrac{5}{3}a$

답 최댓값 : $7a$, 최솟값 : $\dfrac{5}{3}a$

2. (1) $\overline{AC}$의 기울기가 -2이므로

$y=-3x+a$의 기울기의 경사가 더 급하다.

따라서, a의 값은 $y=-3x+a$가 점 C를 지날 때 최대가 되고, 점 B를 지날 때 최소가 된다.

$y=-3x+a$에

$x=4$, $y=0$을 대입하면 $a=12$

$x=-1$, $y=2$를 대입하면 $a=-1$

$\therefore -1\le a\le 12$ ← **답**

(2) 2개의 삼각형의 밑변을 각각 $\overline{AP}$, $\overline{PC}$라고 하면, 꼭짓점 B가 공통이므로

$\triangle APB:\triangle BCP=\overline{AP}:\overline{PC}=1:2$

그런데 P의

x좌표는 $1+\dfrac{4-1}{3}=2$

y좌표는 $6\times\dfrac{2}{3}=4$

즉, 직선 l은 두 점 B$(-1,\ 2)$, P$(2,\ 4)$를 지나므로

$y=\dfrac{2}{3}x+\dfrac{8}{3}$ ← **답**

3. $\triangle FDB$와 $\triangle EFC$에서

$\angle FBD=\angle ECF=60°$ $\quad\cdots\cdots$ ㉠

$\angle FDB=\angle DFC-\angle FBD$

$\qquad\quad =\angle DFC-60°$

$\angle DFE=\angle DAE=60°$

$\therefore \angle EFC=\angle DFC-60°$

$\therefore \angle FDB=\angle EFC$ $\quad\cdots\cdots$ ㉡

㉠, ㉡에서 $\triangle FDB\backsim\triangle EFC$ (AA닮음)

$\overline{DF}:\overline{FE}=\overline{DB}:\overline{FC}$

$\overline{FD}=\overline{AD}$에서 $\overline{AB}=15$

$\therefore \overline{FC}=15-3=12$

$7:\overline{FE}=8:12$

$\therefore \overline{AE}=\overline{FE}=10.5$cm ← **답**

4.

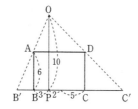

$\triangle B'AB\backsim\triangle B'OP$ (AA닮음)이므로

$\overline{B'B}=x$라 하면

$6:x=10:(x+3)$

$6x+18=10x$ $\quad\therefore x=4.5$

또 $\triangle C'DC\backsim\triangle C'OP$ (AA닮음)이므로

$\overline{CC'}=y$라 하면

$10:6=(7+y):y$

$10y=42+6y$

$\therefore y=10.5$ **답** 가장 긴 것 : **10.5m**

가장 짧은 것 : **4.5m**

5. 꼭짓점 A에서 $\overline{BC}$에 내린 수선의 발을 D라 하면

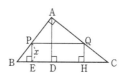

$\triangle ABC$의 넓이에서

$\dfrac{15\times 20}{2}=\dfrac{25\times\overline{AD}}{2}$ $\quad\therefore \overline{AD}=12$

$\triangle ABC$와 $\triangle DBA$에서

$\angle BAC=\angle BDA=90°$이고

$\angle ABD$가 공통이므로

$\triangle ABC\backsim\triangle DBA$ ($\backsim\triangle DAC$)

(AA닮음)

〈그림〉에서

$\overline{PE} /\!/ \overline{AD}$이므로 $\overline{PE}=x$라 하면

$x : \overline{BE}=\overline{AD} : \overline{BD}=\overline{AC} : \overline{AB}=4 : 3$

$\therefore \overline{BE}=\dfrac{3}{4}x$

$\overline{QH} /\!/ \overline{AD}$이고, $\overline{QH}=x$이므로

$\overline{CH} : x=\overline{CD} : \overline{AD}=\overline{CA} : \overline{BA}=4 : 3$

$\therefore \overline{CH}=\dfrac{4}{3}x$

$\overline{BC}=\overline{BE}+\overline{EH}+\overline{CH}$

$\therefore 25=\dfrac{3}{4}x+3x+\dfrac{4}{3}x$

$\therefore x=\dfrac{300}{61}$ (cm) ← 답

7. 삼각형과 평행선

1. 삼각형과 선분의 길이의 비

p. 139

1.

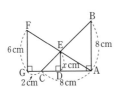

$\overline{DE} /\!/ \overline{GF}$이므로 $\therefore \dfrac{\overline{AD}}{\overline{AG}}=\dfrac{\overline{DE}}{\overline{GF}}$

$\overline{DE}=\overline{CD}=x$라고 하면

$\overline{AD}=8-x$이므로

$(8-x) : 10=x : 6$

$10x=48-6x$ $\therefore x=3$ ← 답

p. 140

2. $\overline{EF}$을 연장하여 $\overline{AB}$와 교점을 G라고 하면

△ABD에서 $\overline{GE} /\!/ \overline{AD}$

$1 : 4=\overline{GE} : 3$ $\therefore \overline{GE}=\dfrac{3}{4}$

△ABC에서 $\overline{GF} /\!/ \overline{BC}$

$3 : 4=\overline{GF} : 9$ $\therefore \overline{GF}=\dfrac{27}{4}$

$\therefore \overline{EF}=\overline{GF}-\overline{GE}=6\text{cm}$ ← 답

p. 141

3. △ABC∽△BDC이므로

$\overline{AC} : \overline{BC}=\overline{BC} : \overline{DC}$에서 $\overline{DC}=\dfrac{27}{5}$

$\therefore \overline{AD}=\dfrac{48}{5}$

또, $\overline{BE}$는 ∠ABD의 이등분선이므로

$\overline{AB} : \overline{BD}=\overline{AE} : \overline{ED}$

$\dfrac{\overline{AB}}{\overline{BD}}=\dfrac{5}{3}$이므로

$\overline{DE}=\dfrac{48}{5}\times\dfrac{3}{8}=3.6$ ← 답

p. 142

1. (1) $4 : 6=5 : x$ $\therefore x=7.5$ ← 답

(2) $2.5 : (2.5+x)=2 : 6$

$15=5+2x$ $\therefore x=5$ ← 답

(3) $9 : 12=7.5 : x$

$\therefore x=10$ ← 답

2. △ABD에서

$\overline{AP} : \overline{AB}=2 : x$ ······ ㉠

△ACD에서

$\overline{AQ} : \overline{AC} = 3 : 8$ ······ ㉡

△ABC에서

$\overline{AP} : \overline{AB} = \overline{AQ} : \overline{AC}$ ······ ㉢

㉠, ㉡, ㉢에서 $2 : x = 3 : 8$

$\therefore \ x = \dfrac{16}{3}$ ← 답

3. △ODB에서 $\overline{EC} /\!/ \overline{DB}$이므로

$\overline{OC} : \overline{CB} = \overline{OE} : \overline{ED}$ ······ ㉠

△ODA에서 $\overline{DA} /\!/ \overline{EB}$이므로

$\overline{OB} : \overline{BA} = \overline{OE} : \overline{ED}$ ······ ㉡

㉠, ㉡에서

$\overline{OC} : \overline{CB} = \overline{OB} : \overline{BA}$

여기서, $\overline{OC} = x$라고 하면

$x : 2 = (x+2) : 3$

$2x + 4 = 3x \qquad \therefore \ x = 4$

따라서, $\overline{CO} = \textbf{4cm}$ ← 답

4. $\overline{AQ} : \overline{QC} = 2 : 5$에서

$\overline{AQ} : \overline{AC} = 2 : 7$

$\overline{AQ} : \overline{AC} = \overline{PQ} : \overline{BC}$에서

$2 : 7 = 4 : \overline{BC} \qquad \therefore \ \overline{BC} = 14$

$\overline{AR} : \overline{RB} = 3 : 2$에서

$\overline{AR} : \overline{AB} = 3 : 5$

$\overline{AR} : \overline{AB} = \overline{RS} : \overline{BC}$

$3 : 5 = \overline{RS} : 14 \qquad \therefore \ \overline{RS} = \textbf{8.4}$ ← 답

5. A, C를 연결하고 $\overline{AC}$와 $\overline{BF}$와의 교점을 P라고 한다. 또한, E를 지나 $\overline{BF}$에 평행한 직선이 $\overline{AC}$와 만나는 점을 Q라고 한다.

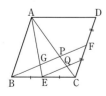

$\overline{AG} : \overline{GE} = \overline{AP} : \overline{PQ}$

또, $\overline{AP} : \overline{PC} = \overline{AB} : \overline{CF}$

$= 2 : 1$

$\overline{BE} = \overline{EC}$에서 $\overline{PQ} = \overline{QC}$

$\therefore \ \overline{AP} : \overline{PQ} = 4 : 1$

즉, $\overline{AG} : \overline{GE} = \textbf{4} : \textbf{1}$ ← 답

Advice 다음과 같이 풀어도 된다.

C, D를 지나 $\overline{AE}$, $\overline{BF}$에 평행한 직선을 긋고 생각하면

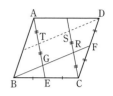

$\overline{AT} : \overline{TG} : \overline{GE} = 1 : 1 : \dfrac{1}{2}$

p. 143

6. $\overline{DE} /\!/ \overline{BC}$이므로

$\overline{AE} : \overline{EC} = \overline{AD} : \overline{DB} = 3 : 4$

$\therefore \ \triangle ADE : \triangle CED = 3 : 4$

$\triangle ADE = 9$이므로 $\triangle CDE = 12$

$\therefore \ \square DFCE = 2\triangle CED$

$= \textbf{24cm}^2$ ← 답

7. $\overline{CB} = \dfrac{1}{2}\overline{AC} = 4 \ \text{cm}$

△DCF에서 $\angle DCA = \angle EBC = 60°$이므로 $\overline{DC} /\!/ \overline{EB}$

$\overline{DC} : \overline{EB} = \overline{CF} : \overline{BF}$

$8 : 4 = (4 + \overline{BF}) : \overline{BF}$

$\therefore \ \overline{BF} = \textbf{4 cm}$ ← 답

8. $\overline{AB} : \overline{BD} = \overline{AC} : \overline{CE}$이므로

$12 : 4 = 15 : \overline{CE} \qquad \therefore \ \overline{CE} = 5$

$\overline{DB} = \overline{DI} = 4$, $\overline{EC} = \overline{EI} = 5$이므로

$\overline{DE} = 9$

$\overline{AD} : \overline{AB} = \overline{DE} : \overline{BC}$이므로

$8 : 12 = 9 : \overline{BC} \qquad \therefore \ \overline{BC} = \textbf{13.5}$ ← 답

9.

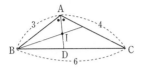

$\overline{AI}$가 ∠BAC의 이등분선이므로

$\overline{BA} : \overline{AC} = \overline{BD} : \overline{DC}$

$\therefore \overline{BD} = 6 \times \dfrac{3}{7} = \dfrac{18}{7}$

또, $\overline{BI}$는 ∠ABD의 이등분선이므로

$\overline{AI} : \overline{ID} = 3 : \dfrac{18}{7} = 7 : 6$ ← 답

10. $\overline{AB} : \overline{AC} = \overline{BP} : \overline{PC}$에서

$\quad 6 : 4 = 3 : \overline{PC} \quad \therefore \overline{PC} = 2$

$\quad \overline{AB} : \overline{AC} = \overline{BQ} : \overline{QC}$에서

$\quad 6 : 4 = (5 + x) : x$

$\quad 6x = 20 + 4x \quad \therefore \boldsymbol{x = 10}$ ← 답

2. 평행선 사이의 선분의 길이의 비

p. 147

1. △PAB∽△PDC(AA닮음)

$\quad \therefore \overline{BP} : \overline{PC} = 9 : 12 = 3 : 4$

$\quad \therefore \overline{BP} : \overline{BC} = 3 : 7$

(1) △BPH∽△BCD이므로

$\quad \overline{BP} : \overline{BC} = \overline{PH} : \overline{CD}$

$\quad 3 : 7 = \overline{PH} : 12$

$\quad \therefore \overline{PH} = \dfrac{36}{7} \text{ cm}$ ← 답

(2) $\overline{BP} : \overline{BC} = \overline{BH} : \overline{BD}$

$\quad 3 : 7 = \overline{BH} : 24$

$\quad \therefore \overline{BH} = \dfrac{72}{7} \text{ cm}$ ← 답

p. 148

2. (1) $\overline{EF} = \overline{EG} + \overline{GF}$

△ABC에서 $\overline{EG} \, / \! / \, \overline{BC}$이므로

$\overline{AE} : \overline{AB} = \overline{EG} : \overline{BC}$

$2 : 5 = \overline{EG} : 10 \quad \therefore \overline{EG} = 4\text{cm}$

△ACD에서 $\overline{AD} \, / \! / \, \overline{GF}$이므로

$\overline{CF} : \overline{CD} = \overline{GF} : \overline{AD}$

$3 : 5 = \overline{GF} : 4 \quad \therefore \overline{GF} = 2.4\text{cm}$

$\overline{EF} = 6.4\text{cm}$ ← 답

(2) $\overline{HG} = \overline{HF} - \overline{GF}$

$\overline{HF} = \overline{EG} = \dfrac{2}{5} \overline{BC}$

$\therefore \overline{HG} = 4 - 2.4 = 1.6\text{(cm)}$ ← 답

p. 149

1. (1) $4 : 3 = 6 : x$

$\quad \therefore \boldsymbol{x = 4.5}$ ← 답

(2) $x : 7.2 = (16 - 6) : 6$

$\quad \therefore \boldsymbol{x = 12}$ ← 답

(3) $3 : 5 = 4 : x \quad \therefore \boldsymbol{x = \dfrac{20}{3}}$ ← 답

2. (1) $y : 20 = 36 : 40 = x : 10$

$\quad x : 10 = 36 : 40$에서 $\boldsymbol{x = 9}$ ← 답

$\quad y : 20 = 36 : 40$에서 $\boldsymbol{y = 18}$ ← 답

(2) $4 : 5 = x : 2 = 6 : y$

$\quad 4 : 5 = x : 2$에서 $\boldsymbol{x = 1.6}$ ← 답

$\quad 4 : 5 = 6 : y$에서 $\boldsymbol{y = 7.5}$ ← 답

3. (1) $\overline{AP} = 5\text{cm} \times \dfrac{3}{5} = 3\text{cm}$ ← 답

(2) $\overline{AB} : \overline{BQ} = 1 : 2$이므로

$\quad 5 : \overline{BQ} = 1 : 2$

$\quad \therefore \overline{BQ} = 10\text{cm}$ ← 답

4. $\overline{AB} \, / \! / \, \overline{DC}$이므로

$\quad$ △EAB ∽ △ECD (AA닮음)

$\overline{BE}:\overline{ED}=2:3$이므로
$\overline{BE}:\overline{BD}=2:5$
점 E에서 $\overline{BC}$에 내린 수선의 발을 H
라 하면
$\overline{BE}:\overline{BD}=\overline{EH}:\overline{DC}$
$2:5=\overline{EH}:9$ ∴ $\overline{EH}=3.6$ cm
∴ $\triangle EBC=\dfrac{12\times3.6}{2}$
$=21.6(\text{cm}^2)$ ← 답

Advice $\overline{EH}=\dfrac{\overline{AB}\times\overline{DC}}{\overline{AB}+\overline{DC}}=\dfrac{54}{15}=3.6$

5.

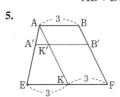

사다리꼴 AEFB의 꼭짓점 A를 지나
$\overline{BF}$에 평행한 직선이 $\overline{A'B'}$, $\overline{EF}$와 만
나는 점을 각각 K′, K라고 하면
$\overline{EK}=3$, $\overline{KF}=3$
$\overline{AA'}:\overline{AE}=\overline{A'K'}:\overline{EK}$에서
$\overline{A'K'}=1$, $\overline{A'B'}=4$
따라서, $\square A'B'C'D'$의 넓이는
16 ← 답

p. 150

6. (1) $\overline{NM}$을 연장해서 $\overline{DC}$와의 교점을
P라고 하면
$\triangle DBC$에서 $\overline{NM}\,/\!/\,\overline{BC}$이므로
$\triangle DNP\!\backsim\!\triangle DBC$
즉, $\overline{NP}:\overline{BC}=2:3$에서
$\overline{NP}=\dfrac{2}{3}\overline{BC}=12$
같은 방법으로
$\triangle DAC\!\backsim\!\triangle PMC$

∴ $\overline{MP}=12\times\dfrac{1}{3}=4$
∴ $\overline{MN}=12-4=8(\text{cm})$ ← 답
(2) $\square KNLM=\dfrac{1}{2}\times\overline{MN}\times(\text{높이})$
$=\dfrac{1}{2}\times8\times15=60(\text{cm}^2)$ ← 답

7. A를 지나 $\overline{DC}$에 평행한 직선이 $\overline{EF}$,
$\overline{BC}$와 만나는 점을 각각 P, Q라 하
자.

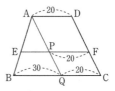

$\square AQCD$는 평행사변형이므로
$\overline{AD}\,/\!/\,\overline{PF}\,/\!/\,\overline{QC}$
$\overline{AD}=\overline{PF}=\overline{QC}=20\,(\text{cm})$
∴ $\overline{BQ}=30\,(\text{cm})$
$\triangle ABQ$에서 $\overline{EP}\,/\!/\,\overline{BQ}$이므로
$\overline{AE}:\overline{AB}=\overline{EP}:\overline{BQ}$
$\overline{AE}:\overline{EB}=3:2$이므로
$\overline{AE}:\overline{AB}=3:5$
∴ $\overline{EP}=\dfrac{3}{5}\overline{BQ}=18\,(\text{cm})$
따라서, $\overline{EF}=38(\text{cm})$ ← 답

8. $\triangle ABD$에서
$\overline{BM}:\overline{BA}=\overline{MP}:\overline{AD}$이므로
$1:2=\overline{MP}:8$ ∴ $\overline{MP}=4$ cm
$\overline{MP}=\overline{PQ}$이므로 $\overline{MQ}=8$ cm
$\triangle ABC$에서 $\overline{AM}:\overline{AB}=\overline{MQ}:\overline{BC}$
$1:2=8:\overline{BC}$
∴ $\overline{BC}=16$ cm ← 답

9. $\triangle ABD$에서 $\overline{BE}:\overline{BA}=\overline{EH}:\overline{AD}$
$2:3=\overline{EH}:9$ ∴ $\overline{EH}=6$ cm
$\triangle ABC$에서 $\overline{AE}:\overline{AB}=\overline{EG}:\overline{BC}$
$1:3=\overline{EG}:12$ ∴ $\overline{EG}=4$ cm
따라서, $\overline{GH}=2$ cm ← 답

10. △ABC에서

$\overline{AP} : \overline{AB} = \overline{PQ} : \overline{BC}$이므로

$2 : 3 = 10 : \overline{BC}$ ∴ $\overline{BC} = 15$ cm

$5\overline{AD} = 3\overline{BC}$이므로

$\overline{AD} = \dfrac{3}{5}\overline{BC} = \dfrac{3}{5} \times 15 = 9\,(cm)$

△ADC에서

$\overline{CQ} : \overline{CA} = \overline{QR} : \overline{AD}$이므로

$1 : 3 = \overline{QR} : 9$

∴ **$\overline{QR} = 3$ cm** ← 답

---

p. 151

1. $\overline{AC} /\!/ \overline{BD}$이므로

$\dfrac{x}{4} = \dfrac{2.8}{4.2+z} = \dfrac{3}{6}$

∴ $x = \dfrac{3}{6} \times 4 = 2$ ← 답

$4.2 + z = 2.8 \times \dfrac{6}{3} = 5.6$

∴ $z = 1.4$ ← 답

$\overline{AC} /\!/ \overline{EF}$이므로

$\dfrac{2.8}{4.2} = \dfrac{3}{y}$

∴ $y = 4.5$ ← 답

2. (1) 〈그림〉과 같이 $l /\!/ n$되게 l을 그으면 □AEHF는 평행사변형이다.

△ABD∽△ACE

∴ $\overline{AD} : \overline{AE} = \overline{BD} : \overline{CE}$

$\overline{AD} = \overline{FG}$, $\overline{AF} = \overline{EH}$이고

$\overline{BD} = \overline{BG} - \overline{AF}$,

$\overline{CE} = \overline{CH} - \overline{AF}$이므로,

$2 : (2+x) = 1 : 3$

$2+x = 6$ ∴ **$x = 4$** ← 답

(2) $14 : 21 = 12 : x$

∴ **$x = 18$** ← 답

$y : 32 = 12 : (12+18)$

∴ **$y = 12.8$** ← 답

3. (1) $\overline{GF} : \overline{DE} = \overline{GF} : \overline{FC}$

$= (\overline{BF} - \overline{BG}) : \overline{FC}$

$= (3-2) : 2 = 1 : 2$

즉, **$\overline{GF} : \overline{DE} = 1 : 2$** ← 답

(2) $\overline{AD} : \overline{AB} = \overline{DE} : \overline{BC}$에서

$2 : 5 = \overline{DE} : 12$ ∴ $\overline{DE} = 4.8$

그러므로 (1)에서 **$\overline{GF} = 2.4$** ← 답

4. E를 지나 $\overline{AD}$에 평행한 직선을 긋고 $\overline{BC}$와의 교점을 F라고 한다.

△ABP≡△AEP에서

$\overline{BP} = \overline{PE}$이고,

또, △BPD∽△BEF이므로

$\overline{PD} = \dfrac{1}{2}\overline{EF}$

$\overline{EF} /\!/ \overline{AD}$에서

$\overline{CE} : \overline{CA} = \overline{EF} : \overline{AD} = 2 : 7$

∴ $\overline{PD} : \overline{AD} = 1 : 7$

따라서, **$\overline{AP} : \overline{PD} = 6 : 1$** ← 답

5. $\overline{BP} = x$라고 하면 $\overline{CP} = 4 - x$

$x : (4-x) = 5 : 3$

$3x = 20 - 5x$ ∴ $x = 2.5$

즉, $\overline{PC} = 4 - 2.5 = 1.5$ ⋯⋯ ㉠

$\overline{CQ} = y$라고 하면 $\overline{BQ} = 4 + y$

$(4+y) : y = 5 : 3$

$5y = 12 + 3y$ ∴ $y = 6$

즉, $\overline{CQ} = 6$ ⋯⋯ ㉡

㉠, ㉡에서 **$\overline{PQ} = 7.5$cm** ← 답

p. 152

6. 점 D를 지나 $\overline{BC}$에 평행한 직선이 $\overline{AC}$와 만나는 점을 E라 하면
  $\angle CDE = \angle DCB = 60°$
  $\therefore \overline{CD} = \overline{DE} = \overline{EC} = 3\text{cm}$
  $\overline{ED} /\!/ \overline{CB}$이므로
  $\overline{AE} : \overline{AC} = \overline{DE} : \overline{BC}$
  $(x-3) : x = 3 : 4$
  $3x = 4(x-3)$
  $3x = 4x - 12$
  $\therefore \boldsymbol{x = 12(\text{cm})}$ ← 답

7. $\overline{AB} : \overline{AC} = \overline{BD} : \overline{DC}$이므로
  $8 : \overline{AC} = 4 : 6$　$\therefore \overline{AC} = 12\,\text{cm}$
  $\overline{ED} /\!/ \overline{AC}$이므로 $\overline{BD} : \overline{BC} = \overline{DE} : \overline{AC}$
  $4 : 10 = \overline{DE} : 12$
  $\therefore \boldsymbol{\overline{DE} = 4.8\,\text{cm}}$ ← 답

8. $\triangle ABC$에서 $\overline{AD}$는 $\angle A$의 외각의 이등분선이므로
  $\overline{AB} : \overline{AC} = \overline{BD} : \overline{DC}$
  $6 : \overline{AC} = 9 : 6$　$\therefore \overline{AC} = 4$
  $\overline{AC} /\!/ \overline{ED}$이므로 $\overline{BC} : \overline{BD} = \overline{AC} : \overline{ED}$
  $3 : 9 = 4 : \overline{ED}$　$\therefore \boldsymbol{\overline{ED} = 12}$ ← 답

9. $\overline{DG} /\!/ \overline{BC}$이고 $\overline{AD} = \overline{DB}$이므로
  $\overline{AG} = \overline{GC}$
  $\therefore \overline{AD} = \overline{DB} = \overline{AG} = \overline{GC} = \overline{CE}$
  $\overline{GC} = \overline{CE}$이므로 $\triangle CGF = \triangle CEF$
  $\therefore \triangle ADG : \triangle CEF$
  　$= \triangle ADG : \triangle CGF$
  $\triangle EDG$에서 $\overline{EC} : \overline{EG} = \overline{FC} : \overline{DG}$
  $\therefore \overline{FC} : \overline{DG} = 1 : 2$
  한편 $\triangle ADG : \triangle CGF = \overline{DG} : \overline{FC}$
  $\therefore \boldsymbol{\triangle ADG : \triangle CEF = 2 : 1}$ ← 답

Advice 두 점 D, F에서 $\overline{AE}$에 내린 수선의 발을 각각 H, H′이라 하면 $\triangle ADG$와 $\triangle CGF$의 밑변의

길이가 같으므로
$\triangle ADG : \triangle CGF = \overline{DH} : \overline{FH'}$
$\triangle DGH \backsim \triangle FCH'$ (AA닮음)
이므로 $\overline{DH} : \overline{FH'} = \overline{DG} : \overline{FC}$

10. $\triangle DBC$에서 $\overline{DC} /\!/ \overline{EF}$이므로
  $\overline{BE} : \overline{BD} = \overline{EF} : \overline{DC}$
  $1 : 2 = 8 : \overline{DC}$
  $\therefore \overline{DC} = 16\,\text{cm}$
  $\triangle AFE$에서 $\overline{DG} /\!/ \overline{EF}$이므로
  $\overline{AD} : \overline{AE} = \overline{DG} : \overline{EF}$
  $1 : 2 = \overline{DG} : 8$　$\therefore \overline{DG} = 4$
  따라서, $\boldsymbol{\overline{CG} = 12\,\text{cm}}$ ← 답

p. 153

1. $\overrightarrow{DA}$와 $\overrightarrow{CE}$의 교점을 Q라 하고, A를 지나 $\overline{BF}$에 평행한 직선이 $\overline{CQ}$와 만나는 점을 R라 하자.

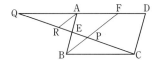

이때, $\triangle AEQ \equiv \triangle BEC$,
  　$\triangle AER \equiv \triangle BEP$
따라서, $\overline{CP} = \overline{QR}$, $\overline{RE} = \overline{PE}$
한편 $\overline{AR} /\!/ \overline{BF}$이므로
$\overline{QR} : \overline{RP} = \overline{QA} : \overline{AF} = 5 : 3$
$\overline{RP} = 2\overline{RE}$이므로
$\overline{QR} : \overline{RE} = 5 : \dfrac{3}{2} = 10 : 3$
$\therefore \boldsymbol{\overline{CP} : \overline{PE} = 10 : 3}$ ← 답

2. $\triangle ABC$와 $\triangle CDE$에서
  $\angle A = \angle DCE$
  $\angle ABC = \angle CDE$
  $\therefore \triangle ABC \backsim \triangle CDE$ (AA닮음)
  $4 : \overline{CD} = \overline{AC} : \overline{CE}$　……㉠

△BCD와 △DEF에서

∠BCD=∠DEF

∠DBC=∠FDE

∴ △BCD∽△DEF (AA닮음)

$\overline{CD} : 9 = \overline{BD} : \overline{DF}$ ······ ㉡

그런데

$\overline{AC} : \overline{CE} = \overline{BD} : \overline{DF}$ ······ ㉢

㉠, ㉡, ㉢에서

$4 : \overline{CD} = \overline{CD} : 9$

$\overline{CD}^2 = 36 = 6^2$ ∴ **$\overline{CD} = 6\text{cm}$** ← 답

3. $\overline{PE} = \overline{BE} - \overline{BP}$이므로

$\overline{BE} = x$ cm, $\overline{BP} = y$ cm라 하면

$\overline{PE} = (x-y)$ cm이다.

$\overline{BE} = \overline{BD} = x$ cm이므로

$\overline{AD} = \overline{AF} = (10-x)$ cm

$\overline{CE} = \overline{CF} = (9-x)$ cm

$\overline{AC} = \overline{AF} + \overline{CF} = 19 - 2x = 8$

∴ $x = 5.5$

$\overline{AP}$는 ∠A의 이등분선이므로

$10 : 8 = y : (9-y)$

$8y = 10(9-y)$ ∴ $y = 5$

∴ **$\overline{PE} = 0.5$ cm** ← 답

4. 점 I는 △ABC의 내심이므로

∠ABD=∠CBD

$\overline{BA} : \overline{BC} = \overline{AD} : (14 - \overline{AD})$

$9 : 12 = \overline{AD} : (14 - \overline{AD})$

$4\overline{AD} = 3(14 - \overline{AD})$

∴ $\overline{AD} = 6$ cm, $\overline{DC} = 8$ cm

두 점 I, C를 연결하면

∠EIC=∠ECI=∠BCI

∴ $\overline{EI} = \overline{EC} = x$ cm

△DBC에서 $\overline{IE} /\!/ \overline{BC}$이므로

$(8-x) : 8 = x : 12$

$8x = 12(8-x)$ ∴ $x = 4.8$

답 **4.8 cm**

5. (1) $\overline{AD} = \overline{DB}$이므로

△ADE와 △ABC에서

$\overline{AD} : \overline{AB} = \overline{DE} : \overline{BC}$

즉, $1 : 2 = \overline{DE} : 6.2$

∴ $\overline{DE} = 3.1$

그런데 $\overline{DF} /\!/ \overline{EB}$이고

△DFC가 정삼각형이므로

$\overline{BE} = \overline{DF} = \overline{FC}$

$= \overline{FB} + \overline{BC} = \overline{DE} + \overline{BC}$

$= 3.1 + 6.2 = $ **9.3(cm)** ← 답

(2) △BCP∽△EDP에서

$\overline{BC} : \overline{ED} = \overline{CP} : \overline{DP} = 2 : 1$

∴ $\triangle CEP = \dfrac{2}{3} \triangle CED$

$\overline{BC} /\!/ \overline{DE}$에서 $\triangle CED = \triangle BDE$

$\triangle BDE = \dfrac{1}{2} \square BEDF$

∴ $\triangle CEP = \dfrac{2}{3} \times \dfrac{1}{2} \square BEDF$

$= \dfrac{1}{3} \square BEDF$

따라서, □BEDF의 넓이는

△CEP의 넓이의 **3배**이다. ← 답

p. 154

1. $\overline{AD}$는 ∠A의 이등분선이므로

$\overline{AE} : \overline{AC} = \overline{EF} : \overline{FC}$

$\overline{AE} = 10 \times \dfrac{3}{5} = 6$ (cm)

$\overline{AE} : \overline{AC} = 6 : 8$이므로

$\overline{EF} : \overline{FC} = 3 : 4$

삼각형의 높이가 같으므로

$\triangle AEF : \triangle AFC = \overline{EF} : \overline{FC} = 3 : 4$

∴ $\triangle AEF = \dfrac{3}{7} \triangle AEC$

△AEC, △ABC의 높이도 같으므로

$\triangle AEC : \triangle ABC = \overline{AE} : \overline{AB}$

$= 3 : 5$

$\therefore \triangle AEF = \dfrac{3}{7} \times \dfrac{3}{5} \triangle ABC$

$\therefore \triangle AEF : \triangle ABC = 9 : 35$ ← 답

2. $\overline{BQ} = \dfrac{2}{3} \overline{BC}$ 에서

$\triangle ABQ = \dfrac{2}{3} \triangle ABC$ ...... ㉠

$\overline{AP} = \dfrac{3}{5} \overline{AB}$ 에서

$\triangle APQ = \dfrac{3}{5} \triangle ABQ$ ...... ㉡

$\overline{PR} /\!/ \overline{BQ}$ 에서

$\overline{PB} : \overline{AB} = \overline{RQ} : \overline{AQ} = 2 : 5$

즉, $\triangle PQR = \dfrac{2}{5} \triangle APQ$ ...... ㉢

㉠, ㉡, ㉢에서

$\triangle PQR = \dfrac{2}{3} \times \dfrac{3}{5} \times \dfrac{2}{5} \times \triangle ABC$

$= \dfrac{4}{25} \triangle ABC$

같은 방법으로,

$\triangle ARC = \dfrac{1}{5} \triangle ABC$

$\therefore \triangle PQR : \triangle ARC = \dfrac{4}{25} : \dfrac{1}{5}$

$= 4 : 5$ ← 답

3. (1) $\overline{AB} /\!/ \overline{DC}$ 이므로

$\triangle ABQ \backsim \triangle EDQ$

$\therefore \overline{AQ} : \overline{QE} = \overline{AB} : \overline{DE}$

$= 2 : 1$ ← 답

(2) $\overline{AD} /\!/ \overline{BP}$ 에서

$\triangle AQD \backsim \triangle PQB$

(1)에서 $\overline{DQ} : \overline{BQ} = 1 : 2$

즉, $\overline{AD} : \overline{PB} = 1 : 2$

$\therefore \overline{BP} = 10\text{cm}$

Q에서 $\overline{BP}$ 에 내린 수선의 발을

H라고 하면

$\overline{QH} = \overline{AB} \times \dfrac{2}{3} = 2 \,(\text{cm})$

$\therefore \triangle QBP = \dfrac{1}{2} \times 10 \times 2$

$= 10(\text{cm}^2)$ ← 답

4. (i) $\triangle ABD : \triangle ADC = \overline{BD} : \overline{DC}$

그런데 $\overline{BD} : \overline{DC} = \overline{BA} : \overline{AE}$

또한, $\angle AEC = \angle BAD$

$= \angle DAC = \angle ACE$

$\therefore \overline{AE} = \overline{AC}$

따라서, $\overline{BD} : \overline{DC} = \overline{BA} : \overline{AC}$

$= 12 : 8 = 3 : 2$

$\therefore \triangle ADC = 18 \times \dfrac{2}{3}$

$= 12(\text{cm}^2)$ ← 답

(ii) $\triangle ABC$의 넓이는

$18 + 12 = 30 \,(\text{cm}^2)$

$\triangle ABC$의 밑변을 $\overline{AB}$,

$\triangle EBC$의 밑변을 $\overline{EB}$라고 하면

높이가 같으므로

$\triangle ABC : \triangle EBC = \overline{AB} : \overline{EB}$

$= 12 : 20 = 3 : 5$

$\therefore \triangle EBC = 30 \times \dfrac{5}{3}$

$= 50(\text{cm}^2)$ ← 답

5. $\overline{AD} : \overline{BC} = 2 : 3$ 이므로

$\overline{AD} = 2k$ 이면 $\overline{BC} = 3k$ 이다.

$\overline{AF}$, $\overline{DE}$ 의 연장선이 $\overline{BC}$ 의 연장선과

만나는 점을 각각 H, G라 하고, 점

F를 지나 $\overline{BC}$ 에 평행한 직선이 $\overline{DG}$

와 만나는 점을 I라고 하자.

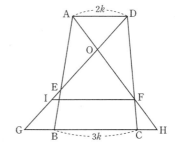

$\overline{AD}/\!/\overline{GB}$이므로

$\triangle AED \backsim \triangle BEG$ (AA닮음)

$\overline{AE}:\overline{BE}=\overline{AD}:\overline{BG}$

$2:1=2k:\overline{BG}$　∴　$\overline{BG}=k$

$\triangle DGC$에서 $\overline{IF}/\!/\overline{GC}$이므로

$\overline{DF}:\overline{DC}=\overline{IF}:\overline{GC}$

$3:4=\overline{IF}:4k$

∴　$\overline{IF}=3k$

$\overline{AD}/\!/\overline{IF}$이므로

$\triangle OAD \backsim \triangle OFI$ (AA닮음)

$\overline{AO}:\overline{FO}=\overline{AD}:\overline{FI}$

　　$=2:3$ ← 답

---

8. 중점연결 정리와 무게중심

1. 삼각형의 중점연결 정리

p. 158

1. $\triangle BCD$에서 $\overline{CD}=2\times7=14\,(cm)$

$\triangle AFE$에서 $\overline{DG}=\dfrac{1}{2}\times7=3.5\,(cm)$

∴　$\overline{GC}=\overline{CD}-\overline{DG}$

　　　$=14-3.5=\mathbf{10.5(cm)}$ ← 답

p. 159

2. 삼각형의 중점연결 정리를 쓰면

$\triangle BAC$에서 $\overline{EF}=\dfrac{1}{2}\overline{AC}$　……㉠

$\triangle ABD$에서 $\overline{EG}=\dfrac{1}{2}\overline{BD}$　……㉡

문제의 조건에서 $\overline{AC}=\overline{BD}$　……㉢

㉠, ㉡, ㉢에서 $\overline{EF}=\overline{EG}$

따라서,

$\triangle EFG$는 **이등변삼각형**이다. ← 답

p. 160

1. (1) **평행사변형**

(2) $\overline{PS}/\!/\overline{QR}/\!/\overline{BD}$,

$\overline{PQ}/\!/\overline{SR}/\!/\overline{AC}$이므로

□PQRS는 평행사변형이다.

그런데 $\overline{AC}\perp\overline{BD}$이므로 $\overline{PQ}\perp\overline{QR}$

따라서,

□PQRS는 **직사각형**이다. ← 답

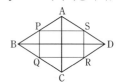

(3) $\overline{PS}=\overline{QR}=\dfrac{1}{2}\overline{BD}$,

$\overline{PQ}=\overline{SR}=\dfrac{1}{2}\overline{AC}$이므로 □PQRS

는 평행사변형이다.

여기서, $\overline{BD}=\overline{AC}$이므로

$\overline{PS}=\overline{QR}=\overline{PQ}=\overline{SR}$

따라서, □PQRS는

마름모이다. ← 답

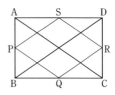

(4) **정사각형** ← 답

2.

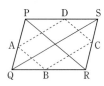

$$\overline{AD}=\overline{BC}=\frac{1}{2}\,\overline{QS}$$

$$\overline{AB}=\overline{DC}=\frac{1}{2}\,\overline{PR}$$

따라서, □ABCD의 둘레는

30cm ← 답

3. 중점연결 정리에서

$$\overline{EF}/\!/\overline{BC},\ \overline{EF}=\frac{1}{2}\,\overline{BC}$$

또, $\overline{CD}=\frac{1}{3}\,\overline{BC}$에서

$$\overline{EF}:\overline{CD}=3:2$$

이때, △EGF∽△CGD

$$\overline{EF}:\overline{CD}=\overline{EG}:\overline{CG}$$

$$3:2=\overline{EG}:4 \quad \therefore\ \overline{EG}=\textbf{6cm} \ ←\ 답$$

4. 점 D에서 $\overline{BC}$와 평행한 직선을 긋고 $\overline{AF}$와 만나는 점을 G라고 하자.

△DEG와 △CEF에서

$$\angle DEG=\angle CEF$$

$$\overline{ED}=\overline{EC}$$

$$\angle EDG=\angle ECF$$

$$\therefore\ \triangle DEG\equiv\triangle CEF$$

즉, $\overline{EG}=\overline{EF}$

여기서, $\overline{EG}=\overline{EF}=x$라고 하면

$$\overline{AG}=6-x,\ \overline{GF}=2x$$

그런데 $\overline{AG}=\overline{GF}$이므로

$$6-x=2x \quad \therefore\ x=2$$

따라서, $\overline{AF}=\textbf{8cm} \ ←\ 답$

5. $\overline{AD}:\overline{DF}=4:3$이므로

$$\triangle ADE=\frac{4}{3}S$$

$$\triangle ABC=4\triangle ADE$$

$$=4\times\frac{4}{3}S=\frac{16}{3}S$$

$$\therefore\ \square BCEF=\triangle ABC-(\triangle DEF+\triangle ADE)$$

$$=\frac{16}{3}S-\left(\frac{4}{3}S+S\right)=\textbf{3S} \ ←\ 답$$

6. 점 E를 지나 $\overline{CD}$에 평행한 직선을 긋고 $\overline{AB}$와 만나는 점을 G라고 하자.

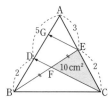

$$\overline{AE}:\overline{EC}=3:2이므로$$

$$\overline{AG}:\overline{GD}=3:2$$

$$\therefore\ \overline{AG}:\overline{GD}:\overline{DB}=3:2:2$$

따라서 점 D는 $\overline{GB}$의 중점이고 F도 $\overline{EB}$의 중점이다.

$$\therefore\ \triangle EFC=\triangle BFC=10cm^2$$

$$\triangle EBC=20cm^2$$

$$\overline{AE}:\overline{EC}=3:2이므로$$

$$\triangle ABE=30cm^2$$

$$\therefore\ \triangle ABC=\textbf{50cm}^2 \ ←\ 답$$

p. 161

7. 변 BC의 삼등분점을 M, K라 하고 $\overline{AM}$과 $\overline{BN}$의 교점을 L이라 하자.

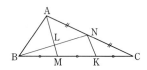

△ACM에서
$\overline{AN}=\overline{NC}$, $\overline{MK}=\overline{KC}$이므로
$\overline{KN} /\!/ \overline{AM}$ ...... ㉠
△BKN에서 $\overline{BM}=\overline{MK}$이므로
$\overline{BL}=\overline{LN}$ ($\because$ ㉠)
그런데 $\overline{AM} \perp \overline{BN}$이므로
△ABN에서 $\overline{AB}=\overline{AN}$
$\therefore \overline{AC}=2\overline{AN}=2\overline{AB}=20cm$ ← 답

8. 점 P를 지나 $\overline{AC}$에 평행한 직선이
$\overline{BR}$와 만나는 점을 S라 하면
△AQR≡△PQS (ASA 합동)이므로
$\overline{QR}=\overline{QS}$
또, $\overline{SP} /\!/ \overline{RC}$이므로
$\overline{BS}:\overline{BR}=\overline{BP}:\overline{BC}=2:3$
$\therefore \overline{BS}:\overline{SR}=2:1$
$\therefore \overline{BS}=2\overline{SR}=2\times2\overline{QR}=4\overline{QR}$
$\therefore \overline{BQ}:\overline{QR}=5\overline{QR}:\overline{QR}=5:1$
$\therefore \dfrac{\overline{BQ}}{\overline{QR}}=5$ ← 답

9. $\overline{MN} /\!/ \overline{BC} /\!/ \overline{AD}$이므로
$\overline{AE}:\overline{EN}=\overline{AD}:\overline{MN}$
$\quad\quad =6:4=3:2$
$\overline{MN}:\overline{BC}=\overline{EN}:\overline{EC}$
$\quad 4:x=\overline{EN}:(\overline{EN}+\overline{NC})$
$\quad\quad =\overline{EN}:(\overline{EN}+\overline{AN})$
$\quad\quad =2:(2+2+3)$
$2x=28$
$\therefore x=14$ ← 답

10. △ABC$=a$라고 하면
$\triangle FBC=\dfrac{1}{2}a$
$\triangle FBD=\dfrac{2}{3}\triangle FBC=\dfrac{1}{3}a$ ...... ㉠
E, F는 두 변의 중점이므로
$\overline{FE} /\!/ \overline{BD}$에서
$\overline{FP}:\overline{PD}=\overline{FE}:\overline{BD}$
$\quad =\dfrac{1}{2}\overline{BC}:\dfrac{2}{3}\overline{BC}=3:4$

$\therefore \triangle FBP=\dfrac{3}{7}\triangle FBD$ ...... ㉡
㉠, ㉡에서 $\triangle FBP=\dfrac{1}{7}a$
따라서, 7배가 된다. ← 답

11. △ABC에서
$\overline{DE}=\dfrac{1}{2}\overline{BC}=5cm$
▱DFBE에서
$\overline{BF}=\overline{DE}=5cm$
$\overline{CF}=\overline{BC}+\overline{BF}=15cm$
△DFC에서
$\overline{DF}=\overline{FC}=\overline{DC}=15cm$
$\therefore \overline{BE}=\overline{DF}=15cm$ ← 답

12. $\overline{DF}$를 그으면 △AEC에서
$\overline{AD}=\overline{CD}$, $\overline{EF}=\overline{CF}$이므로
$\overline{AE} /\!/ \overline{DF}$, $\overline{AE}=2\overline{DF}$
△BDF에서 $\overline{BE}=\overline{FE}$이고,
$\overline{PE} /\!/ \overline{DF}$이므로
$\overline{BP}=\overline{PD}$, $\overline{PE}=\dfrac{1}{2}\overline{DF}$,
$\overline{AP}\left(=\dfrac{3}{2}\overline{DF}\right):\overline{DF}=3:2$
$\overline{BP}=\overline{DP}$이므로
$\overline{BP}:\overline{PQ}:\overline{QD}=5:3:2$ ← 답

2. 삼각형의 무게중심

p. 165

1. G는 △ABC의 무게중심이므로
$\overline{BG}:\overline{GM}=2:1$
△GMN∽△GBL이므로
$\overline{GN}:\overline{GL}=\overline{GM}:\overline{GB}$
즉, $\overline{NG}:\overline{GL}=1:2$ ...... ㉠
$\overline{NL}:\overline{NG}=3:1$ ...... ㉡
또한, △ALC에서

$\overline{AM}=\overline{MC}$, $\overline{NM}\,/\!/\,\overline{LC}$이므로

$\overline{AN}=\overline{NL}$　　　　$\cdots\cdots$ ㉢

㉡, ㉢에서

$\overline{AN}:\overline{NG}=3:1$　　　$\cdots\cdots$ ㉣

㉠, ㉣에서

$\overline{AN}:\overline{NG}:\overline{GL}=3:1:2$ ← 답

p. 166

2. (1) $\overline{ED}\,/\!/\,\overline{AC}$

　　$\triangle AEC=\triangle ADC$

　　또한,

　　$\triangle AEG=\triangle AEC-\triangle AGC$

　　$\triangle CDG=\triangle ADC-\triangle AGC$

　　$\therefore \triangle AEG=\triangle CDG$ ← 답

(2) $\overline{EF}:\overline{AD}=\overline{EB}:\overline{AB}=1:2$

　　에서 $\overline{EF}=\dfrac{1}{2}\overline{AD}$

　　또한, $\overline{AG}=\dfrac{2}{3}\overline{AD}$

　　따라서,

　　$\overline{AG}:\overline{EF}=\dfrac{2}{3}\overline{AD}:\dfrac{1}{2}\overline{AD}$

　　　　　　$=4:3$ ← 답

p. 167

1. $\overline{AG}$의 연장선이 $\overline{BC}$와 만나는 점을
F라 하면

$\overline{AG}:\overline{AF}=2:3$, $\overline{DG}\,/\!/\,\overline{BF}$

이므로 $\overline{AD}:\overline{AB}=2:3$

그런데 $\overline{DE}\,/\!/\,\overline{BC}$이므로

$\overline{AD}:\overline{AB}=\overline{DE}:\overline{BC}$

$2:3=\overline{DE}:12$ $\therefore \overline{DE}=8\text{(cm)}$ ← 답

2. $\overline{AE}$, $\overline{AF}$는 각각 $\triangle ABD$, $\triangle ADC$의

중선이므로

$\overline{BE}=\overline{ED}$, $\overline{DF}=\overline{FC}$

$\therefore \overline{EF}=\overline{ED}+\overline{DF}=\dfrac{1}{2}\overline{BC}=6$

$\triangle AGG'$과 $\triangle AEF$에서

$\overline{AG}:\overline{AE}=2:3$

$\overline{AG'}:\overline{AF}=2:3$이고

$\angle EAF$는 공통이므로

$\triangle AGG'\backsim\triangle AEF$

$\therefore \overline{AG}:\overline{AE}=\overline{GG'}:6$

$\therefore \overline{GG'}=4\text{(cm)}$ ← 답

3. $\overline{HG}$의 연장선이 $\overline{AB}$, $\overline{DC}$와 만나는
점을 각각 P, Q라 하면

$\overline{GP}$는 $\triangle ABG$의 중선이므로

$\overline{AP}=\overline{PB}$

$\overline{HQ}$는 $\triangle DHC$의 중선이므로

$\overline{DQ}=\overline{QC}$ $\therefore \overline{PQ}\,/\!/\,\overline{BC}\,/\!/\,\overline{AD}$

$\therefore \overline{PQ}=\dfrac{1}{2}(\overline{AD}+\overline{BC})=10$

$\overline{GH}=2\cdot\overline{HP}=2\cdot\overline{GQ}$이므로

$\overline{PH}:\overline{HG}:\overline{GQ}=1:2:1$

$\therefore \overline{HG}=\overline{PQ}\times\dfrac{2}{1+2+1}$

　　　$=10\times\dfrac{2}{4}=5\text{(cm)}$ ← 답

4.

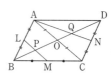

점 L, M이 각각 $\overline{AB}$, $\overline{BC}$의 중점이
므로 $\overline{LM}\,/\!/\,\overline{AC}$, $\overline{BP}=\overline{PO}$

$\overline{BO}=\dfrac{1}{2}\overline{BD}=6\text{cm}$ $\therefore \overline{PO}=3\text{cm}$

$\triangle ACD$에서

$\overline{AO}=\overline{CO}$, $\overline{CN}=\overline{DN}$이므로

점 Q는 $\triangle ACD$의 무게중심이다.

$\therefore \overline{DQ}:\overline{QO}=2:1$

$\overline{QO}=6\times\dfrac{1}{3}=2\,(cm)$

$\therefore\ \overline{PQ}=3+2=\mathbf{5(cm)}\ \leftarrow$ 답

5. (1) △ABD에서 $\overline{AO}$는 중선이고 E는 이 중선을 $2:1$로 내분하므로 E는 △ABD의 무게중심이다.

$\therefore\ \overline{AF}=\mathbf{2cm}\ \leftarrow$ 답

(2) $\triangle AFE=\dfrac{2}{3}\triangle AFO$

$\triangle AFO=\dfrac{1}{2}\triangle ABO$

$\triangle AFE=\dfrac{2}{3}\left(\dfrac{1}{2}\times\triangle ABO\right)$

$=\dfrac{1}{3}\triangle ABO$

$\therefore\ \triangle AFE:\triangle ABO=1:3\ \leftarrow$ 답

p. 168

6. $\triangle ABC=\dfrac{1}{2}\square ABCD=18cm^2$

$\triangle GAC=\dfrac{1}{3}\triangle ABC=\mathbf{6cm^2}\ \leftarrow$ 답

7. △ABC에서 $\overline{BF}:\overline{FE}=2:1$

$\therefore\ \triangle DBE=3\triangle DFE=9$

$\overline{AD}=\overline{DB}$이므로

$\triangle ADE=\triangle DBE$

$=\mathbf{9cm^2}\ \leftarrow$ 답

8.

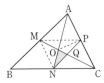

점 O는 △ABC의 무게중심이고 △MNP의 무게중심이다.

$\therefore\ \triangle MNP=6a$

따라서, $\triangle ABC=\mathbf{24}\boldsymbol{a}\ \leftarrow$ 답

9. (1) 점 P는 두 중선의 교점이므로 △ABC의 무게중심이다.

$\therefore\ \overline{AP}:\overline{PE}=2:1\ \leftarrow$ 답

(2) $\triangle BQN:\triangle BPA=\overline{BN}^2:\overline{BA}^2$

$=1:4$

$\triangle BPA:\triangle ABE=2:3$

$\triangle ABE:\triangle ABC=1:2$

$\therefore\ \triangle BQN:\triangle ABC=1:12\ \leftarrow$ 답

Advice 두 삼각형의 닮음비가 $m:n$이면, 넓이의 비는 $m^2:n^2$이 되는 것은 다음 단원에서 배운다.

10. $\triangle ABC:\square ABCD=1:2$ ⋯㉠

F는 △ABC의 무게중심이므로

$\overline{FE}:\overline{AE}=1:3$

$\triangle FBE=\dfrac{1}{3}\triangle ABE=\dfrac{1}{3}\left(\dfrac{1}{2}\triangle ABC\right)$

$=\dfrac{1}{6}\triangle ABC$

$\triangle ABC=\dfrac{1}{2}\square ABCD$이므로

$\triangle FBE=\dfrac{1}{6}\left(\dfrac{1}{2}\square ABCD\right)$

$=\dfrac{1}{12}\square ABCD$

따라서, $\square ABCD$의 넓이는 △FBE의 넓이의 **12배**이다. $\leftarrow$ 답

11. P, Q는 각각 $\overline{AD}$, $\overline{AE}$의 중점이고, D, E는 각각 $\overline{AB}$, $\overline{AC}$의 중점이므로

△ABE에서 $\overline{DQ}/\!/\overline{BE}$, 즉 $\overline{DG'}/\!/\overline{GE}$

△ADC에서 $\overline{PE}/\!/\overline{DC}$, 즉 $\overline{G'E}/\!/\overline{DG}$

따라서, $\square G'DGE$는 **평행사변형**이다. $\leftarrow$ 답

p. 169

1. (1) $\overline{DE}$의 중점을 G라고 하면

$\overline{DG}:\overline{GE}=1:1$

$\overline{AD} : \overline{CG} = 3 : 1$이므로

$\overline{DF} : \overline{FG} = 3 : 1$

∴ $\overline{DF} : \overline{FE} = 3 : 5$ ← 답

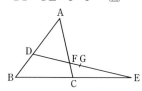

(2) F, D로부터 $\overline{BE}$에 내린 수선의 길이를 각각 a, b라고 하면

$a : b = 5 : 8$

또한, $\overline{CE} : \overline{BE} = 1 : 2$이므로

$\triangle FCE : \triangle DBE = 5 : 16$

$\square DBCF = \triangle DBE - \triangle FCE$

∴ $\triangle FCE : \square DBCF$

  $= 5 : 11$ ← 답

2. $\overline{PS} = \overline{QR} = \dfrac{1}{2} \overline{CD}$ ⋯⋯ ㉠

$\overline{PQ} = \overline{SR} = \dfrac{1}{2} \overline{AB}$ ⋯⋯ ㉡

㉠, ㉡에서 $\overline{PQ} = \overline{QR} = \overline{SR} = \overline{PS}$

따라서, $\square PQRS$는 **마름모**이다. ← 답

Advice 엄격하게 말하면 $\square PQRS$는 마름모라기 보다는 정사각형이다. 왜냐하면, $\overline{AB} \perp \overline{CD}$이고, $\overline{PQ} /\!/ \overline{SR} /\!/ \overline{AB}$, $\overline{QR} /\!/ \overline{CD}$이므로 $\overline{PQ} \perp \overline{QR}$, $\overline{SR} \perp \overline{QR}$ 즉, $\square PQRS$는 정사각형이다. 그러나 $\overline{AB} \perp \overline{CD}$가 되는 이유는 고등학교 2학년에서나 증명이 가능하므로 중학교에서는 $\square PQRS$가 마름모라는 것만 알아두면 되겠다.

3. $\square AECG$, $\square HBFD$는 평행사변형이다.

∴ $\overline{AG} /\!/ \overline{EC}$, $\overline{HB} /\!/ \overline{DF}$

즉, $\square PQRS$는 평행사변형이다.

$\overline{EQ} : \overline{QR} : \overline{RC} = 1 : 2 : 2$

∴ $\square PQRS : \square AECG = 2 : 5$

$\square AECG : \square ABCD = 1 : 2$

∴ $\square ABCD : \square PQRS = 5 : 1$ ← 답

4. (1) 높이가 같은 삼각형의 넓이의 비는 밑변의 길이의 비와 같으므로

$\triangle DCG = \dfrac{4}{5} \triangle ADC$

$\triangle ADC = \dfrac{1}{4} \triangle ABC$

$\triangle DCG = \dfrac{1}{5} \triangle ABC$

∴ $\triangle ABC : \triangle DCG = 5 : 1$ ← 답

(2) $\overline{AD} = \overline{DE}$, $\overline{AG} = \overline{GH}$이므로

$\overline{DG} /\!/ \overline{EH}$, $\overline{EH} = 2\overline{DG}$

따라서,

$\overline{PH} /\!/ \overline{DG}$, $\overline{PH} = \dfrac{3}{4} \overline{DG}$

∴ $\overline{EP} = \overline{EH} - \overline{PH} = \dfrac{5}{4} \overline{DG}$

∴ $\overline{EP} : \overline{PH} = \dfrac{5}{4} \overline{DG} : \dfrac{3}{4} \overline{DG}$

  $= 5 : 3$ ← 답

5. $\overline{EB} = \dfrac{1}{3} \overline{AB}$이므로

$\triangle EBF = \dfrac{1}{3} \triangle ABF$ ⋯⋯ ㉠

$\triangle AEF$에서 $\overline{DG} /\!/ \overline{EF}$, $\overline{AD} = \overline{DE}$이므로 $\overline{AG} = \overline{GF}$

∴ $\triangle AGC = \dfrac{1}{2} \triangle AFC$ ⋯⋯ ㉡

$\triangle ABF = \triangle AFC$ ⋯⋯ ㉢

㉠, ㉡, ㉢에서

$\triangle EBF : \triangle AGC = \dfrac{1}{3} : \dfrac{1}{2} = 2 : 3$ ← 답

p. 170

6.

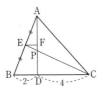

삼각형의 중점연결 정리에 의하여
$\overline{AF}=\overline{FD}$, $\overline{EF}:\overline{BD}=1:2$
또한, $\overline{EF}/\!/\overline{DC}$이므로
$\triangle PEF \backsim \triangle PCD$
$\overline{EF}:\overline{DC}=1:4$이므로
$\overline{FP}:\overline{PD}=1:4$
$\overline{AD}$를 10등분하면

$$\overline{AP}=\frac{6}{10}\overline{AD}=\frac{3}{5}\overline{AD}$$

$$\overline{PD}=\frac{4}{10}\overline{AD}=\frac{2}{5}\overline{AD}$$

$$\therefore\ \overline{AP}:\overline{PD}=\frac{3}{5}:\frac{2}{5}=3:2 \ \leftarrow \boxed{답}$$

7. 삼각형의 중점연결 정리에 의하여
$\overline{PQ}/\!/\overline{RS}/\!/\overline{BC}$,

$$\overline{PQ}=\overline{RS}=\frac{1}{2}\overline{BC}$$

$\overline{PR}/\!/\overline{AH}/\!/\overline{QS}$,

$$\overline{PR}=\overline{QS}=\frac{1}{2}\overline{AM}$$

$\overline{AH}\perp\overline{BC}$에서 $\overline{PR}\perp\overline{PQ}$
따라서, $\square PRSQ$는 직사각형이다.

$$\therefore\ \overline{PQ}=\frac{1}{2}a,\ \overline{PR}=\frac{1}{2}b\times\frac{1}{2}=\frac{1}{4}b$$

$$\therefore\ \square\mathbf{PRSQ}=\frac{1}{8}ab \ \leftarrow \boxed{답}$$

8. G는 $\triangle DAC$의 무게중심이므로

$$\square FDEG=\frac{1}{3}\triangle ADC$$

$$\therefore\ \triangle ADC=36$$

$$\therefore\ \triangle\mathbf{ABC}=\frac{3}{2}\times36=\mathbf{54} \ \leftarrow \boxed{답}$$

9. $\overline{BF}:\overline{FE}=2:1$이므로

$$\triangle FDE=\frac{1}{3}\triangle DBE$$

$$\triangle DBE=\frac{1}{2}\triangle ABE$$

$$\triangle ABE=\frac{1}{2}\triangle ABC$$

$$\therefore\ \triangle FDE=\frac{1}{3}\left(\frac{1}{2}\triangle ABE\right)$$

$$=\frac{1}{6}\triangle ABE$$

$$=\frac{1}{6}\left(\frac{1}{2}\triangle ABC\right)$$

$$=\frac{1}{12}\triangle ABC$$

$$=\frac{1}{12}a \ \leftarrow \boxed{답}$$

10. $\overline{AM}$, $\overline{MC}$, $\overline{AC}$의 중점을 각각 D, E, F라고 하면
$\overline{AG}:\overline{GM}=2:1$이므로
$\triangle AGG'=2\triangle GMG'=8cm^2$
즉, $\triangle AMG'=12cm^2$

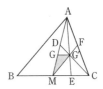

$\triangle AMC$의 무게중심이 G'이므로
$\triangle AMC=3\triangle AMG'=36cm^2$

$$\therefore\ \triangle\mathbf{ABC}=2\triangle AMC=\mathbf{72cm^2} \ \leftarrow \boxed{답}$$

11. (1) $\overline{BD}=\overline{DC}$이므로 $\triangle ABD=\triangle ACD$
$\qquad\therefore\ \triangle ABC=2\triangle ABD$
$\qquad\overline{EF}/\!/\overline{AD}$이므로
$\qquad\triangle EBF\backsim\triangle ABD$이고
$\qquad$닮음비는 $1:2$
$\qquad\therefore\ \triangle EBF:\triangle ABD=1:4$
$\qquad\quad(\because$ 이책 p. 168)
$\qquad\triangle ABC:\triangle EBF$
$\qquad\quad=2\triangle ABD:\triangle EBF=8:1 \ \leftarrow \boxed{답}$

(2) 점 G는 △ABC의 무게중심이므로

$$\triangle AEG = \frac{1}{6}\triangle ABC$$

$$\therefore \triangle AEG : \triangle EBF$$

$$= \frac{1}{6}\triangle ABC : \frac{1}{8}\triangle ABC$$

$$= 4 : 3 \leftarrow 답$$

p. 171

1. M, N은 $\overline{AB}$, $\overline{DC}$의 중점이므로
$$\overline{MN} /\!/ \overline{BC}$$
□AMQD는 평행사변형이므로
$$\overline{AD} = \overline{MQ} = 8cm$$
또한, □AFCD는 평행사변형이므로
$$\overline{FC} = 8cm$$
$$\overline{BF} = 20 - 8 = 12(cm)$$
△ABF에서 삼각형의 중점연결 정리를 쓰면
$$\overline{MP} = \frac{1}{2}\overline{BF} = 6cm$$
$$\therefore \overline{PQ} = \overline{MQ} - \overline{MP} = 2cm \leftarrow 답$$

2. B, D를 연결하고 중점연결 정리를 이용하자.
$$\triangle ABE = \frac{1}{2}\triangle ABC = \frac{1}{4}\square ABCD$$
$$\triangle ADF = \frac{1}{2}\triangle ADC = \frac{1}{4}\square ABCD$$
$$\triangle CEF = \frac{1}{4}\triangle CBD = \frac{1}{8}\square ABCD$$
$$\therefore \triangle AEF = \square ABCD - (\triangle ABE$$
$$+ \triangle ADF + \triangle CEF)$$
$$= \square ABCD - \left(\frac{1}{4}\square ABCD + \frac{1}{4}\square ABCD + \frac{1}{8}\square ABCD\right)$$
$$= \frac{3}{8}\square ABCD$$

$$\therefore \triangle AEF : \square ABCD = 3 : 8 \leftarrow 답$$

3. $\overline{AB} = \overline{DC}$이면 등변사다리꼴의 성질에서 $\overline{BD} = \overline{AC}$
그런데 $\overline{EF} = \overline{GH} = \frac{1}{2}\overline{AC}$
$$\overline{EH} = \overline{FG} = \frac{1}{2}\overline{BD}$$이므로
$$\overline{EF} = \overline{FG} = \overline{GH} = \overline{HE}$$
따라서, □EFGH는 마름모이다.
$$\overline{EG} = \frac{1}{2}(\overline{AD} + \overline{BC}) = 4$$
마름모의 대각선은 서로 다른 것을 수직이등분하므로
$$\square EFGH = 4 \times \frac{1}{2} \times 2 \times 2$$
$$= 8(cm^2) \leftarrow 답$$

4. 〈그림〉과 같이 점 E를 지나 $\overline{CD}$에 평행한 직선 $\overline{EG}$를 긋는다.

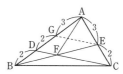

$$\overline{AG} : \overline{GD} : \overline{DB} = 3 : 2 : 2$$
△GBE에서 $\overline{BD} = \overline{DG}$이므로
$$\overline{BF} = \overline{FE}$$
따라서,
$$\triangle CEF = \triangle CFB = 1$$
$$\triangle AFE = \triangle ABF$$
$$\triangle AFE = \frac{3}{2}\triangle CEF = 1.5$$
$$(\because \overline{CE} : \overline{EA} = 2 : 3)$$
따라서,
$$\triangle ABC = \triangle AFE + \triangle ABF + \triangle FBC + \triangle CEF$$
$$= 1.5 + 1.5 + 1 + 1$$
$$= 5(cm^2) \leftarrow 답$$

5. 정사면체의 전개도를 그리면 〈그림〉과 같다.

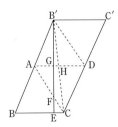

$\overline{\text{AD}}$의 중점을 H라고 하면 중점연결 정리에 의하여

$$\overline{\text{GH}}=\frac{1}{2}\overline{\text{EC}}, \ \overline{\text{EC}}=\frac{1}{6}a$$

$$\overline{\text{AG}}=\overline{\text{AH}}-\overline{\text{GH}}$$

$$=\frac{1}{2}a-\frac{1}{2}\times\frac{1}{6}a=\frac{5}{12}a$$

$\triangle\text{AFG}\backsim\triangle\text{CFE}$이므로

$$\overline{\text{AG}}:\overline{\text{CE}}=5:2$$

$$\therefore \ \overline{\text{AF}}=\overline{\text{AC}}\times\frac{5}{5+2}=\frac{5}{7}a \leftarrow \boxed{\text{답}}$$

p. 172

6. E, F는 각각 $\overline{\text{AC}}$, $\overline{\text{AB}}$의 중점이므로, 삼각형의 중점연결 정리에 의하여
$$\overline{\text{FE}} /\!/ \overline{\text{BD}}$$
또, $\overline{\text{BD}}:\overline{\text{DC}}=2:1$이고,
$$\overline{\text{FE}}=\frac{1}{2}\overline{\text{BC}}$$이므로,
$$\overline{\text{BD}}:\overline{\text{FE}}=4:3$$
그런데 $\triangle\text{PEF}\backsim\triangle\text{PBD}$
$$\overline{\text{BP}}:\overline{\text{PE}}=4:3$$
따라서, $\triangle\text{FBP}:\triangle\text{PEF}=4:3$
또, $\triangle\text{EFB}:\triangle\text{EAF}=1:1$이므로,
$$\triangle\text{FBP}:\triangle\text{PEF}:\triangle\text{EAF}$$
$$=4:3:7$$
즉, $\triangle\text{FBP}:\square\text{AFPE}=4:10$
이때, $\triangle\text{FBP}$의 넓이가 4이므로, $\square$AFPE의 넓이는 **10**이다. ← $\boxed{\text{답}}$

7. $\triangle\text{ABC}$에서 삼각형의 중점연결 정리에 의하여
$$\overline{\text{MN}} /\!/ \overline{\text{AC}}, \ \overline{\text{MN}}=\frac{1}{2}\overline{\text{AC}}$$
또, $\angle\text{MPA}=\angle\text{PAC}$
따라서, $\square$AMPC는 마름모이므로,
$$\overline{\text{AM}}=\overline{\text{MP}}=\overline{\text{PC}}=\overline{\text{AC}}$$
즉, $\overline{\text{MN}}=\overline{\text{NP}}$이므로
$$\triangle\text{MPQ}=2\triangle\text{NPQ}=\triangle\text{CPQ}$$
즉, $\overline{\text{NQ}}:\overline{\text{QC}}=1:2$
또, $\overline{\text{BN}}=\overline{\text{NC}}$이므로,
$$\triangle\text{BMN}:\triangle\text{MNQ}=3:1$$
$$\therefore \ \triangle\text{BMN}:\triangle\text{NPQ}=3:1$$
$\triangle\text{NPQ}$의 넓이가 1이므로
$\triangle\text{BMN}$의 넓이는 3이다.
$$\therefore \ \triangle\text{ABC}=4\triangle\text{BMN}$$
$$=4\times3=\mathbf{12} \leftarrow \boxed{\text{답}}$$

8. 점 F는 $\triangle\text{AEP}$의 무게중심이다.
$\triangle\text{ADF}=a$라 하면
$$\triangle\text{ABC}=2\triangle\text{ADC}$$
$$=2\times2\triangle\text{ADF}$$
$$=4\triangle\text{ADF}=4a$$
$$\triangle\text{AEP}=3\triangle\text{AFP}=3\triangle\text{ADF}=3a$$
$$\therefore \ \triangle\text{ABC}:\triangle\text{AEP}=4a:3a$$
$$=\mathbf{4:3} \leftarrow \boxed{\text{답}}$$

9. $\triangle\text{ABC}$에서 $\overline{\text{AG}}:\overline{\text{GD}}=2:1$이고, $\overline{\text{EF}} /\!/ \overline{\text{BC}}$이므로
$$\overline{\text{AF}}:\overline{\text{FC}}=2:1$$
따라서,
$$\triangle\text{AGF}:\triangle\text{GDF}=2:1$$
$$\triangle\text{ADF}:\triangle\text{FDC}=2:1$$
$$\therefore \ \triangle\text{GDF}=\frac{1}{3}\times\triangle\text{ADF}$$
$$=\frac{1}{3}\times\frac{2}{3}\times\triangle\text{ADC}$$
$$=\frac{2}{9}\times\frac{1}{2}\times\triangle\text{ABC}$$

$$=\frac{1}{9}\times\triangle ABC$$

$$\therefore \triangle ABC=9\times\triangle GDF \qquad \text{답 } \textbf{9배}$$

10.

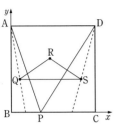

〈그림〉과 같이 점 B를 원점, $\overline{BC}$를 x축, $\overline{BA}$를 y축에 배치하면

$$Q\left(\frac{1}{3}\overline{BP},\ \frac{1}{3}a\right)$$

$$S\left(\overline{BC}-\frac{1}{3}\overline{CP},\ \frac{1}{3}a\right)$$

$\overline{QS}\,/\!/\,\overline{BC}$이므로

$$\overline{QS}=\overline{BC}-\frac{1}{3}\overline{CP}-\frac{1}{3}\overline{BP}$$

$$=\overline{BC}-\frac{1}{3}\overline{BC}=\frac{2}{3}a$$

또, 점 R의 y좌표는 $\frac{2}{3}\overline{AB}=\frac{2}{3}a$이므로 점 R에서 $\overline{QS}$에 내린 수선의 길이는 $\frac{2}{3}a-\frac{1}{3}a=\frac{1}{3}a$

$$\therefore \triangle QRS=\frac{1}{2}\times\frac{1}{3}a\times\frac{2}{3}a$$

$$=\frac{1}{9}a^2 \leftarrow \text{답}$$

11. $\overline{AG}$의 연장선이 $\overline{BC}$와 만나는 점을 F라고 하면 G는 $\triangle ABC$의 무게중심이므로

$$\overline{AG}:\overline{GF}=2:1$$

또한, $\overline{DE}\,/\!/\,\overline{BC}$이므로

$$\overline{AD}:\overline{DB}=\overline{AE}:\overline{EC}=2:1$$

$\triangle ABF$에서 $\overline{AD}:\overline{DB}=2:1$

$$\therefore \overline{BD}=36\times\frac{1}{3}=12\,(cm)$$

$\triangle ACF$에서 $\overline{AE}:\overline{EC}=2:1$

$$\therefore \overline{EC}=24\times\frac{1}{3}=8\,(cm)$$

한편, I는 $\triangle ABC$의 내심이므로

$$\overline{DI}=\overline{DB}=12,\ \overline{IE}=\overline{EC}=8$$

$$\therefore \overline{DE}=20cm$$

$\overline{AD}:\overline{AB}=\overline{DE}:\overline{BC}$에서

$$2:3=20:\overline{BC}$$

$$\therefore \ \overline{BC}=30cm \ \leftarrow \text{답}$$

---

p. 173

1. $\overline{FE}$의 연장선 위에 $\overline{FE}=\overline{EH}$가 되게 H를 잡으면, 세 중선을 세 변으로 하는 삼각형은 $\triangle ADH$와 같다.

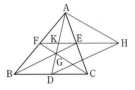

여기서, B, C, H에서 $\overrightarrow{AD}$에 내린 수선의 길이를 각각 a, b, c라고 하면

$$\triangle ABC=\triangle ABD+\triangle ACD$$

$$=\frac{1}{2}\times\overline{AD}\times a+\frac{1}{2}\times\overline{AD}\times b$$

$$\triangle ADH=\frac{1}{2}\times\overline{AD}\times c$$이므로,

$$\triangle ABC:\triangle ADH=(a+b):c$$

또한, $(a+b):c=\overline{BC}:\overline{HK}$

$$=4:3$$

$$\therefore \ \triangle ABC:\triangle ADH=4:3$$

즉, $\triangle \textbf{ABC}:\triangle \textbf{PQR}=\textbf{4}:\textbf{3} \ \leftarrow \text{답}$

2. 점 E를 지나 $\overline{BC}$에 평행한 직선을 긋고 $\overline{AB}$, $\overline{AD}$와 만나는 점을 각각 G, H라고 한다.

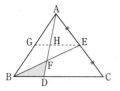

△HFE와 △DFB에서

$\overline{BD}=\dfrac{1}{2}\overline{DC}$이고 $\overline{HE}=\dfrac{1}{2}\overline{DC}$이므로

$\overline{HE}=\overline{DB}$

$\angle HFE=\angle DFB,\ \angle FEH=\angle FBD$

$\therefore\ \triangle HFE\equiv\triangle DFB$ (ASA 합동)

따라서, $\overline{HF}=\overline{DF}$

$\overline{AH}:\overline{HF}:\overline{DF}=2:1:1$에서

$\overline{AF}:\overline{FD}=3:1$이므로

$\triangle ABF=3\cdot\triangle FBD=3\times5=15$

$\therefore\ \triangle ABD=20$

$\qquad\triangle ADC=2\triangle ABD=40$

$\qquad\triangle AEH=2\triangle EHF=10$

$\therefore\ \square FDCE=40-10-5$

$\qquad\qquad=25(\text{cm}^2)\ \leftarrow$ 답

3.

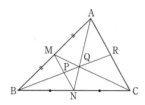

점 Q는 △ABC의 무게중심이므로

$\triangle AQC=\triangle AQB=\triangle BQC$

$\qquad=\dfrac{1}{3}\triangle ABC\qquad\cdots\text{㉠}$

점 M, N이 각각 변 $\overline{AB}$, $\overline{BC}$의 중점

이므로

$\overline{MN}\ /\!/\ \overline{AC}\qquad\qquad\cdots\text{㉡}$

또한, $\overrightarrow{BQ}$가 $\overline{AC}$와 만나는 점을 R라

하면 $\overline{AR}=\overline{CR}$

$\therefore\ \triangle BCR=\dfrac{1}{2}\triangle ABC\qquad\cdots\text{㉢}$

㉡에서 $\overline{PN}\ /\!/\ \overline{RC}$이고

$\overline{BN}=\overline{CN}$이므로

$\triangle PBN\backsim\triangle RBC$이고

$\triangle PBN=\dfrac{1}{4}\triangle RBC\qquad\cdots\text{㉣}$

㉢, ㉣에서

$\triangle PBN=\dfrac{1}{8}\triangle ABC\qquad\cdots\text{㉤}$

㉠, ㉤에서 △AQC의 넓이는

△PBN의 넓이의 $\dfrac{8}{3}$배이다. $\leftarrow$ 답

4. 점 A에서 $\overline{BD}$에 수선 AH를 내리면

$\left.\begin{aligned}\triangle ABP&=\dfrac{1}{2}\overline{BP}\times\overline{AH}\\[4pt]\triangle APQ&=\dfrac{1}{2}\overline{PQ}\times\overline{AH}\\[4pt]\triangle AQD&=\dfrac{1}{2}\overline{QD}\times\overline{AH}\end{aligned}\right\}\quad\cdots\!\cdots\text{㉠}$

$\overline{AC}$와 $\overline{BD}$의 교점을 O라고 하면 평

행사변형 ABCD에서

$\overline{BO}=\overline{DO}\qquad\qquad\cdots\!\cdots\text{㉡}$

△ABC에서 $\overline{AO}=\overline{CO}$

가정에서 $\overline{BM}=\overline{CM}$

점 P는 △ABC의 무게중심이므로

$\overline{BP}=2\overline{PO}\qquad\qquad\cdots\!\cdots\text{㉢}$

점 Q는 △ACD의 무게중심이므로

$\overline{DQ}=2\overline{QO}\qquad\qquad\cdots\!\cdots\text{㉣}$

㉡, ㉢, ㉣에서

$\overline{BP}=\overline{PQ}=\overline{QD}\qquad\cdots\!\cdots\text{㉤}$

㉠, ㉤에서

$\triangle ABP=\triangle APQ=\triangle AQD$ $\leftarrow$ 답

5. (i) $\overline{AG}:\overline{GL}=2:1$이므로

$\qquad\overline{AL}:\overline{GL}=3:1$

$\qquad\therefore\ \overline{GL}=\dfrac{1}{3}\overline{AL}=\dfrac{1}{3}a\qquad\cdots\text{㉠}$

(ii) $\overline{BK}=\overline{KG}$이므로 $\overline{KG}=\dfrac{1}{2}\overline{BG}$

$\qquad\overline{BG}:\overline{GM}=2:1$이므로

$\qquad\overline{BG}:\overline{BM}=2:3$

∴ $\overline{BG}=\dfrac{2}{3}\overline{BM}$

∴ $\overline{KG}=\dfrac{1}{2}\overline{BG}=\dfrac{1}{3}\overline{BM}$

즉, $\overline{KG}=\dfrac{1}{3}b$ …ⓛ

(ⅲ) △BCG에서 $\overline{BK}=\overline{KG}$, $\overline{BL}=\overline{LC}$이므로,

$\overline{KL}=\dfrac{1}{2}\overline{CG}$

한편, $\overline{CG}:\overline{GN}=2:1$이므로

$\overline{CN}:\overline{CG}=3:2$

∴ $\overline{CG}=\dfrac{2}{3}\overline{CN}$

∴ $\overline{LK}=\dfrac{1}{2}\overline{CG}=\dfrac{1}{3}\overline{CN}$

즉, $\overline{LK}=\dfrac{1}{3}c$ ……ⓒ

ⓐ, ⓛ, ⓒ에서 △GKL의 둘레의 길이는 $\dfrac{1}{3}(a+b+c)$ ←답

---

9. 닮음의 활용

1. 닮은 도형의 넓이와 부피

p. 177

1. (1) △OAB=2, △OBC=4에서 높이가 공통이므로

$\overline{AO}:\overline{OC}=2:4=1:2$

$\overline{AD}/\!/\overline{BC}$이므로

△AOD∽△COB

∴ $\overline{AD}:\overline{BC}=\overline{AO}:\overline{CO}$

=**1:2** ←답

(2) 닮은 도형의 넓이의 비는 닮음비의 제곱과 같으므로

△AOD : △COB=$1^2:2^2$=1:4

∴ △AOD=1

또한, $\overline{AD}/\!/\overline{BC}$에서

△ABD=△ACD

∴ △ABO=△DCO=2

∴ **☐ABCD**=2+4+2+1

=**9** ←답

p. 178

2. ☐ABCD=120에서

△ABC=60

∴ △BCF=60−15=45

그런데 △BCF와 △ABF는 높이가 같으므로

△ABF : △BCF=$\overline{AF}:\overline{FC}$

∴ $\overline{AF}:\overline{FC}$=15:45=1:3

또한, △AEF∽△CBF

∴ △AEF : △CBF

=$\overline{AF}^2:\overline{FC}^2$

=1:9

∴ **△AEF**=$\dfrac{1}{9}×45$=**5** ←답

p. 179

3. 각 면의 무게중심을 꼭짓점으로 하는 정사면체와 처음의 정사면체 A-BCD와의 닮음비는 1:3이므로, 부피의 비는 1:27

즉, 처음 정사면체의 부피의 $\dfrac{1}{27}$배이다. ←답

p. 180

1. (1) △ADE∽△ABC에서

$\overline{AD} : \overline{AB} = \overline{DE} : \overline{BC}$

∴ $3 : 5 = \overline{DE} : 10$

∴ $\overline{DE} = 6\text{cm}$

(2) $\triangle ADE : \triangle ABC = 3^2 : 5^2$

∴ $\triangle ADE : 30 = 9 : 25$

∴ **△ADE = 10.8cm²** ← 답

2. $\triangle ADE : \triangle AFG : \triangle ABC = 1 : 4 : 9$

이므로

$\triangle ADE : \square DEGF : \square FBCG$

$= 1 : 3 : 5$

$24 : x = 3 : 5$

$3x = 24 \times 5$ ∴ $x = 40$

따라서, $\square FBCG = 40\text{cm}^2$ ← 답

3. △APR과 △ABC에서

∠A는 공통

$\dfrac{\overline{AP}}{\overline{AB}} = \dfrac{\overline{AR}}{\overline{AC}} = \dfrac{2}{3}$

∴ △APR∽△ABC

$\triangle APR : \triangle ABC = 2^2 : 3^2$

$\triangle ABC = 18\text{cm}^2$이므로

$\triangle APR = 8\text{cm}^2$

또한

$\triangle QPR : \triangle APR = \overline{QR} : \overline{AR}$

$= 1 : 2$

따라서, $\triangle QPR = 4\text{cm}^2$ ← 답

4. $\overline{AB} /\!/ \overline{EF} /\!/ \overline{DC}$에서

$\overline{AB} : \overline{DC} = \overline{BE} : \overline{ED}$

$= \overline{BF} : \overline{FC} = 5 : 4$

∴ $\overline{BC} : \overline{BF} = 9 : 5$

$\overline{BC} : \overline{BF} = \overline{DC} : \overline{EF}$에서

$9 : 5 = 4 : \overline{EF}$ ∴ $\overline{EF} = \dfrac{20}{9}$

$\triangle ABC : \triangle EFC = \overline{AB}^2 : \overline{EF}^2$

$= 5^2 : \left(\dfrac{20}{9}\right)^2$

$= 81 : 16$ ← 답

5. $\triangle ABQ = \dfrac{1}{2}\square ABCD$

$= 18\text{cm}^2$

△APS∽△ABQ이고

$\overline{AP} : \overline{AB} = 1 : 3$이므로

$\triangle APS : \triangle ABQ = 1 : 9$

∴ $\triangle APS = 18 \times \dfrac{1}{9} = 2(\text{cm}^2)$

또한 $\triangle CQR = \triangle APS = 2(\text{cm}^2)$,

$\triangle PBR : \triangle CQR = 4 : 1$이므로

$\triangle PBR = 8(\text{cm}^2)$

∴ $\square PSQR = \triangle ABQ - \triangle APS$

$- \triangle PBR$

$= 18 - 2 - 8$

$= 8(\text{cm}^2)$ ← 답

p. 181

6. $\overline{BE} : \overline{CD} = 1 : 3$이므로

$\triangle BEF : \triangle DCF = 1^2 : 3^2$

$= 1 : 9$

$\overline{EF} : \overline{CF} = 1 : 3$이므로

$\triangle BEF : \triangle BCF = 1 : 3$

따라서, $\triangle BEF = 1$일 때

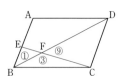

$\triangle BCF = 3$, $\triangle DCF = 9$,

$\triangle ABD = \triangle BCD = 12$

∴ $\square AEFD = 11$

∴ $\square AEFD : \triangle FBC = 11 : 3$ ← 답

7. (1) $\overline{AB}=\overline{BE}$에서
   ∠BAE=∠BEA
   또, $\overline{AD}\,/\!/\,\overline{BE}$에서
   ∠DAE=∠BEA
   ∠BEA
   $=(180°-74°)\div2=53°$
   ∴ **∠DAE=53°** ← **답**

(2) $\overline{BC}=\overline{AD}=6cm$
   $\overline{CE}=\overline{BE}-\overline{BC}=2cm$
   △DAF∽△CEF에서
   △DAF : △CEF
   $=\overline{AD}^2 : \overline{EC}^2$
   $=6^2 : 2^2=9 : 1$
   따라서,
   △DAF : △CEF=9 : 1 ← **답**

8. (1) △ADE∽△CFE이고
   △ADE : △CFE$=2^2 : 3^2$이므로
   $\overline{DE} : \overline{EF}=2 : 3$ ← **답**

(2) □DBCF는 평행사변형이므로
   $\overline{DB}=\overline{FC}=12(cm)$
   △CFE는 정삼각형이므로
   $\overline{EF}=12(cm)$
   $\overline{DE} : \overline{EF}=2 : 3$에서
   $\overline{DE}=8(cm)$
   ∴ **$\overline{BC}=\overline{DF}=20(cm)$** ← **답**

9.

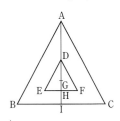

〈그림〉에서 $\overline{AI} : \overline{HI}=6 : 1$이므로
$\overline{HI}=a$라고 하면 $\overline{AI}=6a$
$\overline{AG} : \overline{GI}=2 : 1$이므로
$\overline{AG}=4a$, $\overline{GI}=2a$
∴ $\overline{GH}=a$, $\overline{DH}=3a$

따라서, △ABC와 △DEF의 닮음비
는 2 : 1이다.
∴ △ABC : △DEF=4 : 1 ← **답**

10. 사면체 E-FGH의 부피는 삼각뿔
H-EBF의 부피와 같다.
정사각뿔과 사면체에서 밑면의 넓이
가 8배, 높이가 3배이므로 사각뿔의
부피는 사면체의 부피의
24배이다. ← **답**

11. 물과 그릇의 닮음비는 3 : 9=1 : 3
따라서, 부피의 비는 1 : 27
5분 동안 물을 그릇의 $\dfrac{1}{27}$만큼 채웠
으므로 $5 : \dfrac{1}{27}=x : 1$
∴ $x=135$
따라서, 물을 가득 채우려면 **130분**
동안 더 넣어야 한다. ← **답**

2. 닮음의 활용

p. 183

1. △ABC를 그리고 수선 AH의 길이를
   재면 $\overline{AH}=2.2(cm)$
   ∴ $40000\times4\times2.2\div2$
   $=176000(cm^2)$
   $=$**17.6(m^2)** ← **답**

p. 184

1. 1 : 1000의 축도를 그리면 50m는
   5cm가 된다. 또한 축도는 다음 그림
   과 같다.

3. $6\text{cm} \times 1000 = 3600\text{cm}$
$$= 36\text{m}$$

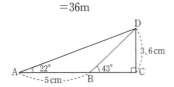

따라서, 굴뚝의 높이는 **37.6m** ← 답

2. $5 : 20 = 6.5 : \overline{AB}$
∴ $\overline{AB} = \textbf{26m}$ ← 답

3. $\overline{BC} = \overline{DC} = 12\text{m}$이고
$1 : 500$인 축도에서 $\overline{A'B'} ≒ 1.4\text{cm}$
∴ $\overline{AB} = 1.4 \times 500 = 700\,(\text{cm})$
$$= \textbf{7(m)} ← 답$$

4. 실제 높이와 그림자의 길이의 비는
$1 : 1.25 = 4 : 5$
그런데 벽에 비친 그림자의 길이 1.5
m는 실제의 나무의 높이와 같다. 나
무의 높이를 x라고 하면
$(x - 1.5) : 4 = 4 : 5$
$5x - 7.5 = 16$ ∴ $x = 4.7$
따라서, 나무의 높이는 **4.7m** ← 답

5. 이 지도의 축척은
$8 : 400000 = 1 : 50000$
따라서, 실제의 넓이 S는
$S = 10 \times (50000)^2$
$= 25000000000\,(\text{cm}^2)$
$= \textbf{2.5(km}^2\textbf{)}$ ← 답

p. 185

1. $1 : 8 = 1^3 : 2^3$
따라서 두 정육면체의 닮음비는 $1 : 2$
이므로 겉넓이의 비는
$1^2 : 2^2 = \textbf{1} : \textbf{4}$ ← 답

2. 두 원은 항상 닮은꼴이므로 구하는

넓이의 비는
$\overline{AG}^2 : \overline{GD}^2 = \left(\frac{2}{3}\overline{AD}\right)^2 : \left(\frac{1}{3}\overline{AD}\right)^2$
$$= \textbf{4} : \textbf{1} ← 답$$

3. △AED와 △ABC에서
∠AED = ∠ABC, ∠A는 공통
∴ △AED∽△ABC
∴ △AED : △ABC $= \overline{AD}^2 : \overline{AC}^2$
$= 3^2 : 5^2$
$= \textbf{9} : \textbf{25}$ ← 답

4. △APQ∽△ACB에서
$\overline{AP} : \overline{AC} = 2 : 3$
∴ △APQ : △ACB $= 4 : 9$
∴ $x : (x+y) = 4 : 9$
$9x = 4(x+y)$ ∴ $y = \frac{5}{4}x$ ← 답

5. (1) △EBF와 △ABC의 닮음비는
$1 : 2$이므로
△EBF : △ABC $= \textbf{1} : \textbf{4}$ ← 답

(2) $\overline{CP} : \overline{CE} = 2 : 3$에서
△ACP : △ACE $= 2 : 3$
또한, △ACE : △ACB $= 1 : 2$
즉, △ACP : △ACB $= 1 : 3$
∴ □APCQ : □ABCD
$= \textbf{1} : \textbf{3}$ ← 답

6. (1) $\overline{FE}$와 $\overline{DA}$의 연장선의 교점을 T
라고 하면,
$\overline{BC} /\!/ \overline{TD}$, $\overline{TF} /\!/ \overline{HG}$에서
∠BFE = ∠ETA = ∠DHG
∴ △DHG∽△BFE
$\overline{DG} : \overline{BE} = \overline{DH} : \overline{BF}$
$\overline{DG} : 5 = 3 : 4$
∴ $\overline{DG} = \frac{15}{4}$ ← 답

(2) △DHG : △BFE $= \overline{DH}^2 : \overline{BF}^2$
△DHG : 10 $= 3^2 : 4^2 = 9 : 16$
∴ △DHG $= \frac{45}{8}$ ← 답

p. 186

7. (1) △ARE∽△QRD,
△EPB∽△EDA
$\overline{AR} : \overline{QR} = \overline{AE} : \overline{QD}$
$\overline{EB} : \overline{EA} = \overline{BP} : \overline{AD} = 1 : 3$

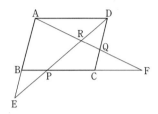

∴ $\overline{AR} : \overline{QR} = 3\overline{BE} : \overline{QD}$
$= \dfrac{3}{2}\overline{AB} : \dfrac{3}{5}\overline{CD} = 5 : 2$
즉, $\overline{AR} : \overline{RQ} = 5 : 2$ ← 답

(2) △QAD∽△QFC,
$\overline{QD} : \overline{QC} = \overline{QA} : \overline{QF} = 3 : 2$
$\overline{AR} : \overline{QR} = 5 : 2$
∴ $\overline{DR} : \overline{RP} = \overline{AR} : \overline{RF}$
$= \dfrac{5}{7}\overline{AQ} : \left(\dfrac{2}{7} + \dfrac{2}{3}\right)\overline{AQ}$
$= 3 : 4$
즉, $\overline{DR} : \overline{RP} = 3 : 4$ ← 답

(3) △QCF : △QDA $= 2^2 : 3^2 = 4 : 9$
△RAD : △RFP $= 3^2 : 4^2 = 9 : 16$
△ARD : △QRD $= 5 : 2$
∴ △ARD : □PCQR
$= 45 : 52$ ← 답

8. △AMD와 △CMB에서
∠AMD = ∠CMB(맞꼭지각)
∠MAD = ∠MCB(엇각)
∴ △AMD∽△CMB
∴ △AMD : △CMB $= 2^2 : 5^2$
8 : △CMB $= 4 : 25$
∴ △CMB $= 50(\text{cm}^2)$ ← 답

9. (1) $\overline{AD} /\!/ \overline{EF} /\!/ \overline{BC}$에서
$\overline{AE} : \overline{EB} = \overline{DF} : \overline{FC} = 2 : 3$
△DGF : △DBC에서
닮음비는 $\overline{DF} : \overline{DC} = 2 : 5$
∴ $\overline{GF} = 6 \times \dfrac{2}{5} = \dfrac{12}{5}$ ← 답

(2) △BGE∽△BDA에서
△BGE $= \left(\dfrac{3}{5}\right)^2$ △BDA
$= \dfrac{9}{25}$ △BDA
△BDA $= \dfrac{1}{3}$ △DBC
∴ △BGE $= \dfrac{3}{25}$ △DBC
∴ △DGF $= \left(\dfrac{2}{5}\right)^2$ △DBC
$= \dfrac{4}{25}$ △DBC
∴ △BGE : △DGF $= 3 : 4$ ← 답

10. (1) V_1, V_2는 밑면의 넓이가 같으므로 부피의 비는 높이의 비와 같다. A, B의 높이를 h라 하고 V_1, V_2의 높이를 각각 h_1, h_2라고 하면,
$2 \times \dfrac{h_1}{h} = 3 \times \dfrac{h_2}{h}$, $2h_1 = 3h_2$
∴ $h_1 : h_2 = 3 : 2$
따라서, $V_1 : V_2 = 3 : 2$ ← 답

(2) A와 V_1의 부피의 비는 $5^3 : 3^3$이므로
$125 : 27 = 500 : V_1$
∴ $V_1 = 108$ ← 답
$3 : 2 = 108 : V_2$에서
$V_2 = 72$ ← 답

11. 원뿔 전체의 부피는 $405\pi\text{cm}^3$
세 개의 원뿔의 닮음비는 $1 : 2 : 3$
따라서, 부피의 비는 $1 : 8 : 27$
원뿔을 3등분한 도형의 부피의 비는

$1 : (8-1) : (27-8) = 1 : 7 : 19$

즉, 색칠한 원뿔대의 부피는

전체의 $\dfrac{7}{27}$

$\therefore 405\pi \times \dfrac{7}{27} = 105\pi(\text{cm}^3)$ ← 답

12.

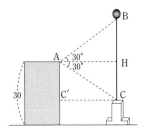

〈그림〉에서

$\angle BAC = 60°$, $\angle B = 60°$이므로

△ABC는 정삼각형이다.

$\therefore \overline{HC} = \overline{AC'} = 30-5 = 25\,(\text{m})$

$\overline{BC} = 2\overline{HC} = 50\,(\text{m})$

따라서, 풍선의 높이는 **55m** ← 답

p. 187

1. △ABE=▱DBEF이므로

△ADE=△DEF

$\therefore \overline{DE} /\!/ \overline{AC}$

$\overline{BE} : \overline{EC} = \overline{BD} : \overline{DA} = 3 : 2$

$\therefore \overline{BE} : \overline{BC} = 3 : 5$

$\therefore$ △ABE : △ABC = 3 : 5

따라서, △ABE $= \dfrac{3}{5} \times 10 = 6$

$\therefore$ **▱DBEF=6** ← 답

2.

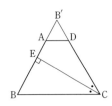

변 BA, CD의 연장선의 교점을 B′이

라고 하면 △B′BC는 이등변삼각형이

고 E가 $\overline{BB'}$의 중점이므로

△EBC=△EB′C

△B′BC : △B′AD = 16 : 1

$\therefore$ △B′AD=3

따라서, 사다리꼴 ABCD의 넓이는

24+21=**45** ← 답

3.

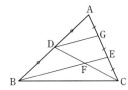

점 D를 지나 $\overline{BE}$에 평행한 직선이

$\overline{AC}$와 만나는 점을 G라고 하자.

△ADC=S라고 하면

△ADG $= \dfrac{S}{3}$

△EFC $= \dfrac{1}{4}$△GDC이므로

$S_2 = \dfrac{S}{3} + \dfrac{2}{3}S \times \dfrac{3}{4} = \dfrac{5}{6}S$

또, $S_1 = \dfrac{2}{3}S \times \dfrac{1}{4} = \dfrac{1}{6}S$이므로

$\therefore \dfrac{S_2}{S_1} = 5$ ← 답

4. △AFD∽△EFB

$\overline{AD} : \overline{EB} = \overline{DF} : \overline{BF} = 2 : 3$

△ADF=S라고 하면

△ABF $= \dfrac{3}{2}S$

△AFD : △EFB = 4 : 9

$\therefore$ △FBE $= \dfrac{9}{4}S$

따라서, △**ABD** : △**FBE**

$= \left(S + \dfrac{3}{2}S\right) : \dfrac{9}{4}S$

$= $**10 : 9** ← 답

5. (1) $\triangle AEM \backsim \triangle CDM$에서

$\overline{AE} : \overline{CD} = \overline{AM} : \overline{CM}$

$\overline{AM} = \dfrac{3}{8}\overline{AC}, \quad \overline{CM} = \dfrac{5}{8}\overline{AC}$

따라서, 닮음비는 $3 : 5$

$\therefore \ \overline{AE} = 12 \ \leftarrow$ 🔲

(2) $\triangle AEM : \triangle CDM = 9 : 25$

$\triangle CDM = \triangle COD + \triangle OMD$

$\qquad = \triangle COD + \dfrac{1}{4}\triangle AOD$

$\qquad = 100 + \dfrac{1}{4} \times 100$

$\qquad = 125$

$\therefore \ \triangle AEM : \triangle CDM$

$\qquad = 9 : 25 = x : 125$

$\therefore \ x = 45$

즉, $\triangle AEM = 45 \ \leftarrow$ 🔲

p. 188

6. (1) $\triangle ECM \backsim \triangle EAB$

$\overline{AE} : \overline{CE} = \overline{BE} : \overline{ME} = 2 : 1$

$\therefore \ \overline{BE} = 2\overline{EM}$

$\triangle BEC = 2\triangle ECM = 2 \times 3 = 6$

$\therefore \ \triangle BCM = 6 + 3 = 9$

따라서, $\square ABCD = 4\triangle BCM$

$\qquad\qquad = 36cm^2 \ \leftarrow$ 🔲

(2) $\triangle ABN \equiv \triangle BCM$

$\therefore \ \angle BAN = \angle CBM,$

$\overline{BF} \perp \overline{AN}$

$\triangle ABF \backsim \triangle BNF$

$\therefore \ \triangle ABF : \triangle BNF$

$\qquad = \overline{AB}^2 : \overline{BN}^2 = 4 : 1$

$\triangle ABF$와 $\triangle BNF$의 높이가 같으므로

$\triangle ABF : \triangle BNF = \overline{AF} : \overline{FN} = 4 : 1$

즉, $\overline{AF} : \overline{FN} = 4 : 1 \ \leftarrow$ 🔲

7. (1) $\triangle BME \backsim \triangle DAE$

$\overline{BM} : \overline{DA} = 1 : 2$에서

$\triangle BME : \triangle DAE = 1 : 4$

또한, $\overline{EM} : \overline{EA} = 1 : 2$에서

$\triangle BME : \triangle BAE = 1 : 2$

따라서, $\triangle BME = 1$일 때,

$\triangle BAE = 2, \ \triangle DAE = 4,$

$\triangle ABD = 6$

$\square ABCD = 12$

$\therefore \ \triangle BME : \square ABCD$

$\qquad = 1 : 12 \ \leftarrow$ 🔲

(2) $\triangle BME : \square ABCD = 1 : 12$이므로

$\triangle BME = 2cm^2$

$\square ABCD = 24cm^2$

$\square ABCD$의 높이를 h라고 하면

$6h = 24 \quad \therefore \ h = 4$

따라서, $\overline{CH} = 4cm \ \leftarrow$ 🔲

8. $\overline{AD} : \overline{DF} = 4 : 3$이므로

$\triangle ADE : \triangle DEF = 4 : 3$

$\triangle DEF = S$라고 하면

$\triangle ADE = \dfrac{4}{3}S$

$\triangle ADE \backsim \triangle ABC$

$\triangle ADE : \triangle ABC = 1 : 4$이므로

$\triangle ABC = 4\triangle ADE$

$\qquad = 4 \times \dfrac{4}{3}S = \dfrac{16}{3}S$

$\square BCEF = \triangle ABC - \triangle ADE - \triangle DEF$

$\qquad = 3S$

$\therefore \ \triangle DEF : \square BCEF = 1 : 3 \ \leftarrow$ 🔲

9. 삼각뿔 $V-EFG$와 $V-MBN$의 닮음비가 $2 : 1$이므로 부피의 비는 $8 : 1$

삼각뿔 $V-EFG$와 도형 $MBN-EFG$와의 부피의 비는

$8 : (8-1) = 8 : 7$

따라서, 구하는 부피는

$$\left\{\frac{1}{3}\times\left(\frac{1}{2}\times6\times6\right)\times12\right\}\times\frac{7}{8}$$

$$=63(\text{cm}^3) \leftarrow \boxed{답}$$

10. 맨 처음 물의 부피를 V_1, 깊이가 8cm일 때의 물의 부피를 V_2, 그릇의 들이를 V_3이라고 하면

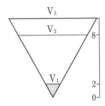

닮음비가 $1:4:5$이므로

$V_1:V_2:V_3=1:64:125$

$V_2=64V_1$, $V_3=125V_1$

앞으로 x초 동안 물을 넣으면 그릇이 가득찬다고 하면

$(64-1)V_1:(125-64)V_1=126:x$

$63:61=126:x$

$\therefore\ x=122$　　　　　$\boxed{답}$ **122초**

11. 점 M, N이 각각 변 AB, AC의 중점이므로 $\overline{MN}/\!/\overline{BC}$

$\triangle$AMN과 $\triangle$BMN에서

$\angle$AMN$=\angle$BMN$=90°$

$\overline{AM}=\overline{BM}$, $\overline{MN}$은 공통

$\therefore\ \triangle$AMN$\equiv\triangle$BMN

한편, $\triangle$ABC$\infty\triangle$AMN

$\therefore\ \triangle$ABC$\infty\triangle$BMN

닮음비는 $\overline{AB}:\overline{BM}=2:1$

따라서, 부피의 비는

$8:1$이다. $\leftarrow\boxed{답}$

p. 189

1. $\triangle$BED와 $\triangle$CDA에서

$\angle$EBD$=\angle$DCA$=60°$　　$\cdots\cdots\ \bigcirc$

$\angle$BDE$+\angle$ADE$=\angle$DCA$+\angle$CAD

$\angle$ADE$=\angle$DCA$=60°$

$\therefore\ \angle$BDE$=\angle$CAD　　$\cdots\cdots\ \bigcirc$

$\bigcirc$, $\bigcirc$에서 $\triangle$BED$\infty\triangle$CDA

$\triangle$ADE$=\triangle$ABC$-(\triangle$BED$+\triangle$CDA$)$

$\triangle$ABC$=$S라고 하면

$\triangle$CDA$=\dfrac{1}{3}$S

$\triangle$BED$:\triangle$CDA$=2^2:3^2$

$\therefore\ \triangle$ADE$=$S$-\left(\dfrac{4}{9}\times\dfrac{1}{3}S+\dfrac{1}{3}S\right)$

$$=\frac{14}{27}S$$

$\therefore\ \triangle$**ADE**$:\triangle$**ABC**$=14:27$ $\leftarrow\boxed{답}$

2. 점 P에서 x축에 평행한 선분을 그어 y축과 만나는 점을 R라고 하면

$\triangle$APC$\equiv\triangle$RCP

$\triangle$PQB$=\square$PBOR이므로

$\overline{QB}=2\overline{BO}$

$\therefore\ \overline{QO}=3\overline{BO}=3\overline{OC}$

따라서, 직선 CP의 기울기는 $\dfrac{1}{3}$이다.

$\therefore\ \overline{AP}=\dfrac{1}{3}\overline{AB}$

$\therefore\ \overline{PB}=2\overline{AP}$

$\triangle$APC$\infty\triangle$BPQ이고,

$\overline{AP}:\overline{BP}=\overline{AC}:\overline{BQ}=1:2$이므로

$\triangle$APC$:\triangle$PQB$=1^2:2^2$

$$=1:4 \leftarrow\boxed{답}$$

3.

$\triangle$BAD$=\triangle$BCD$=36$

$\triangle$ABP$=\triangle$APQ$=\triangle$ACQ$=24$

$\triangle QCD = \triangle QAD = 12$

$\overline{PR} /\!/ \overline{DQ}$에서

$\triangle BRP : \triangle BDQ = 1 : 4,\ \triangle BRP = 6$

$\triangle BRP = \triangle QRP = 6$

$\triangle BQR = \triangle RQD = 12$

$\therefore\ \triangle ARQ = \triangle APQ - \triangle PQR = 18$

$\triangle AQD = \triangle ACQ - \triangle QCD = 12$

$\therefore\ \triangle ARQ : \triangle AQD = 3 : 2$

따라서, $\overline{RR'} : \overline{DD'} = 3 : 2$

$\triangle RQS = \triangle RQD \times \dfrac{3}{5} = 7.2$

$\therefore\ \square RPQS = 6 + 7.2$
$\qquad\qquad = 13.2(\text{cm}^2)\ \leftarrow$ 답

4. (1) $\overline{AE} : \overline{EB} = 1 : 2,$

　　$\overline{AE} : \overline{AB} = 1 : 3$

　　따라서, $\triangle AES : \triangle ABP$
　　　　　　$= 1^2 : 3^2 = 1 : 9$

　　또한, $\overline{CG} : \overline{GD} = 1 : 2,$

　　　　　$\overline{CG} : \overline{CD} = 1 : 3$

　　$\therefore\ \overline{GQ} : \overline{DR} = 1 : 3$

　　한편, $\overline{DH} : \overline{HA} = 1 : 2,$

　　$\overline{DR} : \overline{RS} = 1 : 2 = 3 : 6$

　　$\therefore\ \overline{ES} : \overline{SD} = 1 : 9$

　　$\triangle AES : \triangle AED = 1 : 10$

　　$\overline{AE} : \overline{EB} = 1 : 2$

　　$\therefore\ \triangle AED : \triangle BED = 1 : 2$

　　여기서, $\triangle AES = 1$이라 하면

　　$\triangle ABP = 9,\ \triangle AED = 10,$

　　$\triangle EBD = 20,\ \triangle ABD = 30$

　　따라서, $\triangle ABP : \square ABCD$
　　　　　　$= 9 : 60 = 3 : 20\ \leftarrow$ 답

(2) $\triangle ABP = \triangle CDR = 9$

　　$\triangle ADS = \triangle CBQ = 9$

　　$\square ABCD = 60$

　　$\square PQRS$

　　$= \square ABCD - (2\triangle ABP + 2\triangle ADS)$

　　$= 60 - (2 \times 9 + 2 \times 9)$

$= 60 - 36 = 24$

$\therefore\ \square PQRS : \square ABCD$
$\qquad = 24 : 60 = 2 : 5\ \leftarrow$ 답

5. $\triangle BDE \backsim \triangle BAC$이고 닮음비가 $1 : 2$
이므로 넓이의 비는 $1 : 4$

$\triangle BDE = 120 \times \dfrac{1}{4} = 30$

$\triangle BDE = \triangle ADE$이므로

$\triangle DAE = 30$

$\overline{AI} : \overline{IE} = 1 : 1$이므로

$\triangle DIE = 30 \times \dfrac{1}{2} = 15$

또 $\triangle DEC = 60 - 30 = 30,$

$\overline{DG} : \overline{GC} = 1 : 2,$

$\overline{DH} : \overline{HC} = 1 : 1$이므로

$\overline{DG} : \overline{GH} : \overline{HC} = 1 : 0.5 : 1.5$
$\qquad\qquad\qquad = 2 : 1 : 3$

$\triangle GHE = 30 \times \dfrac{1}{6} = 5,\ \triangle DGE = 10$

$\triangle HGI = \dfrac{1}{4} \times 10 = 2.5$

$\therefore\ \square DEHI = \triangle DIE + \triangle GEH$
$\qquad\qquad\quad + \triangle GIH$
$\qquad\qquad = 15 + 5 + 2.5$
$\qquad\qquad = 22.5(\text{cm}^2)\ \leftarrow$ 답

Advice $\overline{AI} : \overline{IG} = 3 : 1$이고

$\qquad \triangle ADG = \dfrac{1}{6}\triangle ABC$

$\qquad\qquad = 20\text{cm}^2$이므로

$\qquad \triangle DIG = 20 \times \dfrac{1}{4} = 5\,(\text{cm}^2)$

$\qquad \overline{DG} : \overline{GH} = 2 : 1$이므로

$\qquad \triangle HIG = 2.5\text{cm}^2$

$\qquad \overline{IG} : \overline{GE} = 1 : 2$이므로

$\qquad \triangle HEG = 5\text{cm}^2$

$\qquad \triangle DEG = 10\text{cm}^2$

$\qquad \therefore\ \square DEHI = 5 + 10 + 5 + 2.5$
$\qquad\qquad\qquad = 22.5\,(\text{cm}^2)$

복사 금지

헤드 투 헤드 수학을 복사하는 행위를 일체 금지합니다.
이 책을 복사해 주거나 복사해서 사용하다가 적발되면 저작권법 98조에 의하여 「5년 이하의 징역 또는 5000만원 이하의 벌금」에 처하게 됨을 밝혀드립니다.
또한, 복사해서 사용하고 있는 업체나 개인을 신고하신 분에게는 그 범법자에게서 징수한 손해배상금 전액을 보상해드리겠습니다.

헤드 투 헤드 수학 저자 오명식

헤드 투 헤드(실력) 수학

1993년 2월 27일 초판 발행
2010년 2월 20일 3차 개정 1쇄 발행

- 편저자 / **오 명 식**
- 발행인 / 김광신
- 주　소 / 서울 양천구 수명 4 길 8
- 전　화 / (02)2607-4482
　　　　　　(02)2693-7772
- FAX / (02)2699-0409
- 등　록 / 1997. 1. 24(03-963)

디자인보다 내용이 가득한 책 헤드투헤드

헤드투헤드 구입 문의 ☎(02)2607-4482
2693-7772

홈페이지 www.mathpower.kr